Hadoop与Spark大数据全景解析

视频教学版

邓 杰 编著

清華大學出版社
北 京

内 容 简 介

本书结合作者多年在大数据领域的开发实践经验，采用“理论+实战”的形式，以大量实例全面介绍 Hadoop 和 Spark 的基础知识及其高级应用。作者将丰富的教学经验，融入为读者精心录制的配套教学视频中，并提供了书中所有实例的源码，方便读者学习和实践。

本书分为 4 篇，共 12 章。第 1 篇（第 1、2 章）准备篇，主要介绍 Hadoop 和 Spark 的基本概念，以及如何快速搭建 Hadoop 和 Spark 的学习环境。第 2 篇（第 3~6 章）入门篇，涵盖 Hadoop 的高级特性、Spark 的基础知识与高级特性，以及大数据安全。第 3 篇（第 7~10 章）进阶篇，深入讲解数据采集与清洗、数据存储与管理、数据分析与挖掘以及实时数据处理。第 4 篇（第 11、12 章）项目实战篇，通过 Hadoop 和 Spark 实现一站式数据分析系统设计，以及 ChatGPT 赋能 Hadoop 与 Spark 大数据分析的项目实战。

本书内容全面、结构清晰、案例丰富，既适合初学者自学，也适合开发者阅读，还可作为培训机构和高校相关课程的教学参考书。

图书在版编目（CIP）数据

Hadoop 与 Spark 大数据全景解析 ：视频教学版 / 邓杰编著.
北京 ：清华大学出版社，2025. 3. -- ISBN 978-7-302-68480-0
Ⅰ. TP274
中国国家版本馆 CIP 数据核字第 2025H7J051 号

责任编辑：赵　军
封面设计：王　翔
责任校对：闫秀华
责任印制：刘　菲

出版发行：清华大学出版社
网　　址：https://www.tup.com.cn，https://www.wqxuetang.com
地　　址：北京清华大学学研大厦 A 座　　**邮　　编：**100084
社 总 机：010-83470000　　**邮　　购：**010-62786544
投稿与读者服务：010-62776969，c-service@tup.tsinghua.edu.cn
质 量 反 馈：010-62772015，zhiliang@tup.tsinghua.edu.cn

印 装 者：北京同文印刷有限责任公司
经　　销：全国新华书店
开　　本：190mm×260mm　　**印　张：**21　　**字　　数：**566 千字
版　　次：2025 年 4 月第 1 版　　**印　　次：**2025 年 4 月第 1 次印刷
定　　价：98.00 元

产品编号：106722-01

前 言

在当今数据驱动的时代，随着大数据分析和人工智能技术的快速发展，企业和研究人员面临着前所未有的机遇与挑战。Hadoop 和 Spark 作为大数据生态系统中的核心工具，分别为数据存储、处理与计算提供了强大且灵活的基础。同时，AI 大模型作为智能分析的前沿技术，展现出卓越的预测、分类和模式识别能力。将 Hadoop 和 Spark 的分布式处理优势与 AI 的智能分析能力相结合，能够为企业和研究机构带来高效的数据分析方法，开辟全新的应用场景。

目前，企业和研究机构对大规模数据处理和实时分析的需求与日俱增。Hadoop 和 Spark 的协同使用，为用户提供了高效、可扩展的数据处理和计算解决方案；AI 技术则为数据挖掘和模式发现带来了智能化的交互方式。通过三者的结合应用，用户不仅能够高效处理海量数据，还能挖掘更深层次的数据洞察，从而显著提升决策的精准度和业务价值。

本书旨在帮助读者提升 Hadoop 和 Spark 在大数据领域的实战应用，并探索结合 AI 技术进行智能分析的多样化应用场景。通过丰富的实战案例和详尽的技术指南，读者将能深入理解如何有效融合大数据处理与智能分析技术，为业务创新和研究提供更强大的技术支持。

本书特色

1. 专业的教学视频

为帮助读者更好地掌握本书内容，作者为每个实战案例录制了教学视频。通过这些视频，读者可以更加轻松地学习和理解 Hadoop 与 Spark 的核心技术。作者曾在极客学院制作了多期大数据专题视频，广受好评。

2. 来自一线的开发经验与实战案例

本书的大部分代码和实例均源于作者多年积累的一线开发实践和技术分享经验。作为一名活跃的技术博主，作者在博客园等平台上发表了大量高质量的 Hadoop 和 Spark 技术文章。本书通过这些分享，帮助读者深入理解 Hadoop 和 Spark 的实际应用场景。

3. 通俗易懂的语言和循序渐进的知识体系

本书以通俗易懂的语言进行讲解，内容安排循序渐进。在介绍常见知识点时，还将 Hadoop 和 Spark 的操作命令与其他常用技术进行对比，帮助读者快速掌握核心要点。无论是初学者，还是有多年开发经验的程序员，都可以通过本书快速掌握 Hadoop 与 Spark 的关键技巧。

4. 内容全面，与时俱进

本书紧跟大数据与 AI 发展的最新趋势，结合作者在实际项目中的实践经验，深入探讨了 Hadoop 和 Spark 如何与 AI 技术结合。本书旨在帮助读者在大数据分析领域保持技术竞争力。

本书配套资源下载

本书配套资源包含本书源代码、PPT课件以及视频教学文件（请扫描正文中的二维码观看）。读者可以用微信扫描以下二维码下载。

源代码

PPT课件

如果下载有问题，请用电子邮件联系booksaga@126.com，邮件主题为“Hadoop与Spark大数据全景解析”。

本书读者对象

- Hadoop和Spark初学者。
- 编程初学者。
- 后端开发初学者。
- 前端转后端的开发人员。
- 熟悉Linux、Java并希望学习Hadoop和Spark的编程爱好者。
- 希望利用Hadoop和Spark结合AI大模型实现数据分析与挖掘的工程师。
- 大中专院校相关专业的学生。

鸣谢

感谢我的妻子对我的细心照顾与对琐事的包容，感谢父母的养育之恩，家人的支持与鼓励始终是我前行的动力。

同时，感谢出版社的编辑老师，他们一丝不苟、细致入微的审核和校对，使本书条理更加清晰，语言更加通俗易懂。在此表示由衷的感谢！

尽管本书在编写过程中倾注了作者大量心血，但因时间和水平有限，书中难免存在疏漏之处，敬请广大读者批评指正。

关于作者

邓杰　计算机科学与技术专业，现就职于维沃移动通信（深圳）有限公司，负责大数据方向及ChatGPT方向的开发。对Hadoop、Spark、Flink、Kafka、Hive等大数据生态组件有深入研究，并致力于ChatGPT大模型技术的实践和研究。已撰写多篇ChatGPT和大数据相关的高质量技术文章。另外，著有《深入理解Hive从基础到高阶》《Kafka并不难学》以及《Hadoop大数据挖掘从入门到进阶实战》。

作　者

2025年1月

目　　录

第1篇　准　　备

第2篇　入　　门

第 1 篇　准　　备

在大数据场景中，需要处理和分析海量数据以获取有价值的洞察。Hadoop 和 Spark 作为大数据处理的核心技术，不仅提供了高效且可扩展的数据处理能力，还能够满足复杂的数据需求。

本篇内容将介绍学习 Hadoop 和 Spark 的前期准备工作，并深入探讨这两个在大数据领域广泛应用的开源框架。

第 1 章

了解 Hadoop 和 Spark

在这个数据无处不在的时代，Hadoop 和 Spark 已成为处理和分析大数据的关键技术。本书旨在提供全面且深入的视角，帮助读者掌握这两项技术的核心原理与实际应用。

通过逐章学习，读者将逐步建立对 Hadoop 和 Spark 的深入理解，为在大数据领域中的进一步探索和实践打下坚实基础。

1.1 什么是大数据处理

在信息爆炸的时代，数据已成为最宝贵的资源之一。然而，随着数据量的激增，传统的数据处理方法已难以应对。这时，大数据处理技术应运而生，旨在解决如何高效地从海量、多样化的数据中提取有价值信息的问题。

1.1.1 大数据概述

大数据（Big Data）是近年来信息技术领域热门的话题之一，已对各行各业产生了深远的影响。大数据具有 4 个显著特征，即数据量大（Volume）、数据处理速度快（Velocity）、数据类型多样（Variety）和数据真实性（Veracity），被称为 4V，如图 1-1 所示。

1. 数据量大

大数据的首要特征是数据量极其庞大，通常以 PB（Petabyte）、EB（Exabyte）甚至 ZB（Zettabyte）为单位来衡量。随着信息技术的不断发展，数据的产生速度和存储能力也在迅速增长。无论是个人的社交媒体活动、企业的业务运营，还是科学研究的实验数据，每天都在产生海量数据。这些数据中蕴含着巨大的价值，但同时也给数据的存储、传输和处理带来了巨大的挑战。

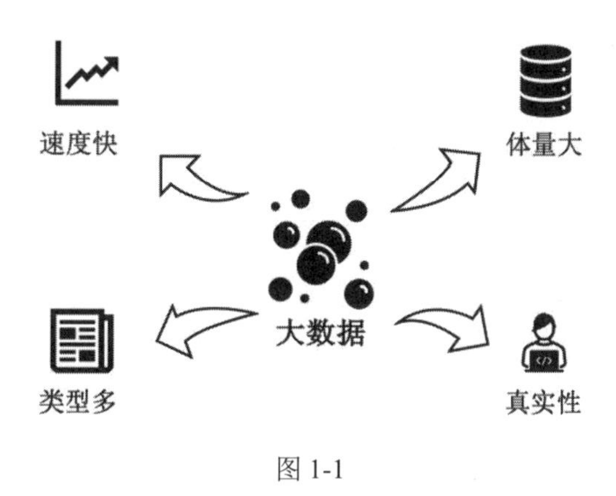

图 1-1

2. 数据处理速度快

数据处理速度快是大数据的一个重要特征。在传统的数据处理中，数据的处理速度通常以小时、天甚至周为单位。然而，在大数据时代，数据处理的速度通常要求以秒甚至毫秒为单位。这是因为数据的价值与时间密切相关，越早对数据进行处理和分析，越能从中获得竞争优势。因此，大数据处理技术需要具备实时性、并发性和分布式处理能力。

3. 数据类型多样

数据类型多样是大数据的另一个重要特征。在传统的数据处理中，数据通常以结构化的形式存在，如关系数据库中的表格数据。然而，在大数据时代，数据的类型变得越来越多样化，包括结构化数据、半结构化数据和非结构化数据。例如，社交媒体上的文本数据、图像数据和视频数据，物联网设备产生的传感器数据以及科学研究中的实验数据等。这些不同类型的数据需要不同的处理技术和分析方法。

4. 数据真实性

数据真实性是大数据时代面临的一个重要挑战。由于数据量的庞大和类型的多样性，数据的质量和真实性变得越来越难以保证。数据中可能存在错误、缺失、重复或不一致的情况，这些都会影响数据分析的结果和决策的准确性。因此，在大数据处理中，需要采用相应的技术手段对数据进行清洗、验证和纠错，以提高数据的真实性和可靠性。

大数据的兴起不仅催生了跨学科领域的创新研究，还催生了一系列先进的大数据统计分析方法。在处理大数据时，可以采用多种技术手段，包括流处理和批处理。这些方法主要建立在分布式系统、机器学习以及数据分析等核心技术之上。随着技术的不断进步以及全球对透明度提升的需求，大数据分析在现代研究领域中的作用日益突显。

为了有效地处理和分析庞大的数据集，大数据技术依赖一系列专业的技术手段，涵盖了大规模并行处理数据库、数据挖掘、分布式文件系统、分布式数据库等。这些技术的综合应用使得从大数据中提取有价值的信息成为可能，并为决策制定、预测分析和模式识别等提供了强有力的支持。

1.1.2 数据处理的挑战

随着数字化时代的快速发展，我们正处在一个数据泛滥的时代。大数据的概念不再是一个陌生的术语，而是各行各业决策、创新和发展的重要驱动力。然而，伴随着大数据带来的巨大潜力，也出现了诸多挑战。例如，在数据处理方面，大数据的规模、多样性和复杂性对传统的数据处理方法提出了巨大挑战，如图 1-2 所示。

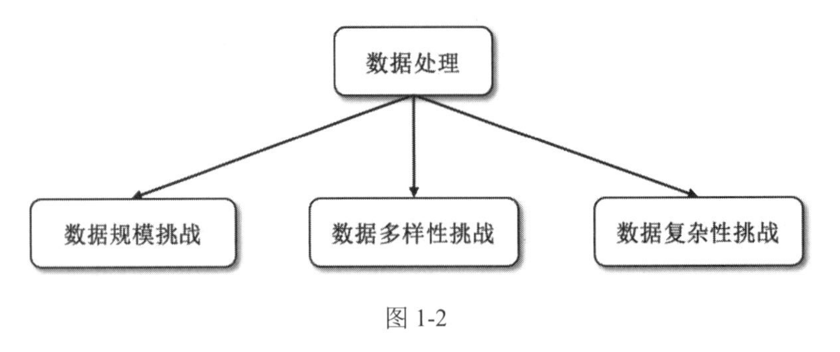

图 1-2

1. 数据规模挑战

随着传感器、社交媒体和在线交易的普及，数据的生成速度和数量都在呈指数级增长。据估计，全球每天生成的数据量已超过了 2.5 万亿字节，而且这一数字仍在不断攀升。

大数据的规模给数据处理带来了两个主要挑战：

（1）存储和管理：如此庞大的数据集需要大量的计算资源和存储空间。传统的关系数据库和数据仓库系统无法处理如此大规模的数据，因此需要使用分布式存储系统和云计算平台来存储和管理数据。

（2）高效处理：处理如此大规模的数据需要高效的计算算法和工具。传统的数据处理方法，如统计分析和机器学习算法，在处理大规模数据时会遭遇性能瓶颈，因此需要开发新的分布式计算框架和算法，如 Hadoop 和 Spark，以应对大规模处理需要。

2. 数据多样性挑战

随着数据来源的增多，数据的类型和格式也变得越来越多样化。除了传统的结构化数据（如关系数据库中的数据）外，大数据还包括非结构化数据（如文本、图像和音频数据）以及半结构化数据（如 XML 和 JSON 数据）。

数据的多样性给数据处理带来了两个主要挑战：

（1）不同类型的数据处理：不同类型的数据需要使用不同的处理方法和技术。例如，文本数据需要使用自然语言处理技术进行处理，图像数据则需要使用计算机视觉技术进行处理。因此，需要开发能够处理各种类型数据的集成平台和工具。

（2）数据质量与一致性：不同来源的数据可能存在质量和一致性方面的问题。例如，来自不同传感器的数据可能存在时间戳不一致的问题，来自不同社交媒体平台的数据可能存在格式不统一的问题。因此，必须对数据进行清洗、转换和集成，以确保数据的质量和一致性。

3. 数据复杂性挑战

随着数据规模和多样性的增加，数据之间的关系和模式变得越来越复杂。例如，社交网络中用户之间的关系既复杂又动态，而金融交易数据中的模式则往往隐藏且微妙。

数据的复杂性给数据处理带来了两个主要挑战：

（1）发现和提取模式：隐藏在数据中的模式和知识需要使用复杂的分析技术和算法来发现和提取。传统的统计分析方法和机器学习算法可能难以揭示复杂的模式和关系，因此需要采用更先进的技术，如图计算和深度学习。

（2）解释和可视化：解释和可视化复杂的数据分析结果也是一个挑战。复杂的数据分析结果可能难以为非技术用户所理解，因此需要开发能够将复杂的数据分析结果转换为可理解且可操作的可视化工具和平台。

1.2　为什么选择Hadoop和Spark

在处理大规模数据集时，Hadoop和Spark通常是数据科学家和工程师的首选。Hadoop以其出色的数据存储和处理能力，为大数据提供了一个可靠且成本效益高的解决方案。而Spark以其快速的计算速度和对复杂数据处理的支持，为实时数据分析和机器学习任务提供了强大的动力。选择Hadoop和Spark意味着选择一个高效、灵活且可扩展的大数据生态，从而使数据的价值得以充分挖掘和实现。

1.2.1　Hadoop的优势

在大数据浪潮的推动下，业界面临着前所未有的数据管理挑战——随着数据量的爆炸式增长，传统的数据处理方法变得日益低效和不切实际。为应对这一挑战，Hadoop应运而生，并凭借其可扩展性、灵活性和成本效益，迅速成为处理大规模数据集的理想选择。

1. 可扩展性

Hadoop的可扩展性具体体现在以下几个方面：

（1）分布式架构：Hadoop的分布式架构允许将数据和计算任务分布在多个节点上，实现并行处理。这意味着Hadoop可以轻松处理大规模数据集，而不受到单个节点资源的限制。这种可扩展性使Hadoop成为处理PB级甚至EB级数据的理想选择。

（2）横向扩展：Hadoop的可扩展性还体现在其能够根据需求进行横向扩展。当数据量或计算需求增加时，只需添加更多节点即可扩展Hadoop集群的容量和性能。这种灵活性使Hadoop能够适应不同规模的数据处理需求，避免了进行大规模的硬件升级或重新配置的烦琐过程。

（3）硬件支持：Hadoop 的可扩展性还得益于其对各种硬件环境的支持。Hadoop 可以在不同硬件配置上运行，包括廉价的商用服务器和云计算平台。这种硬件无关性使 Hadoop 成为一种具有成本效益的解决方案。

2. 灵活性

Hadoop 的灵活性具体体现在以下几个方面：

（1）支持多种数据格式和数据源：Hadoop 支持结构化数据、半结构化数据和非结构化数据等多种数据格式和数据源。这意味着 Hadoop 可以处理各种类型的数据，而无须进行复杂的数据转换或预处理。这种灵活性使得 Hadoop 成为一款通用的数据处理工具，适用于各种应用场景。

（2）支持多种编程模型和计算框架：Hadoop 支持包括 MapReduce、Hive 和 Spark 等在内的多种编程模型和计算框架。这些框架提供了不同的数据处理范式和功能，适用于不同的数据处理需求。这种灵活性使得 Hadoop 能够满足各种复杂的数据处理任务，而不必进行大量的代码开发或重新设计。

（3）优异的集成性和互操作性：Hadoop 具有很好的集成性和互操作性，可以与各种数据存储系统、数据处理工具和数据分析平台进行无缝集成，从而构建完整的数据处理管道。这种灵活性使得 Hadoop 成为开放的、可扩展的数据处理生态系统的核心组件。

3. 成本效益

Hadoop 的成本效益具体体现在以下几个方面：

（1）开源软件：作为开源软件，Hadoop 允许用户免费使用其核心功能和代码，从而显著降低使用成本。

（2）分布式架构和并行处理：Hadoop 的分布式架构和并行处理使得数据处理任务可以分布在多个节点上并行进行。这种能力使 Hadoop 能够高效利用计算资源，从而降低数据处理成本。此外，Hadoop 支持数据的本地计算和分布式存储，进一步提高了数据处理效率并降低了存储成本。

（3）可维护性和可管理性：Hadoop 还具有很好的可维护性和可管理性。它提供了丰富的监控、日志记录和故障恢复机制，使得 Hadoop 集群的维护和管理变得更加简单和高效。这种可维护性和可管理性不仅降低了 Hadoop 的使用成本，还提高了 Hadoop 的投资回报率。

综上所述，Hadoop 凭借其可扩展性、灵活性和成本效益，已成为数据处理领域的热门选择。无论是处理大规模数据集还是构建复杂的数据处理管道，Hadoop 都能提供高效、灵活和具有成本效益的解决方案。

1.2.2 Spark 的优势

随着大数据处理需求的日益增长，Spark 作为一种大数据处理框架，凭借其卓越的性能和丰富的功能，得到了广泛的应用。本节将从数据处理速度、易用性和生态系统支持 3 个方面介绍 Spark 的优势，如图 1-3 所示。

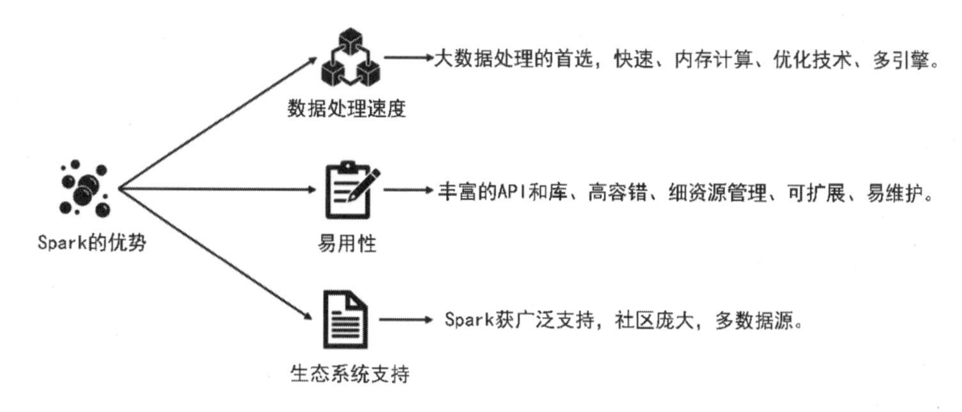

图 1-3

1. 数据处理速度

Spark 在数据处理速度方面具有显著优势，这是它成为大数据处理首选框架的重要原因之一。具体表现如下：

（1）基于内存的计算模型：Spark 采用了基于内存的计算模型，将数据存储在内存中进行计算，减少了数据读写次数和网络传输的开销。这种内存计算模型使得 Spark 在处理迭代式计算和交互式查询等场景时，能够更快速地完成计算任务。

（2）先进的优化技术：Spark 还采用了先进的优化技术。例如，在 Tungsten 项目中应用的代码生成和列式存储优化，以及 Catalyst 优化器中的查询优化和执行计划生成，能够自动优化用户的代码，从而进一步提高数据处理的速度和效率。

（3）多种数据处理引擎支持：Spark 支持多种数据处理引擎，包括批处理引擎、流处理引擎和图计算引擎等。用户可以根据不同的数据处理需求选择和组合这些引擎，从而提供更高的灵活性和适应性。

2. 易用性

Spark 的易用性也是其广受欢迎的重要原因之一。具体表现如下：

（1）丰富的 API 和库支持：Spark 提供多种语言的 API，包括 Scala、Java、Python 和 R 等。此外，Spark 还为机器学习、图计算和流处理等任务提供了相关的库。这些 API 和库使得开发者可以使用自己熟悉的语言和工具进行数据处理，从而降低了学习和使用的门槛。

（2）优秀的容错性和可靠性。Spark 采用了先进的故障恢复机制，例如基于行的检查点和基于阶段的故障恢复。这些机制能够自动检测和处理节点故障，从而提高了系统的可用性和可靠性。此外，Spark 支持细粒度的资源管理，如动态资源分配和资源隔离，能够更好地利用集群资源，从而提升系统的资源利用率。

（3）出色的可扩展性和可维护性：Spark 采用了分布式计算模型，支持横向扩展以处理大规模数据集。同时，Spark 还提供了丰富的监控和调试工具，如 Web UI 和日志系统，帮助开发者更好地理解和优化代码，从而提高了系统的可维护性和可运维性。

3. 生态系统支持

Spark 的生态系统支持也是其成为大数据处理首选框架的重要原因之一。具体表现如下：

（1）活跃的社区和开发者支持：Spark 是 Apache 基金会的顶级项目，拥有庞大的社区和活跃的开发者群体。该社区为 Spark 提供了丰富的文档、教程和示例代码，以及及时的 bug 修复和新功能支持。

（2）与 Hadoop 等大数据组件的深度集成：Spark 与 Hadoop 等其他大数据生态系统组件进行了深度集成。Spark 可以无缝地与 Hadoop 分布式文件系统（Hadoop Distributed File System，HDFS）、Hadoop YARN（Yet Another Resource Negotiator，资源管理器）等组件协作，从而提供更好的互操作性和扩展性。此外，Spark 还支持多种数据源和数据格式，如 Hive、Kafka、JSON 等，进一步提升数据集成能力。

（3）广泛的厂商和云服务支持：Spark 还得到了众多厂商和云服务提供商的支持，包括 IBM、Microsoft、Amazon 等公司提供的基于 Spark 的商业发行版和工具。云服务提供商如 AWS、Azure、Google Cloud 等也提供了基于 Spark 的托管服务和工具。这些生态系统的支持使得 Spark 的应用更加广泛，也为开发者提供了更多选择和灵活性。

总之，选择 Hadoop 和 Spark 作为大数据处理的基石有以下 3 个主要理由：

- 可扩展性：它们能够满足不断增长的数据需求。
- 灵活性：它们能够处理各种类型的数据和工作负载。
- 性能优势：它们在数据处理方面的性能使得处理更加快速和高效。

1.3 典型的大数据应用案例

Hadoop 和 Spark 作为两种主流的大数据处理技术，被广泛应用于各个领域。从互联网到传统行业，这两种技术在数据存储、处理和分析方面发挥了重要作用，帮助企业挖掘数据价值，提升竞争力。本节将通过典型的应用案例，展示 Hadoop 和 Spark 的强大能力，以及它们在实际场景中的广泛应用。

无论是 Hadoop 的分布式存储和计算能力，还是 Spark 的内存计算和实时处理优势，这些案例均能充分体现它们的特点。通过深入剖析这些应用场景，读者可以更好地理解 Hadoop 和 Spark 在大数据生态系统中的地位及其应用方式，并将其灵活地应用于自身的业务场景。

1.3.1 行业应用案例

Hadoop 和 Spark 在多个行业中展现出卓越的能力，包括金融、医疗、零售和制造业等。这些技术帮助企业存储、处理和分析海量数据，从而获得更深刻的洞察和更准确的决策支持。

1. 金融行业

金融行业是大数据技术应用最广泛的领域之一。Hadoop和Spark在金融行业的应用主要体现在以下几个方面。

1）数据存储与管理

Hadoop和Spark可以帮助金融机构存储和管理海量的交易数据和客户信息。通过使用Hadoop的分布式存储系统（如HDFS）和Spark的内存计算能力，金融机构可以快速访问和处理这些数据，大幅提升数据处理的效率和准确性。

2）欺诈检测与风险管理

Hadoop和Spark是金融机构进行欺诈检测和风险管理的重要工具。通过分析交易数据和客户行为，Hadoop和Spark可以检测异常活动并识别潜在风险。例如，银行可以使用Hadoop和Spark分析客户交易模式，以检测潜在的欺诈行为，从而采取相应的措施保护客户资金安全。

3）智能投资与算法交易

Hadoop和Spark还可以用于智能投资和算法交易。金融机构可以利用Hadoop和Spark来分析市场数据和交易模式，以制定更精准的投资策略和交易算法。例如，对冲基金可以使用Hadoop和Spark来分析市场趋势和交易数据，以优化投资组合和交易策略，实现更高收益。

2. 医疗行业

医疗行业中拥有大量数据，包括电子病历、基因数据和临床试验数据等。Hadoop和Spark在医疗领域的应用主要体现在数据管理与分析、药物研发与临床试验分析以及个性化医疗与精准医学等方面。

1）数据管理与分析

Hadoop和Spark可以帮助医疗机构高效地存储和管理海量的医疗数据。通过Hadoop的分布式存储系统和Spark的内存计算能力，医疗机构可以快速访问并处理数据，从而大幅提升数据处理的效率和准确性。

2）药物研发与临床试验分析

在药物研发与临床试验中，Hadoop和Spark展现出卓越的性能。制药公司可使用Hadoop和Spark来分析复杂的临床试验数据和基因数据，以加速新药研发的过程。例如，制药公司可以使用Hadoop和Spark评估临床试验数据，判断新药的疗效和安全性，从而缩短研发周期，提高成功率。

3）个性化医疗与精准医学

Hadoop和Spark还在推动个性化医疗与精准医学的发展。医疗机构可以利用Hadoop和Spark分析患者的医疗数据和基因数据，为患者量身定制个性化的治疗方案。例如，医院可以使用Hadoop和Spark分析患者的基因数据，从中筛选出最适合患者的药物和治疗策略，从而提高治疗效果。

3. 零售行业

零售行业是一个高度数据驱动的领域，其核心数据包括销售数据、客户数据和供应链数据等。Hadoop 和 Spark 在零售行业中的应用主要体现在数据存储与管理、个性化推荐与精准营销以及供应链与库存管理等方面。

1）数据存储与管理

Hadoop 和 Spark 可以帮助零售商存储和管理海量的销售数据和客户信息。通过 Hadoop 的分布式存储系统和 Spark 的内存计算能力，零售商可以快速访问和处理这些数据，从而提升数据处理的效率和准确性。

2）个性化推荐与精准营销

Hadoop 和 Spark 在个性化推荐与精准营销中也发挥了重要作用。零售商可以利用它们分析客户数据和购买历史，从而为客户推荐个性化的产品和服务。例如，电子商务平台通过分析客户购买历史和行为数据，可以向客户精准推荐他们可能感兴趣的商品，提升客户体验并推动销售增长。

3）供应链与库存管理

在供应链优化和库存管理方面，Hadoop 和 Spark 同样具有显著优势。零售商可以利用它们分析供应链数据和库存水平，优化供应链流程并提高库存管理的效率。例如，零售连锁店可以通过 Hadoop 和 Spark 分析供应链数据，制定更科学的库存水平和采购策略，以降低成本并提升供应效率。

总之，Hadoop 和 Spark 在多个行业中都有广泛的应用前景。通过高效存储、处理和分析海量数据，Hadoop 和 Spark 能够帮助企业获得更深入的洞察和更准确的决策支持，从而推动业务增长并增强市场竞争力。

1.3.2 成功案例分析

为了有效管理和利用海量数据，企业需要采用先进的数据处理技术。Hadoop 和 Spark 作为大数据领域的两大核心技术，在多个行业中得到了广泛应用，并取得了显著成效。本节通过具体案例分析，探讨 Hadoop 和 Spark 在实际应用中的优势和价值。

1. LinkedIn 的 Hadoop 应用

作为全球最大的职业社交网站之一，LinkedIn 每天都会产生海量用户数据和交互信息。为了高效处理这些数据，LinkedIn 采用了 Hadoop 技术。

1）分布式存储

LinkedIn 使用 Hadoop 的分布式存储系统 HDFS 来存储用户数据和日志文件。HDFS 具有高容错性和可扩展性，能够轻松应对 LinkedIn 不断增长的数据量。

2）数据处理

LinkedIn 使用 Hadoop 的 MapReduce 框架，将数据处理任务分布在多个节点上，从而高效地处理大规模数据集并生成有价值的分析结果。

3）生态系统工具

LinkedIn 还使用 Hadoop 生态系统中的工具简化数据查询和分析。这些工具提供了类似 SQL 的查询语言，使数据分析师能够快速访问和处理数据。

总之，通过采用 Hadoop 技术，LinkedIn 实现了高效的数据存储、处理和分析，进而支持个性化用户体验、精准广告投放以及获取商业洞察。

2. eBay 的 Spark 应用

作为全球最大的在线拍卖和购物网站之一，eBay 每天需要处理大量交易数据和用户行为信息。为了实现实时分析并提供个性化购物体验，eBay 采用了 Spark 技术。

1）分布式计算

eBay 使用 Spark 的分布式计算框架，处理包括结构化、半结构化和非结构化在内的多种类型的数据。Spark 的快速和通用计算引擎显著提升了处理效率。

2）实时流处理

Spark 的流处理功能帮助 eBay 实时分析数据流。结合机器学习算法，eBay 能够即时检测用户行为模式并提供个性化的产品推荐。

3）图计算分析

eBay 利用 Spark 的图计算功能分析用户关系网络。通过分析用户之间的连接和交互模式，eBay 能够更精准地理解用户兴趣，并提供社交推荐。

总之，通过采用 Spark 技术，eBay 实现了海量数据的实时分析和个性化服务，提升了购物体验，从而提高了用户满意度并推动销售增长。

3. Netflix 的 Hadoop 和 Spark 应用

作为全球最大的流媒体服务提供商之一，Netflix 每天都会生成海量用户观看数据和评分信息。为了充分利用这些数据以改进推荐算法并提升用户体验，Netflix 同时采用了 Hadoop 和 Spark 技术。

（1）Netflix 使用 Hadoop 的分布式存储系统 HDFS 来存储用户数据和日志文件。

（2）Netflix 利用 Hadoop 的 MapReduce 框架来处理数据。

（3）Netflix 还利用 Spark 的机器学习功能来改进推荐算法。通过使用 Spark 的 MLlib 库中的协同过滤、深度学习等算法，Netflix 能够更准确地预测用户兴趣并提供个性化的内容推荐。

总之，通过结合 Hadoop 和 Spark 技术，Netflix 可以高效地存储、处理和分析海量数据，从而显著提升用户体验并提供更精准的内容推荐。

1.4 Hadoop 和 Spark 的设计理念

Hadoop 和 Spark 是大数据处理领域中两种应用广泛的框架，它们在设计理念上有所不同。Hadoop 主要关注于分布式存储和批处理，通过 HDFS 和 MapReduce 等技术，提供了一种可扩展、容错的解决方案。而 Spark 则更注重数据处理的速度和易用性，通过 RDD（Resilient Distributed Datasets，弹性分布式数据集）和 DataFrame 等抽象概念，构建了一种快速、通用的大数据处理引擎。本节将探讨这两种框架的设计理念，并比较它们的特点和适用场景。

1.4.1 设计初衷

1. Hadoop 的设计初衷

Hadoop 是一个开源的分布式计算框架，最初由 Apache 软件基金会开发，旨在解决大规模数据的存储和处理问题。Hadoop 的设计初衷主要体现在以下 4 个方面：

1）可扩展性

Hadoop 的设计目标是处理 PB 级别的数据，因此需要具备良好的可扩展性。通过将数据分布在多个节点上，Hadoop 实现了水平扩展，从而提升了系统的处理能力。

2）容错性

由于 Hadoop 处理的数据量巨大，因此需要具备良好的容错性。Hadoop 采用多种容错机制（如数据复制、节点故障检测和自动恢复），以确保数据的可靠性和系统的稳定性。

3）分布式存储

Hadoop 采用 HDFS 来存储数据。HDFS 具有高容错性、高吞吐量和良好的可扩展性，能够满足大规模数据存储的需求。

4）批处理

Hadoop 的设计初衷是对海量数据进行批量处理。因此，Hadoop 的计算模型（MapReduce）围绕批处理任务进行了专门优化。

2. Spark 的设计初衷

Spark 是一个开源的分布式计算框架，最初由加州大学伯克利分校的 AMPLab 开发，旨在弥补 Hadoop 在实时数据处理和迭代计算方面的不足。Spark 的设计初衷主要体现在以下 4 个方面：

1）速度

Spark 的目标是提供比 Hadoop 更快的数据处理速度。通过引入 RDD（Resilient Distributed

Datasets，弹性分布式数据集）和 DAG（Directed Acyclic Graph，有向无环图）等概念，Spark 能够更好地优化计算任务，减少数据传输和存储的开销。

2）易用性

Spark 旨在提供一个易于使用的数据处理框架。相较于 Hadoop 的 MapReduce 模型，Spark 的编程模型更加灵活和直观，支持多种编程语言（如 Scala、Java、Python 等），并提供丰富的 API 和工具，降低了开发门槛。

3）实时处理

支持实时数据处理是 Spark 的重要设计目标之一。通过引入 Streaming API 和 Structured Streaming 等功能，Spark 可以实时处理数据流，并支持复杂的流式计算任务，满足多样化的实时计算需求。

4）迭代计算

Spark 还特别关注迭代计算的性能需求。通过引入 RDD 和共享变量等特性，Spark 能够更好地支持机器学习、图计算等需要多次迭代的计算任务。

3. Hadoop 和 Spark 的设计初衷对比

Hadoop 和 Spark 的设计初衷虽然都围绕大规模数据处理展开，但在设计目标、计算模型和适用场景上存在一些差异。

1）设计目标

Hadoop 的设计目标是提供一个可扩展、容错的分布式计算框架，专注于大规模数据的批处理任务；Spark 的设计目标则是构建提供一个快速、易用的数据处理框架，特别针对实时数据处理和迭代计算等任务。

2）计算模型

Hadoop 基于 MapReduce 计算模型，该模型是一种函数式编程的批处理框架；Spark 则基于 RDD 和 DAG 计算模型，这是一种基于共享内存的计算模型，能够更好地支持迭代计算和交互式查询。

3）适用场景

Hadoop 适用于离线数据分析和批处理任务，例如日志分析、离线报表生成等；Spark 则更适用于实时数据处理、迭代计算和交互式查询，例如实时推荐、机器学习等应用场景。

总体而言，Hadoop 和 Spark 的设计初衷虽然都是为了解决大规模数据处理问题，但它们在设计目标、计算模型和适用场景方面各有侧重。在实际应用中，应根据具体需求选择合适的框架，以最大化利用两者的优势。

1.4.2　解读 Hadoop 和 Spark 的特性

Hadoop 和 Spark 在设计理念和实现方式上存在显著差异，因而各自形成了独特的特性。下面将从不同角度解析 Hadoop 和 Spark 的特性，具体内容如图 1-4 所示。

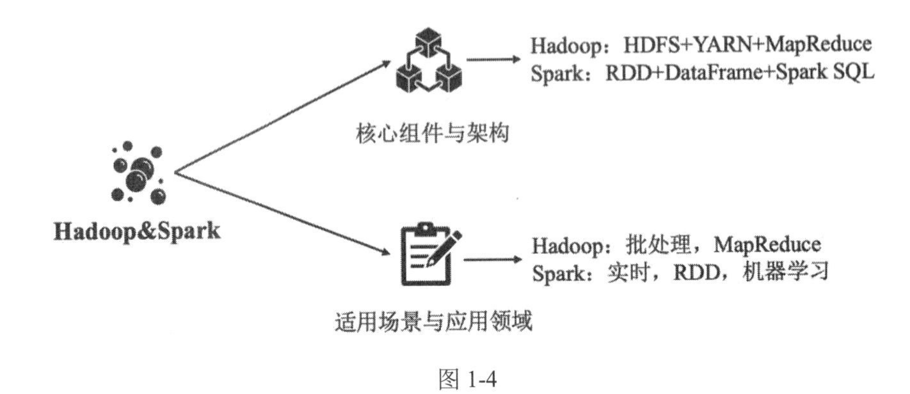

图 1-4

1. 核心组件与架构

Hadoop 的核心组件包括 HDFS、YARN 和 MapReduce：

- HDFS（分布式文件系统）：用于存储和管理大规模数据。
- YARN（资源管理器）：负责资源的分配与任务调度。
- MapReduce（编程模型）：用于编写分布式计算任务。

Spark 的核心组件包括 RDD、DataFrame 和 Spark SQL：

- RDD（弹性分布式数据集）：提供一种容错的、可并行操作的数据结构。
- DataFrame（分布式数据表抽象）：提供了一种结构化的数据处理方式。
- Spark SQL：用于处理结构化数据的模块，支持通过 SQL 查询和操作数据。

在架构上，Hadoop 采用主从结构：

- NameNode（主节点）：管理文件系统的元数据。
- DataNode（从节点）：负责存储和管理实际的数据块。

相比之下，Spark 采用对等结构，每个节点都可以执行计算任务，从而提高计算的并行性和容错性。

2. 适用场景与应用领域

Hadoop 适用于批处理场景，即对大规模数据进行批量处理和分析。典型的应用领域包括离线数据分析、日志分析以及大规模数据仓库等。Hadoop 的 MapReduce 编程模型可以高效处理大规模数据，HDFS 则提供了可靠的数据存储和容错机制。

相比之下，Spark 更适用于实时数据处理场景，即对数据进行实时的流式处理和分析。它在实时推荐系统、实时欺诈检测和实时日志分析等领域表现尤为出色。Spark 依托 RDD 和 DataFrame 抽象，使得它可以高效地处理大规模数据，并凭借其内存计算特性实现低延迟的数据处理能力。

此外，Spark 还支持机器学习和图计算等高级数据处理功能，因而可以扩展至更广泛的应用领域，如图像处理、自然语言处理以及社交网络分析等。

综上所述，Hadoop 和 Spark 在设计理念、核心组件与架构以及适用场景与应用领域等方面各具特色。充分了解这些差异对于选择合适的大数据处理框架至关重要。无论是选择 Hadoop 还是选择 Spark，都需要根据具体的需求和场景进行全面评估和决策。

1.5 本章小结

了解大数据相关知识是深入学习 Hadoop 和 Spark 的良好开端。本章主要介绍了大数据的基本概念，并由此引出了 Hadoop 和 Spark 的相关知识，包括选择 Hadoop 和 Spark 的原因、其典型应用案例，以及两者的设计理念等。

通过对 Hadoop 和 Spark 基础知识的学习，读者可以初步了解这两种大数据处理框架的核心特点，并认识到它们在实际工作中的应用场景与功能。这为后续深入探索 Hadoop 和 Spark 的实战应用奠定了坚实的理论基础。

第 2 章

快速搭建 Hadoop 和 Spark 学习环境

本章将介绍如何快速搭建 Hadoop 和 Spark 学习环境，内容涵盖所需的软件、详细的配置步骤以及验证方法。通过学习本章内容，读者将能够轻松搭建 Hadoop 和 Spark 环境，为后续的实战做好准备。

2.1 Hadoop 简介

本节将简要介绍 Hadoop 的起源及其发展历程，并详细解析其核心组件，包括 HDFS（分布式文件系统）、YARN（资源调度系统）和 MapReduce（分布式计算模型）。这些组件共同构成了 Hadoop 分布式系统的基础，使其成为大数据处理领域的热门选择。

2.1.1 起源与发展

Hadoop 的发展历程可以追溯到 2003 年，当时 Google 发表了一系列关于大规模数据处理的开创性论文，包括 GFS（Google File System，Google 文件系统）和 MapReduce。这些思想极大地启发了 Doug Cutting 等人。2005 年，Doug Cutting 团队开发了自己的分布式文件系统和 MapReduce 机制，并将其作为 Lucene 项目的一部分贡献给了 Apache 基金会，这标志着 Hadoop 的正式诞生。Hadoop 的发展历程如图 2-1 所示。

1. 起源（2003 年）

Hadoop 最早源于 Nutch 项目。Nutch 的设计目标是构建一个大型的全网搜索引擎，包括网页抓取、索引和查询等功能。随着网页抓取数量的增加，Nutch 面临了严重的可扩展性问题：如何有效存储和索引数十亿网页。谷歌在 2003 年陆续发表的 3 篇论文提出了行之有效的解决方案，即 GFS 和 MapReduce。

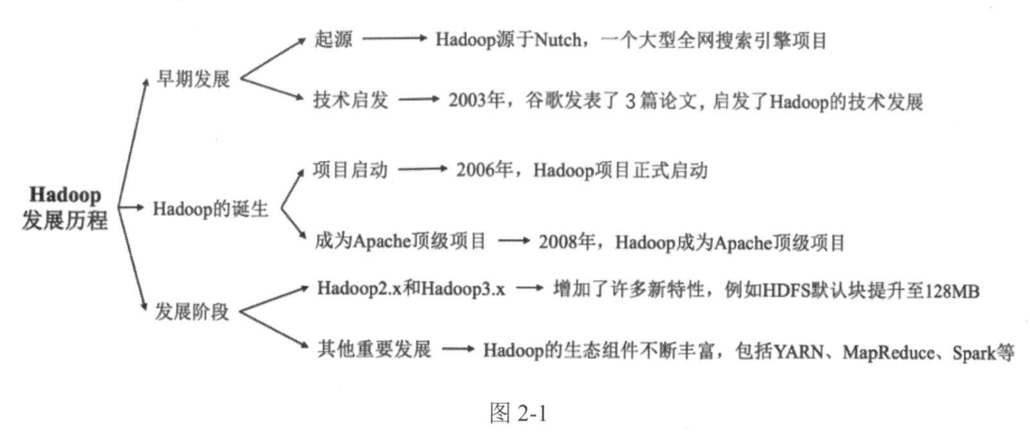

图 2-1

2. Apache 软件基金会（2006 年）

2006 年年初，开发人员将 Hadoop 从 Nutch 项目中剥离出来，并将其作为 Lucene 的一个子项目。随后，在 2006 年 2 月，Apache Hadoop 项目正式启动，专注于支持 MapReduce 和 HDFS 的独立开发和优化。

3. 成为 Apache 顶级项目（2008 年）

2008 年 1 月，Hadoop 被正式认定为 Apache 顶级项目，进入了快速发展阶段。这一时期，Hadoop 相关技术如 HDFS、Zookeeper、Hive、Flume、Kafka、HBase、Sqoop、Oozie 等开始广泛应用，其概念、安装配置方法、架构原理等也得到了研究和详细介绍。

4. Hadoop 2.x 版本（2013 年后）

Hadoop 2.x 版本引入 YARN 作为全新的资源管理和调度器，并支持 NameNode HA（High Availability），通过采用主动-被动双命名节点模式，大幅提升了系统的可靠性和容错能力。

5. Hadoop 3.x 版本

Hadoop 3.x 版本在 Hadoop 2.x 的基础上进行了进一步优化和发展。在这一版本中，Hadoop 的核心组件经历了重构，提升了抽象层次，降低了编程复杂度，并新增了对实时数据处理的支持，进一步拓展了其应用范围。

如今，Hadoop 已发展为一个庞大的生态系统，包括众多项目和工具，如 Hadoop Common（Hadoop 的核心库和实用程序）、HDFS（Hadoop 分布式文件系统）、YARN（Hadoop 的资源管理器）和 MapReduce（Hadoop 的分布式计算框架）等。这些项目和工具协同工作，共同构建了 Hadoop 的技术基础，使其成为一个功能强大且应用广泛的大数据处理平台。

2.1.2　核心组件介绍

Hadoop 作为大数据处理的利器，其核心组件的设计与实现对整个系统的稳定性、性能和可扩展性起着关键作用。下面将详细介绍 Hadoop 的 3 个核心组件：HDFS、MapReduce 和 YARN。

1. HDFS

HDFS 是 Hadoop 的分布式文件系统，用于存储和管理大规模数据，具有以下关键特性：

- 高可靠性：HDFS 通过数据复制和容错机制确保数据的可靠性和可用性。每个数据块在 HDFS 中有多个副本，存储在不同的节点上，以防止数据丢失和节点故障的影响。
- 高吞吐量：HDFS 的设计目标是提供高吞吐量的数据访问和处理能力。它通过将数据块存储在本地节点，并使用数据本地性优化算法，减少数据的网络传输开销，从而提高数据的访问速度。
- 高可扩展性：HDFS 作为分布式文件系统，可以横向扩展以支持更大的数据量和更高的并发访问需求。通过增加节点和调整配置，HDFS 能够实现系统的线性扩展。

HDFS 的架构由两种核心节点组成：NameNode（命名节点）和 DataNode（数据节点）。

- NameNode 是 HDFS 的主节点，负责管理文件系统的命名空间（namespace），维护文件和目录的元数据信息。此外，NameNode 还管理数据块与 DataNode 的映射关系。每个 HDFS 集群中通常只有一个 NameNode。
- DataNode 是 HDFS 的数据节点，负责存储实际的数据块。当客户端写入数据时，DataNode 接收来自 NameNode 的指令，将数据块存储在本地磁盘上，并定期向 NameNode 发送心跳信号和块信息报告，以维持系统的正常运行和数据完整性。

2. MapReduce

MapReduce 是 Hadoop 的分布式计算框架，用于处理大规模数据。它将计算任务划分为 Map 阶段和 Reduce 阶段，并通过并行计算和分布式处理来提高计算效率。

- 在 Map 阶段，数据被划分为多个数据块，并分发给不同的节点进行处理。每个节点执行用户定义的 Map 函数，对输入数据进行处理，并将结果输出到本地磁盘。
- 在 Reduce 阶段，Map 阶段的输出结果被合并和排序，然后分发给不同的节点进行进一步处理。每个节点执行用户定义的 Reduce 函数，对输入数据进行聚合、过滤或转换等操作，并将最终结果输出到 HDFS 或其他存储系统。

MapReduce 的执行流程如下：

（1）作业提交：用户向 YARN 中提交 MapReduce 作业，包括 ApplicationMaster 程序、启动命令和用户程序。

（2）资源分配：ResourceManager 为作业分配第一个 Container，并与对应的 NodeManager 通信，启动 ApplicationMaster。

（3）任务调度：ApplicationMaster 通过 RPC 协议以轮询方式向 ResourceManager 申请和获取资源。

（4）任务执行：一旦申请到资源，ApplicationMaster 会与 NodeManager 通信，启动 Map

和 Reduce 任务。

（5）结果汇报：各任务通过 RPC 协议向 ApplicationMaster 汇报状态和进度，确保在任务失败时可以重新启动任务。

（6）作业完成：应用程序运行完成后，ApplicationMaster 会向 ResourceManager 注销并关闭自身。

3. YARN

YARN 是 Hadoop 的资源管理器，负责管理和调度计算资源。通过将资源管理和任务调度分离，YARN 提高了系统的可扩展性和资源利用率。

YARN 的架构包括两个主要组件：ResourceManager 和 NodeManager。ResourceManager 负责管理和调度整个集群的资源，包括节点的注册、资源分配和任务调度等核心功能；NodeManager 负责单个节点的资源管理，包括资源监控、容器启动和任务执行等工作。

YARN 引入了容器的概念，实现了资源的细粒度管理和调度。容器是 YARN 中的资源抽象，涵盖 CPU、内存、磁盘和网络等资源。根据用户提交的资源需求，YARN 为任务分配合适的容器，并确保资源的隔离和安全性。

Hadoop 的核心组件由 HDFS、YARN 和 MapReduce 构成，它们共同打造了一个强大、可靠和高效的分布式存储和计算平台。HDFS 提供了高吞吐量的数据存储能力，YARN 实现了高效的资源管理和任务调度，而 MapReduce 则提供了灵活的分布式计算能力。这三大组件的协同工作，使 Hadoop 能够在大规模集群环境中高效存储与处理海量数据，从而广泛应用于数据分析、数据挖掘和大数据处理等领域。

2.2　基础环境的安装与配置

大多数企业的服务器操作系统是 Linux，因此 Hadoop 和 Spark 主要设计为在 Linux 上运行。虽然 Hadoop 和 Spark 这两个框架是使用跨平台的 Java 语言开发的，但对其他操作系统（如 Windows）的支持仍然较弱。为确保最佳的兼容性和性能，建议在生产环境中使用 Linux 系统部署 Hadoop 和 Spark。

2.2.1　基础软件下载

Hadoop 的源代码是基于 Java 语言编写的，运行在 Java 虚拟机（Java Virtual Machine，JVM）上。因此，在安装 Hadoop 之前，需要先安装 Java 软件开发工具包（Java Development Kit，JDK）。

Spark 是一个快速通用的大规模数据处理的计算引擎，其应用程序的开发依赖于一个运行良好的 Hadoop 集群系统。在使用 Spark 之前，需要先安装 Hadoop 集群系统。而 Hadoop 集群系统则依赖 ZooKeeper 集群系统来管理和协调各个节点。因此，在安装 Hadoop 集群系统之前，还需要安装 ZooKeeper 集群系统。

安装与配置 Hadoop 和 Spark 环境所需的各种软件及其下载方式如表 2-1 所示。

表 2-1　安装与配置 Hive 环境所需要的各种软件及其下载方式

软　件	下载地址	版　本
CentOS	https://www.centos.org/download	7
JDK	https://www.oracle.com/java/technologies/javase/javase-jdk8-downloads.html	1.8
Hadoop	http://hadoop.apache.org/releases.html	3.4.0
ZooKeeper	http://zookeeper.apache.org/releases.html	3.9.2
Spark	https://spark.apache.org/downloads.html	3.5.1

提　示

表 2-1 所列的软件包版本仅供参考，读者可以下载更新的版本进行安装，这并不影响对本书内容的学习。

2.2.2　实例：Linux 操作系统的安装与配置

Linux 操作系统有多种版本，例如 RedHat、Ubuntu 和 CentOS 等。本书选择 64 位的 Linux 操作系统，以 64 位的 CentOS 7 版本作为示例。当然，读者可根据个人喜好选择其他合适的 Linux 发行版。

CentOS 7 安装包下载页面如图 2-2 所示。本书选用 64 位 CentOS 7 镜像文件进行下载和安装。

Index of /centos/7.9.2009/isos/x86_64/　　Last Update: 2021-05-06 21:09

File Name ↓	File Size ↓	Date ↓
Parent directory/	-	-
0_README.txt	2.4 KiB	2020-11-06 22:32
CentOS-7-x86_64-DVD-2009.iso	4.4 GiB	2020-11-04 19:37
CentOS-7-x86_64-DVD-2009.torrent	176.1 KiB	2020-11-06 22:44
CentOS-7-x86_64-Everything-2009.iso	9.5 GiB	2020-11-02 23:18
CentOS-7-x86_64-Everything-2009.torrent	380.6 KiB	2020-11-06 22:44
CentOS-7-x86_64-Minimal-2009.iso	973.0 MiB	2020-11-03 22:55
CentOS-7-x86_64-Minimal-2009.torrent	38.6 KiB	2020-11-06 22:44
CentOS-7-x86_64-NetInstall-2009.iso	575.0 MiB	2020-10-27 00:26
CentOS-7-x86_64-NetInstall-2009.torrent	23.0 KiB	2020-11-06 22:44
sha256sum.txt	398 B	2020-11-04 19:38
sha256sum.txt.asc	1.2 KiB	2020-11-06 22:37

图 2-2

提　示

如果已有现成的物理机或云主机供学习使用，可以跳过以下内容，直接进入 2.2.3 节开始学习。如果要自行安装虚拟机，请继续阅读下面的内容。

通过图 2-2 可以看到，CentOS 7 提供了多种版本供用户选择，这些版本所代表的含义如下：

- DVD 版本：这是最常用的版本，包含普通安装版所需的大量常用软件。

- Everything 版本：包含所有软件组件，安装包体积较大，适合需要完整组件的用户。
- Minimal 版本：这是精简版本，仅包含系统运行所必备的软件。
- NetInstall 版本：网络安装版本，仅含有从启动到安装程序所需的系统内核等基本组件，安装过程中需要联网下载其余软件。

本书内容基于 Minimal 版本，该版本的 Linux 操作系统可以满足学习本书全部内容的需求。

在 Windows 操作系统中安装 Linux 操作系统虚拟机，可以使用 VMware 或者 VirtualBox 软件。在 macOS 操作系统中，则可以使用 Parallels Desktop 或者 VirtualBox 软件。

提　示
无论是在 Windows 操作系统环境中还是在 macOS 操作系统环境中，VirtualBox 软件都是免费的，而 VMware 和 Parallels Desktop 属于商业产品，安装使用时需要购买许可证。

这里选择使用 VirtualBox 软件来安装 Linux 操作系统虚拟机。安装过程并不复杂，只需按照安装向导程序的提示，依次单击“下一步”按钮，直至最后单击“完成”按钮。

1. 配置网络

安装完成 Linux 操作系统虚拟机后，如果需要虚拟机连接外网，可以通过以下操作命令进行网络配置：

```
# 打开网络配置文件
[hadoop@nna ~]$ vi /etc/sysconfig/network-scripts/ifcfg-eth0

# 修改 ONBOOT 的值为 yes
ONBOOT=yes

# 保存并退出
```

网络配置修改完成后，需要重启虚拟机以使配置生效，具体的操作命令如下：

```
# 重启 Linux 操作系统虚拟机，如果是非 root 用户，重启时需要使用 sudo 命令
[hadoop@nna ~]$ sudo reboot
```

2. 配置 hosts 系统文件

接下来，安装 5 台 Linux 操作系统虚拟机。具体操作步骤如下：

步骤 01 编辑并保存其中一台服务器的 hosts 文件，具体操作命令如下：

```
# 打开 nna 服务器的 hosts 文件并编辑
[hadoop@nna ~]$ sudo vi /etc/hosts

# 添加如下内容
10.211.55.7     nna
10.211.55.4     nns
10.211.55.5     dn1
```

```
10.211.55.6     dn2
10.211.55.8     dn3

# 保存并退出
```

步骤02 使用 Linux 复制命令将已编辑的 hosts 文件分发到其他服务器（即其他节点），具体操作命令如下：

```
# 先在/tmp目录添加一个临时文本文件
[hadoop@nna ~]$ vi /tmp/node.list

# 添加如下内容
nns
dn1
dn2
dn3
# 保存并退出

# 然后使用scp命令将hosts文件分发到其他服务器上
# 同时确保当前Linux用户拥有操作/etc目录的权限
[hadoop@nna ~]$ for i in `cat /tmp/node.list`;do scp /etc/hosts $i:/etc;done
```

2.2.3 实例：SSH的安装与配置

Secure Shell（简称SSH）是由互联网工程任务组（Internet Engineering Task Force，IETF）制订的一种协议，旨在提供安全的通信方式。作为工作在应用层的协议，SSH主要用于远程登录会话及其他网络服务，确保通信的安全性。通过加密技术，SSH保护了数据在传输过程中的机密性和完整性，从而防止信息被窃取或篡改。

配置SSH免密登录后，访问其他服务器时可以省去输入密码的步骤，这样可以更方便地进行维护和管理。

1. 创建密钥

在Linux操作系统中，可使用ssh-keygen命令生成密钥文件，具体操作命令如下：

```
# 生成当前服务器的私钥和公钥
[hadoop@nna ~]$ ssh-keygen -t rsa
```

按提示操作，只需按 Enter 键，无须设置任何额外信息。命令执行完成后，将在/home/hadoop/.ssh/目录下生成相应的私钥和公钥等文件。

2. 认证授权

将公钥（id_rsa.pub）文件中的内容追加到authorized_keys文件中，具体操作命令如下：

```
# 将公钥（id_rsa.pub）文件内容追加到authorized_keys中
[hadoop@nna ~]$ cat ~/.ssh/id_rsa.pub >> ~/.ssh/authorized_keys
```

3. 文件赋权

在当前账号下，需要给 authorized_keys 文件赋予 640 权限，否则会因为权限问题导致免密码登录失败。文件权限操作命令如下：

```
# 赋予 640 权限
[hadoop@nna ~]$ chmod 640 ~/.ssh/authorized_keys
```

4. 同步密钥

在其他服务器中，可以使用 ssh-keygen -t rsa 命令来生成对应的公钥。然后，在第一台服务器上使用 Linux 同步命令，将 authorized_keys 文件分发到其他服务器的/home/hadoop/.ssh/目录中，具体操作命令如下：

```
# 在/tmp 目录中添加一个临时文本文件
[hadoop@nna ~]$ vi /tmp/node.list

# 添加如下内容
nns
dn1
dn2
dn3
# 保存并退出

# 使用 scp 命令同步 authorized_keys 文件到指定目录
[hadoop@nna ~]$ for i in `cat /tmp/node.list`; \
do scp ~/.ssh/authorized_keys $i:/home/hadoop/.ssh;done
```

第一次使用 scp 命令同步 authorized_keys 文件时，由于尚未完成免密码登录的配置工作，因此需要输入一次密码。完成第一次 authorized_keys 文件同步操作后，后续的远程操作命令将不再需要输入密码。

> **提　示**
>
> 完成第一次 authorized_keys 文件同步操作后，如果后续登录过程中系统没有提示输入密码，则表示免密码登录配置成功；反之，则配置失败。读者需核对配置步骤是否和本书一致。

一般情况下，企业的服务器规模通常很大，少则几百台，多则上千甚至上万台，且随着企业业务的增长，服务器的规模会越来越大。为了方便维护大规模的服务器，通常在所有服务器中会选择一台服务器作为“管理者”角色，让它负责下发配置文件。拥有“管理者”角色的服务器与其他服务器之间的免密关系如图 2-3 所示。

例如，在安装和维护集群系统（如 Hadoop、Spark、ZooKeeper 等）时，通常会在拥有“管理者”角色的服务器上执行命令。

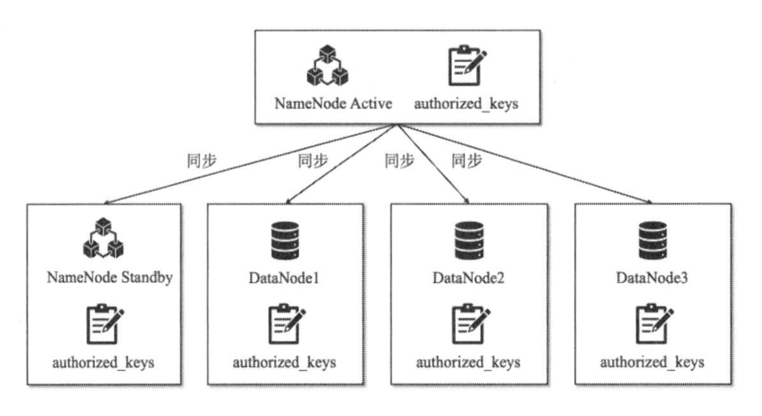

图 2-3

2.2.4 实例：Java运行环境的安装与配置

一般而言，Linux操作系统预装了JDK。如果没有安装JDK或者JDK版本不符合要求，可以按照以下操作进行安装。本书选择的JDK版本是Oracle官方的JDK8，安装包名为jdk-8u291-linux-x64.tar.gz，如图2-4所示。

Java SE Development Kit 8u291

This software is licensed under the Oracle Technology Network License Agreement for Oracle Java SE

Product / File Description	File Size	Download
Linux ARM 64 RPM Package	59.1 MB	jdk-8u291-linux-aarch64.rpm
Linux ARM 64 Compressed Archive	70.79 MB	jdk-8u291-linux-aarch64.tar.gz
Linux ARM 32 Hard Float ABI	73.5 MB	jdk-8u291-linux-arm32-vfp-hflt.tar.gz
Linux x86 RPM Package	109.05 MB	jdk-8u291-linux-i586.rpm
Linux x86 Compressed Archive	137.92 MB	jdk-8u291-linux-i586.tar.gz
Linux x64 RPM Package	108.78 MB	jdk-8u291-linux-x64.rpm
Linux x64 Compressed Archive	138.22 MB	jdk-8u291-linux-x64.tar.gz

图 2-4

提 示

在阅读本书时，Oracle官方网站的JDK版本可能再次更新了，读者可以选择新的JDK版本进行下载，这并不影响对本书内容的学习。

1. 安装JDK

由于Linux操作系统中可能会预装OpenJDK环境，因此在安装从Oracle官网下载的JDK之前，需要检查当前Linux操作系统中是否存在OpenJDK环境。如果存在，则需要卸载OpenJDK环境。

具体操作步骤如下：

步骤 01 卸载 Linux 操作系统中存在的 OpenJDK 环境，如果 Linux 操作系统中不存在 OpenJDK 环境，则可跳过此步骤。

```
# 查找 Java 安装依赖库
[hadoop@nna ~]$ rpm -qa | grep java
# 卸载 Java 依赖库
[hadoop@nna ~]$ yum -y remove java*
```

步骤 02 将从 Oracle 官网下载的 JDK 安装包解压到指定目录（可自行指定），具体操作命令如下：

```
# 把 JDK 安装包解压到当前目录
[hadoop@nna ~]$ tar -zxvf jdk-8u291-linux-x64.tar.gz
# 移动 JDK 到/data/soft/new 目录下，并改名为 jdk
[hadoop@nna ~]$ mv jdk-8u291-linux-x64 /data/soft/new/jdk
```

2. 配置 JDK

将 JDK 解压到指定目录后，需要配置 JDK 的环境变量。具体操作步骤如下：

步骤 01 配置 JDK 环境变量，具体操作命令如下：

```
# 打开当前用户下的.bash_profile 文件并进行编辑
[hadoop@nna ~]$ vi ~/.bash_profile

# 添加如下内容
export JAVA_HOME=/data/soft/new/jdk
export PATH=$PATH:$JAVA_HOME/bin

# 编辑完成后，保存并退出
```

步骤 02 保存刚刚编辑完成的文件，若要使配置项立即生效，可以执行如下命令：

```
# 使用 source 命令或者英文点(.)命令，立即让配置文件生效
[hadoop@nna ~]$ source ~/.bash_profile
```

步骤 03 验证 JDK 环境是否安装成功，具体操作命令如下：

```
# 使用 Java 语言的 version 命令来检验
[hadoop@nna ~]$ java -version
```

如果 Linux 操作系统终端显示了对应的 JDK 版本号（见图 2-5），则表示 JDK 环境配置成功。

```
dengjie — hadoop@nna:~ — ssh hadoop@nna — 110×30
[hadoop@nna ~]$ java -version
java version "1.8.0_291"
Java(TM) SE Runtime Environment (build 1.8.0_291-b10)
Java HotSpot(TM) 64-Bit Server VM (build 25.291-b10, mixed mode)
[hadoop@nna ~]$
```

图 2-5

3. 同步 JDK 安装包

将主机上解压好的 JDK 文件夹和环境变量配置文件（.bash_profile）分别同步到其他服务器上。具体操作命令如下：

```
# 在/tmp 目录添加一个临时服务器名文本文件
[hadoop@nna ~]$ vi /tmp/node.list

# 添加如下内容
nns
dn1
dn2
dn3
# 保存并退出

# 使用 scp 命令将 JDK 文件夹同步到其他服务器的指定目录
[hadoop@nna ~]$ for i in `cat /tmp/node.list`; \
do scp -r /data/soft/new/jdk $i:/data/soft/new/;done
# 使用 scp 命令将.bash_profile 文件同步到其他服务器的指定目录
[hadoop@nna ~]$ for i in `cat /tmp/node.list`; \
do scp ~/.bash_profile $i:~/;done
```

2.2.5 实例：安装与配置 Zookeeper

ZooKeeper 是一个分布式应用程序协调服务系统，广泛应用于大数据生态圈中。分布式模式下的 Hadoop 系统需要依赖 ZooKeeper 来提供一致性服务，管理和协调分布式环境中的各个节点，确保系统的稳定性和可靠性。

1. 安装 ZooKeeper

1）下载 ZooKeeper 软件包

按表 2-1 中的 ZooKeeper 下载地址获取软件安装包，然后将它解压到指定位置。本书所有的安装包均会解压到/data/soft/new 目录下。

2）解压软件包

对 ZooKeeper 软件安装包进行解压和重命名，具体操作命令如下：

```
# 解压文件
[hadoop@dn1 ~]$ tar -zxvf ZooKeeper-3.9.2.tar.gz
# 重命名 ZooKeeper-3.9.2 文件夹为 ZooKeeper
[hadoop@dn1 ~]$ mv ZooKeeper-3.9.2 ZooKeeper
# 创建 ZooKeeper 数据存放路径地址
[hadoop@dn1 ~]$ mkdir -p /data/soft/new/zkdata
```

2. 配置 ZooKeeper 系统文件

1）配置 zoo.cfg 文件

读者可以将 ZooKeeper 中 conf 目录下的 zoo_sample.cfg 文件修改为 zoo.cfg 文件，配置内容如代码 2-1 所示。

代码 2-1

```
# 配置需要的属性值
# ZooKeeper 数据存放路径地址
dataDir=/data/soft/new/zkdata
# 客户端端口号
clientPort=2181
# 配置各个服务节点的地址
server.1=dn1:2888:3888
server.2=dn2:2888:3888
server.3=dn3:2888:3888
```

2）配置注意事项

在属性 dataDir 所在的目录下创建一个 myid 文件，在该文件中写入一个 0~255 的整数。在每个 ZooKeeper 节点上，该文件中的数字需要保证唯一性。本书的 myid 值从 1 开始，依次对应每个 ZooKeeper 节点。ZooKeeper 节点的序号对应关系如图 2-6 所示。

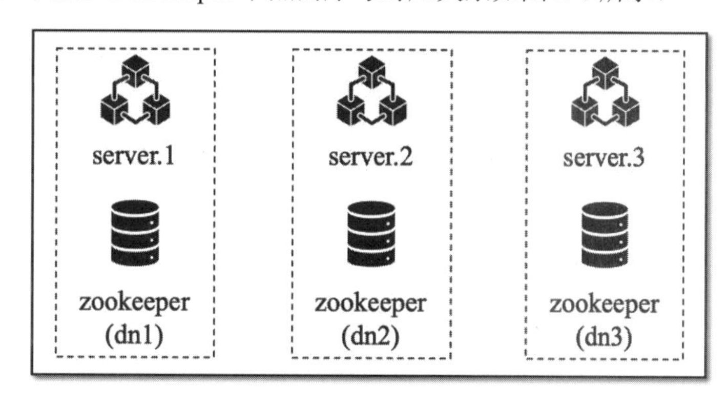

图 2-6

3）同步文件

在配置 ZooKeeper 集群时，每个节点的配置文件中都包含唯一的数字标识符，这个数字需要与图 2-6 中的节点对应关系保持一致。例如 server.1=dn1:2888:3888，则该 ZooKeeper 节点上的 myid 文件中应当填入与配置中相对应的数字，本例中即为数字 1。这个 myid 文件用于告知 ZooKeeper 该节点在集群中的身份。

一旦完成了 ZooKeeper 节点的配置，就可以使用 Linux 操作系统中的 scp 命令来将配置文件安全地同步到其他节点，具体操作命令如下：

```
# 在/tmp 目录添加一个临时服务器名文本文件
[hadoop@dn1 ~]$ vi /tmp/node.list
```

```
# 添加如下内容
dn2
dn3
# 保存并退出

# 使用 scp 命令同步 ZooKeepers 文件夹到指定目录
[hadoop@dn1 ~]$ for i in `cat /tmp/ node.list`; \
do scp -r /data/soft/new/ZooKeeper $i:/data/soft/new;done
```

完成同步后，确保将 dn2 服务器和 dn3 服务器上的 myid 文件内容分别修改为 2 和 3，以匹配它们在 ZooKeeper 集群配置中的唯一标识符。这保证了每个节点在集群中具有正确的标识，并能够顺利地进行通信和协作。

3. 配置环境变量

在 Linux 操作系统中，可以对 ZooKeeper 系统做全局的环境变量配置。这样做的好处是，可以方便地使用 ZooKeeper 脚本，而不需要切换到 ZooKeeper 的 bin 目录进行操作，具体操作命令如下：

```
# 配置环境变量
[hadoop@dn1 ~]$ vi ~/.bash_profile
# 配置 ZooKeeper 全局变量
export ZK_HOME=/data/soft/new/ZooKeeper
export PATH=$PATH: $ZK_HOME/bin
# 保存编辑的内容并退出
```

之后，使用如下命令使刚刚配置的环境变量立即生效：

```
# 使环境变量立即生效
[hadoop@dn1 ~]$ source ~/.bash_profile
```

接着，在其他两台服务器（dn2 和 dn3）上也执行相同的配置操作，以保证环境的一致性。

4. 启动 ZooKeeper

在每台安装了 ZooKeeper 的服务器上，分别执行启动 ZooKeeper 系统进程的命令，具体操作命令如下：

```
# 在各节点上启动 ZooKeeper 服务进程
[hadoop@dn1 ~]$ zkServer.sh start
[hadoop@dn2 ~]$ zkServer.sh start
[hadoop@dn3 ~]$ zkServer.sh start
```

直接使用这些命令来管理 ZooKeeper 集群虽然可行，但操作起来可能不够便捷。为此，可以将这些启动命令封装成一个分布式管理脚本文件（zks-daemons.sh），并将其存放到 $ZK_HOME/bin 目录下。zks-daemons.sh 脚本的具体实现如代码 2-2 所示。

代码 2-2

```
#! /bin/bash

# 定义 ZooKeeper 集群的服务器地址
hosts=(dn1 dn2 dn3)

# 获取输入的命令参数
cmd=$1

# 分布式执行 ZooKeeper 管理命令
function ZooKeeper()
{
    for i in ${hosts[@]}
        do
            echo -e "\n*********ZooKeeper [$i]*****************"
            stdate=`date "+%Y-%m-%d %H:%M:%S,${smill:0:3}"`
            echo -e "\n$stdate INFO [ZooKeeper $i] execute $cmd."
            ssh hadoop@$i "source ~/.bash_profile;zkServer.sh $cmd" &
            sleep 2
            echo -e "\n******************************************"
        done
}

# 检查输入的 ZooKeeper 命令参数是否有效
case "$1" in
    start)
        ZooKeeper
        ;;
    stop)
        ZooKeeper
        ;;
    status)
        ZooKeeper
        ;;
    start-foreground)
        ZooKeeper
        ;;
    upgrade)
        ZooKeeper
        ;;
    restart)
        ZooKeeper
        ;;
    print-cmd)
        ZooKeeper
        ;;
```

```
    *)
        echo "Usage: $0 \
         {start|start-foreground|stop|restart|status|upgrade|print-cmd}"
        RETVAL=1
esac
```

5. 验证 zks-daemons.sh 文件

在启动 ZooKeeper 系统进程后，可以在终端中输入 jps 命令，若显示 QuorumPeerMain 进程命令，则表示 ZooKeeper 服务进程启动成功。另外，也可以使用 ZooKeeper 系统的状态命令 status 来查看服务状态，具体操作命令如下：

```
# 使用 status 命令来查看服务状态
[hadoop@dn1 ~]$ zk-daemons.sh status
```

在 ZooKeeper 集群系统正常运行的情况下，若有 3 台服务器部署了 ZooKeeper 系统进程，则会从这 3 台服务器中自动选出一台作为 Leader 角色，其余两台服务器会成为 Follower 角色。

执行 zk-daemons.sh status 命令后，终端输出会显示集群中各节点的服务状态。预期结果的预览截图如图 2-7 所示。

```
[hadoop@dn1 bin]$ zks-daemons.sh status

*********ZooKeeper [dn1]******************

2024-07-13 22:02:34, INFO [ZooKeeper dn1] execute status.
ZooKeeper JMX enabled by default
Using config: /data/soft/new/zookeeper/bin/../conf/zoo.cfg
Client port found: 2181. Client address: localhost. Client SSL: false.
Mode: follower

******************************************

*********ZooKeeper [dn2]******************

2024-07-13 22:02:36, INFO [ZooKeeper dn2] execute status.
ZooKeeper JMX enabled by default
Using config: /data/soft/new/zookeeper/bin/../conf/zoo.cfg
Client port found: 2181. Client address: localhost. Client SSL: false.
Mode: leader

******************************************

*********ZooKeeper [dn3]******************

2024-07-13 22:02:38, INFO [ZooKeeper dn3] execute status.
ZooKeeper JMX enabled by default
Using config: /data/soft/new/zookeeper/bin/../conf/zoo.cfg
Client port found: 2181. Client address: localhost. Client SSL: false.
Mode: follower
```

图 2-7

2.3 Hadoop 和 Spark 环境搭建

本节将介绍 Hadoop 和 Spark 环境的搭建，包括安装、配置和测试步骤，以便为大数据处理和分析做好准备。

2.3.1 实例：Hadoop 环境搭建

本书使用的 Hadoop 版本为 3.4.0。在部署 Hadoop 集群时，需要完成核心文件的配置。这些配置内容简单易懂，读者可以根据本节说明独立完成配置。以下是需要配置的核心文件：

```
core-site.xml
hdfs-site.xml
map-site.xml
yarn-site.xml
fair-scheduler.xml
hadoop-env.sh
yarn-env.sh
```

Hadoop 环境搭建的具体操作步骤如下：

步骤 01 将 Hadoop 集群所需的环境变量添加到/etc/profile 文件中，具体操作命令如下：

```
# 添加 Hadoop 集群系统环境变量
export HADOOP_HOME=/data/soft/new/hadoop
export HADOOP_CONF_DIR=/data/soft/new/hadoop-config
export HADOOP_YARN_HOME=$HADOOP_HOME
export HADOOP_MAPRED_HOME=$HADOOP_HOME
export HADOOP_OPTS="-Djava.library.path=${HADOOP_HOME}/lib/native/"
export PATH=$PATH:$HADOOP_HOME/bin: $HADOOP_HOME/sbin
# 保存追加的内容并退出
```

步骤 02 执行如下命令使刚配置的环境变量立即生效：

```
# 使刚配置的 Hadoop 集群系统环境变量立即生效
[hadoop@nna ~]$ source /etc/profile
```

步骤 03 若要验证 Hadoop 环境变量是否配置成功，可在终端中输入以下命令：

```
# 显示 Hadoop 环境变量
[hadoop@nna ~]$ echo $HADOOP_HOME
```

如果在终端中显示对应的路径信息，则表明 Hadoop 集群系统环境变量配置成功。

步骤 04 配置核心文件。

（1）core-site.xml：用于配置 Hadoop 的临时目录、分布式文件系统服务地址、序列文件缓存区大小等属性。core-site.xml 的详细配置内容如代码 2-3 所示。

代码 2-3

```
<?xml version="1.0" encoding="UTF-8"?>
<configuration>
    <!--
```

```
    指定分布式文件存储系统（HDFS）的 NameService 为 cluster1，是 NameNode 的 URI
    -->
    <property>
        <name>fs.defaultFS</name>
        <value>hdfs://cluster1</value>
    </property>
    <!-- 设置序列文件缓冲区的大小 -->
    <property>
        <name>io.file.buffer.size</name>
        <value>131072</value>
    </property>
    <!-- 指定 Hadoop 临时目录 -->
    <property>
        <name>hadoop.tmp.dir</name>
        <value>/data/soft/new/tmp</value>
    </property>
    <!–允许在任何 IP 地址上访问 -->
    <property>
        <name>hadoop.proxyuser.hadoop.hosts</name>
        <value>*</value>
    </property>
    <!–允许所有用户组可以访问 -->
    <property>
        <name>hadoop.proxyuser.hadoop.groups</name>
        <value>*</value>
    </property>
    <!-- 指定故障转移的 ZooKeeper 地址 -->
    <property>
        <name>ha.ZooKeeper.quorum</name>
        <value>dn1:2181,dn2:2181,dn3:2181</value>
    </property>
</configuration>
```

（2）hdfs-site.xml：用于配置 Hadoop 集群系统的分布式文件系统别名、通信地址和端口等信息。hdfs-site.xml 的详细配置内容如代码 2-4 所示。

代码 2-4

```
<?xml version="1.0" encoding="UTF-8"?>
<configuration>
    <!--
    指定 HDFS 的 NameService 为 cluster1，需要与 core-site.xml 中的配置保持一致
    -->
    <property>
        <name>dfs.nameservices</name>
        <value>cluster1</value>
    </property>
```

```
<!-- 定义 cluster1 下的两个 NameNode: nna 节点和 nns 节点 -->
<property>
    <name>dfs.ha.namenodes.cluster1</name>
    <value>nna,nns</value>
</property>
<!—配置 nna 节点的 RPC 通信地址 -->
<property>
    <name>dfs.namenode.rpc-address.cluster1.nna</name>
    <value>nna:9820</value>
</property>
<!-- 配置 nns 节点的 RPC 通信地址 -->
<property>
    <name>dfs.namenode.rpc-address.cluster1.nns</name>
    <value>nns:9820</value>
</property>
<!-- 配置 nna 节点的 HTTP 通信地址 -->
<property>
    <name>dfs.namenode.http-address.cluster1.nna</name>
    <value>nna:9870</value>
</property>

<!-- 配置 nns 节点的 HTTP 通信地址 -->
<property>
    <name>dfs.namenode.http-address.cluster1.nns</name>
    <value>nns:9870</value>
</property>
<!-- 指定 NameNode 的元数据在 JournalNode 上的存储路径 -->
<property>
    <name>dfs.namenode.shared.edits.dir</name>
    <value>
            qjournal://dn1:8485;dn2:8485;dn3:8485/cluster1
    </value>
</property>
<!-- 配置客户端失败时的自动切换方式 -->
<property>
    <name>dfs.client.failover.proxy.provider.cluster1</name>
    <value>
org.apache.hadoop.hdfs.server.namenode.ha.ConfiguredFailoverProxyProvider
    </value>
</property>
<!-- 配置隔离机制 -->
<property>
    <name>dfs.ha.fencing.methods</name>
    <value>sshfence</value>
</property>
<!-- 配置隔离机制时需启用 SSH 免密码登录 -->
```

```
<property>
    <name>dfs.ha.fencing.ssh.private-key-files</name>
    <value>/home/hadoop/.ssh/id_rsa</value>
</property>
<!-- 指定 NameNode 的元数据在 JournalNode 上的存储路径 -->
<property>
    <name>dfs.journalnode.edits.dir</name>
    <value>/data/soft/new/tmp/journal</value>
</property>
<!--启用高可用自动切换机制 -->
<property>
    <name>dfs.ha.automatic-failover.enabled</name>
    <value>true</value>
</property>
<!--指定 NameNode 名称空间的存储地址 -->
<property>
    <name>dfs.namenode.name.dir</name>
    <value>/data/soft/new/dfs/name</value>
</property>
<!--指定 DataNode 数据存储地址 -->
<property>
    <name>dfs.datanode.data.dir</name>
    <value>/data/soft/new/dfs/data</value>
</property>
<!-- 指定数据冗余副本份数 -->
<property>
    <name>dfs.replication</name>
    <value>3</value>
</property>
<!-- 启用 Web 访问 HDFS 目录 -->
<property>
    <name>dfs.webhdfs.enabled</name>
    <value>true</value>
</property>
<!-- 配置 JournalNode 的 HTTP 和 RPC 通信地址为 0.0.0.0 以支持外网访问 -->
<property>
    <name>dfs.journalnode.http-address</name>
    <value>0.0.0.0:8480</value>
</property>
<property>
    <name>dfs.journalnode.rpc-address</name>
    <value>0.0.0.0:8485</value>
</property>
<!-- 配置通过 ZKFailoverController 实现自动故障切换 -->
<property>
    <name>ha.ZooKeeper.quorum</name>
    <value>dn1:2181,dn2:2181,dn3:2181</value>
</property>
```

```
</configuration>
```

（3）map-site.xml：用于配置 Hadoop 集群系统中的计算任务托管的资源框架名称、历史任务访问地址等信息。map-site.xml 的详细配置内容如代码 2-5 所示。

代码 2-5

```
<?xml version="1.0" encoding="UTF-8"?>
<configuration>
    <!-- 配置计算任务托管的资源框架名称 -->
    <property>
        <name>mapreduce.framework.name</name>
        <value>yarn</value>
    </property>
    <!-- 配置 MapReduce JobHistory Server 地址，默认端口号为 10020 -->
    <property>
        <name>mapreduce.jobhistory.address</name>
        <value>0.0.0.0:10020</value>
    </property>
    <!-- 配置 MapReduce JobHistory Server Web 地址，默认端口号为 19888 -->
    <property>
        <name>mapreduce.jobhistory.webapp.address</name>
        <value>0.0.0.0:19888</value>
    </property>
    <!-- 配置 map 任务的内存  -->
    <property>
        <name>mapreduce.map.memory.mb</name>
        <value>512</value>
    </property>
    <property>
        <name>mapreduce.map.java.opts</name>
        <value>-Xmx512M</value>
    </property>
    <!-- 配置 reduce 任务的内存  -->
    <property>
        <name>mapreduce.reduce.memory.mb</name>
        <value>512</value>
    </property>
    <property>
        <name>mapreduce.reduce.java.opts</name>
        <value>-Xmx512M</value>
    </property>
    <property>
        <name>mapred.child.java.opts</name>
        <value>-Xmx512M</value>
    </property>
    <!-- 配置依赖 JAR 包、配置文件的路径地址 -->
```

```
    <property>
        <name>mapreduce.application.classpath</name>
        <value>
  /data/soft/new/hadoop-config,/data/soft/new/hadoop/share/hadoop/common/*,/d
ata/soft/new/hadoop/share/hadoop/common/lib/*,/data/soft/new/hadoop/share/hadoo
p/hdfs/*,/data/soft/new/hadoop/share/hadoop/hdfs/lib/*,/data/soft/new/hadoop/sh
are/hadoop/yarn/*,/data/soft/new/hadoop/share/hadoop/yarn/lib/*,/data/soft/new/
hadoop/share/hadoop/mapreduce/*,/data/soft/new/hadoop/share/hadoop/mapreduce/li
b/*
        </value>
    </property>
</configuration>
```

（4）yarn-site.xml：用于配置 Hadoop 集群系统的资源管理和调度。YARN 负责作业的调度与监控，以及数据的共享等功能。yarn-site.xml 的详细配置内容如代码 2-6 所示。

代码 2-6

```
<?xml version="1.0" encoding="UTF-8"?>
<configuration>
    <!-- RM（Resource Manager）失联后的重新连接的间隔时间，单位为毫秒 -->
    <property>
        <name>yarn.resourcemanager.connect.retry-interval.ms</name>
        <value>2000</value>
    </property>
    <!-- 启用 Resource Manager 高可用（HA），默认值为 false -->
    <property>
        <name>yarn.resourcemanager.ha.enabled</name>
        <value>true</value>
    </property>
    <!-- 配置 Resource Manager 的 HA 节点 ID -->
    <property>
        <name>yarn.resourcemanager.ha.rm-ids</name>
        <value>rm1,rm2</value>
    </property>
    <!-- 配置 ZooKeeper 集群地址 -->
    <property>
        <name>ha.ZooKeeper.quorum</name>
        <value>dn1:2181,dn2:2181,dn3:2181</value>
    </property>
    <!-- 启用故障自动切换 -->
    <property>
        <name>yarn.resourcemanager.ha.automatic-failover.enabled</name>
        <value>true</value>
    </property>
    <!-- rm1 配置开始 -->
```

```
<!-- 配置Resource Manager主机别名rm1角色为NameNode Active-->
<property>
    <name>yarn.resourcemanager.hostname.rm1</name>
    <value>nna</value>
</property>
<!-- 配置Resource Manager主机别名rm2角色为NameNode Standby-->
<property>
    <name>yarn.resourcemanager.hostname.rm2</name>
    <value>nns</value>
</property>
<!--
在nna上配置rm1，在nns上配置rm2，将配置好的文件同步到其他节点，但在YARN的另一台机器上一定要修改
-->
<property>
    <name>yarn.resourcemanager.ha.id</name>
    <value>rm1</value>
</property>
<!-- 启用自动恢复功能 -->
<property>
    <name>yarn.resourcemanager.recovery.enabled</name>
    <value>true</value>
</property>
<!-- 配置与ZooKeeper的连接地址 -->
<property>
    <name>yarn.resourcemanager.zk-state-store.address</name>
    <value>dn1:2181,dn2:2181,dn3:2181</value>
</property>
<!-- 用于持久化RM（Resource Manager）状态存储，基于ZooKeeper实现 -->
<property>
    <name>yarn.resourcemanager.store.class</name>
    <value>
org.apache.hadoop.yarn.server.resourcemanager.recovery.ZKRMStateStore
    </value>
</property>
<!-- ZooKeeper地址用于RM（Resource Manager）实现状态存储，以及HA的设置-->
<property>
    <name>hadoop.zk.address</name>
    <value>dn1:2181,dn2:2181,dn3:2181</value>
</property>
<!-- 配置集群ID标识 -->
<property>
    <name>yarn.resourcemanager.cluster-id</name>
    <value>cluster1-yarn</value>
</property>
```

```
<!-- 配置 schelduler 失联等待连接时间 -->
<property>
    <name>
        yarn.app.mapreduce.am.scheduler.connection.wait.interval-ms
    </name>
    <value>5000</value>
</property>
<!-- 配置 rm1，其应用访问管理接口 -->
<property>
    <name>yarn.resourcemanager.address.rm1</name>
    <value>nna:8132</value>
</property>
<!-- 配置调度接口地址 -->
<property>
    <name>yarn.resourcemanager.scheduler.address.rm1</name>
    <value>nna:8130</value>
</property>
<!-- 指定 ResourceManager 的 Web 访问地址 -->
<property>
    <name>
        yarn.resourcemanager.webapp.address.rm1
    </name>
    <value>nna:8188</value>
</property>
<property>
    <name>
        yarn.resourcemanager.resource-tracker.address.rm1
    </name>
    <value>nna:8131</value>
</property>
<!-- 配置 RM 管理员接口地址 -->
<property>
    <name>yarn.resourcemanager.admin.address.rm1</name>
    <value>nna:8033</value>
</property>
<property>
    <name>yarn.resourcemanager.ha.admin.address.rm1</name>
    <value>nna:23142</value>
</property>
<!-- rm1 配置结束 -->
<!-- rm2 配置开始 -->
<!-- 配置 rm2，与 rm1 配置一致，只是将 nna 节点名称换成 nns 节点名称 -->
<property>
    <name>yarn.resourcemanager.address.rm2</name>
    <value>nns:8132</value>
```

```
    </property>
    <property>
        <name>yarn.resourcemanager.scheduler.address.rm2</name>
        <value>nns:8130</value>
    </property>
    <property>
        <name>yarn.resourcemanager.webapp.address.rm2</name>
        <value>nns:8188</value>
    </property>
    <property>
        <name>yarn.resourcemanager.resource-tracker.address.rm2</name>
        <value>nns:8131</value>
    </property>
    <property>
        <name>yarn.resourcemanager.admin.address.rm2</name>
        <value>nns:8033</value>
    </property>
    <property>
        <name>yarn.resourcemanager.ha.admin.address.rm2</name>
        <value>nns:23142</value>
    </property>
    <!-- rm2 配置结束 -->
    <!--
        NM（NodeManager）的附属服务，需要设置成 mapreduce_shuffle 才能运行 MapReduce
任务
    -->
    <property>
        <name>yarn.nodemanager.aux-services</name>
        <value>mapreduce_shuffle</value>
    </property>
    <!-- 配置 shuffle 处理类 -->
    <property>
        <name>yarn.nodemanager.aux-services.mapreduce.shuffle.class</name>
        <value>org.apache.hadoop.mapred.ShuffleHandler</value>
    </property>
    <!-- 指定 NM(NodeManager)本地文件路径 -->
    <property>
        <name>yarn.nodemanager.local-dirs</name>
        <value>/data/soft/new/yarn/local</value>
    </property>
    <!-- 指定 NM（NodeManager）日志存放路径 -->
    <property>
        <name>yarn.nodemanager.log-dirs</name>
        <value>/data/soft/new/log/yarn</value>
    </property>
```

```
<!-- 配置 ShuffleHandler 运行服务端口，用于将 Map 结果输出到请求 Reducer  -->
<property>
    <name>mapreduce.shuffle.port</name>
    <value>23080</value>
</property>
<!-- 故障处理类 -->
<property>
    <name>yarn.client.failover-proxy-provider</name>
    <value>
org.apache.hadoop.yarn.client.ConfiguredRMFailoverProxyProvider
    </value>
</property>
<!-- 指定故障自动转移的 ZooKeeper 路径地址 -->
<property>
    <name>
        yarn.resourcemanager.ha.automatic-failover.zk-base-path
    </name>
    <value>/yarn-leader-election</value>
</property>
<!-- 查看任务调度进度，在 nns 节点上需要将访问地址修改为 http://nns:9001 -->
<property>
    <name>mapreduce.jobtracker.address</name>
    <value>http://nna:9001</value>
</property>
<!— 启用聚合操作日志 -->
<property>
    <name>yarn.log-aggregation-enable</name>
    <value>true</value>
</property>
<!-- 指定日志在 HDFS 上的路径 -->
<property>
    <name>yarn.nodemanager.remote-app-log-dir</name>
    <value>/tmp/logs</value>
</property>
<!-- 指定日志在 HDFS 上的路径 -->
<property>
    <name>yarn.nodemanager.remote-app-log-dir-suffix</name>
    <value>logs</value>
</property>
<!-- 配置聚合后的日志在 HDFS 上保存的时长，单位为秒，这里保存 72 小时 -->
<property>
    <name>yarn.log-aggregation.retain-seconds</name>
    <value>259200</value>
</property>
<!-- 删除任务在 HDFS 上执行的间隔，执行时将满足条件的日志删除 -->
```

```
<property>
    <name>yarn.log-aggregation.retain-check-interval-seconds</name>
    <value>3600</value>
</property>
<!-- 配置 ResourceManager 浏览器代理端口 -->
<property>
    <name>yarn.web-proxy.address</name>
    <value>nna:8090</value>
</property>
<!-- 配置 Fair 调度策略  -->
<property>
    <description>
        CLASSPATH for YARN applications. A comma-separated list
        of CLASSPATH entries. When this value is empty, the following default
        CLASSPATH for YARN applications would be used.
        For Linux:
        HADOOP_CONF_DIR,
        $HADOOP_COMMON_HOME/share/hadoop/common/*,
        $HADOOP_COMMON_HOME/share/hadoop/common/lib/*,
        $HADOOP_HDFS_HOME/share/hadoop/hdfs/*,
        $HADOOP_HDFS_HOME/share/hadoop/hdfs/lib/*,
        $HADOOP_YARN_HOME/share/hadoop/yarn/*,
        $HADOOP_YARN_HOME/share/hadoop/yarn/lib/*
    </description>
    <name>yarn.application.classpath</name>
    <value>/data/soft/new/hadoop/etc/hadoop,
        /data/soft/new/hadoop/share/hadoop/common/*,
        /data/soft/new/hadoop/share/hadoop/common/lib/*,
        /data/soft/new/hadoop/share/hadoop/hdfs/*,
        /data/soft/new/hadoop/share/hadoop/hdfs/lib/*,
        /data/soft/new/hadoop/share/hadoop/yarn/*,
        /data/soft/new/hadoop/share/hadoop/yarn/lib/*
    </value>
</property>
<!-- 配置 Fair 调度策略指定类  -->
<property>
    <name>yarn.resourcemanager.scheduler.class</name>
    <value>
org.apache.hadoop.yarn.server.resourcemanager.scheduler.fair.FairScheduler
    </value>
</property>
<!-- 启用 ResourceManager 系统监控  -->
<property>
    <name>yarn.resourcemanager.system-metrics-publisher.enabled</name>
    <value>true</value>
```

```
    </property>
    <!-- 指定调度策略配置文件 -->
    <property>
        <name>yarn.scheduler.fair.allocation.file</name>
        <value>/data/soft/new/hadoop/etc/hadoop/fair-scheduler.xml</value>
    </property>
    <!-- 配置每个 NodeManager 节点分配的内存大小 -->
    <property>
        <name>yarn.nodemanager.resource.memory-mb</name>
        <value>1024</value>
    </property>
    <!-- 配置每个 NodeManager 节点分配的 CPU 核数 -->
    <property>
        <name>yarn.nodemanager.resource.cpu-vcores</name>
        <value>1</value>
    </property>
    <!-- 配置物理内存和虚拟内存比率 -->
    <property>
        <name>yarn.nodemanager.vmem-pmem-ratio</name>
        <value>4.2</value>
    </property>
</configuration>
```

（5）fair-scheduler.xml：在 Hadoop 集群系统的 YARN 中，若要使用 FairScheduler 作为资源调度策略，则需要配置 fair-scheduler.xml 文件，详细配置内容如代码 2-7 所示。

代码 2-7

```
<?xml version="1.0"?>
<allocations>
    <queue name="root">
        <!-- 默认队列 -->
        <queue name="default">
            <!-- 允许的最大 App 运行数 -->
            <maxRunningApps>10</maxRunningApps>
            <!-- 分配最小内存和 CPU -->
            <minResources>1024mb,1vcores</minResources>
            <!-- 分配最大内存和 CPU -->
            <maxResources>2048mb,2vcores</maxResources>
            <!-- 调度策略 -->
            <schedulingPolicy>fair</schedulingPolicy>
            <weight>1.0</weight>
            <aclSubmitApps>hadoop</aclSubmitApps>
            <aclAdministerApps>hadoop</aclAdministerApps>
        </queue>
        <!-- 配置 Hadoop 用户队列 -->
```

```
            <queue name="hadoop">
                <!-- 允许最大 App 运行数 -->
                <maxRunningApps>10</maxRunningApps>
                <!-- 分配最小内存和 CPU -->
                <minResources>1024mb,1vcores</minResources>
                <!-- 分配最大内存和 CPU -->
                <maxResources>3072mb,3vcores</maxResources>
                <!-- 调度策略 -->
                <schedulingPolicy>fair</schedulingPolicy>
                <weight>1.0</weight>
                <aclSubmitApps>hadoop</aclSubmitApps>
                <aclAdministerApps>hadoop</aclAdministerApps>
            </queue>
            <!-- 配置 queue_1024_01 用户队列 -->
            <queue name="queue_1024_01">
                <!-- 允许最大 App 运行数 -->
                <maxRunningApps>10</maxRunningApps>
                <!-- 分配最小内存和 CPU -->
                <minResources>1000mb,1vcores</minResources>
                <!-- 分配最大内存和 CPU -->
                <maxResources>2048mb,2vcores</maxResources>
                <!-- 调度策略 -->
                <schedulingPolicy>fair</schedulingPolicy>
                <weight>1.0</weight>
                <aclSubmitApps>hadoop,user1024</aclSubmitApps>
                <aclAdministerApps>hadoop,user1024</aclAdministerApps>
            </queue>
        </queue>
        <fairSharePreemptionTimeout>600000</fairSharePreemptionTimeout>
        <defaultMinSharePreemptionTimeout>
            600000
        </defaultMinSharePreemptionTimeout>
</allocations>
```

（6）hadoop-env.sh：用于在 Hadoop 集群启动脚本中添加 JAVA_HOME 路径：

```
# 设置 JAVA_HOME 路径
export JAVA_HOME=/data/soft/new/jdk
# 编辑完成后，保存并退出
```

（7）yarn-env.sh：用于在资源管理器启动脚本中添加 JAVA_HOME 路径：

```
# 设置 JAVA_HOME 路径
export JAVA_HOME=/data/soft/new/jdk
# 编辑完成后，保存并退出
```

步骤 05 在$HADOOP_CONF_DIR 目录下，有一个 worker 文件，用于存放 DataNode 节点信息。配置 worker 文件的具体操作命令如下：

```
# 这里将$HADOOP_HOME/etc/hadoop 目录中的文件移动到$HADOOP_CONF_DIR 目录
# 编辑 worker 文件
[hadoop@nna ~]$ vi $HADOOP_CONF_DIR/worker
# 添加以下 DataNode 节点的别名，一个节点别名占用一行，多个节点需换行添加
dn1
dn2
dn3
# 编辑完文件后，保存并退出
```

步骤 06 将配置好的 Hadoop 安装目录（包含安装包目录和配置文件目录）同步到其他服务器节点。同时，在各节点创建配置文件中所需的目录。以 nna 服务器节点为例，其他服务器节点执行以下命令创建目录：

```
# 创建 Hadoop 集群所需的目录
[hadoop@nna ~]$ mkdir -p /data/soft/new/tmp
[hadoop@nna ~]$ mkdir -p /data/soft/new/tmp/journal
[hadoop@nna ~]$ mkdir -p /data/soft/new/dfs/name
[hadoop@nna ~]$ mkdir -p /data/soft/new/dfs/data
[hadoop@nna ~]$ mkdir -p /data/soft/new/yarn/local
[hadoop@nna ~]$ mkdir -p /data/soft/new/log/yarn
```

步骤 07 启动 Hadoop 集群。

Hadoop 集群服务的启动通过对应的 Shell 脚本来完成。

（1）启动 ZooKeeper 服务，执行命令如下：

```
# 在安装 ZooKeeper 服务的节点上启动 ZooKeeper
[hadoop@dn1 ~]$ zks-daemons.sh
```

（2）启动 JournalNode 服务。如果非首次启动，可以跳过该步骤；否则，执行如下命令：

```
# 在 NameNode 节点启动 JournalNode
[hadoop@nna ~]$ hadoop-daemons.sh start journalnode
# 或者单独进入每一个 DataNode 节点，分别启动 Journalnode 进程（两种方式，选其一即可）
[hadoop@dn1 ~]$ hadoop-daemon.sh start journalnode
[hadoop@dn2 ~]$ hadoop-daemon.sh start journalnode
[hadoop@dn3 ~]$ hadoop-daemon.sh start journalnode
```

（3）注册 ZNode。如果非首次启动，可以跳过该步骤；否则，执行如下命令：

```
# 注册 ZNode
[hadoop@nna ~]$ hdfs zkfc -formatZK
```

（4）格式化 NameNode。如果非首次启动，可以跳过该步骤；否则，执行如下命令：

```
# 格式化 NameNode
[hadoop@nna ~]$ hdfs namenode -format
```

（5）启动 NameNode，执行命令如下：

```
# 启动 NameNode
[hadoop@nna ~]$ hadoop-daemon.sh start namenode
```

（6）同步 NameNode 元数据，执行命令如下：

```
# 在 Standby 节点上同步 Active 节点的 NameNode 元数据
[hadoop@nns ~]$ hdfs namenode -bootstrapStandby
```

（7）停止 Active 节点的 NameNode，执行命令如下：

```
# 停止 Active 节点的 NameNode
[hadoop@nna ~]$ hadoop-daemon.sh stop namenode
```

（8）启动 HDFS 和 YARN，执行命令如下：

```
# 启动 HDFS
[hadoop@nna ~]$ start-dfs.sh
# 启动 YARN
[hadoop@nna ~]$ start-yarn.sh
```

（9）启动 ProxyServer 和 HistoryServer，执行命令如下：

```
# ProxyServer 和 HistoryServer 服务可以单独启动
# 本书将这两个进程与 NameNode Active 放在一起
# 启动 ProxyServer
[hadoop@nna ~]$ yarn-daemon.sh start proxyserver
# 启动 HistoryServer
[hadoop@nna ~]$ mr-jobhistory-daemon.sh start historyserver
```

完成以上步骤后，Hadoop 集群即可正常启动。读者可以通过浏览器查看集群的状态信息（如节点容量、系统版本、HDFS 目录结构等）。Web 页面的访问地址如表 2-2 所示。

表 2-2　Web 页面访问地址

名　称	地　址
HDFS	http://nna:9870/
YARN	http://nna:8188/

HDFS 和 YARN 页面的预览分别如图 2-8 和图 2-9 所示。

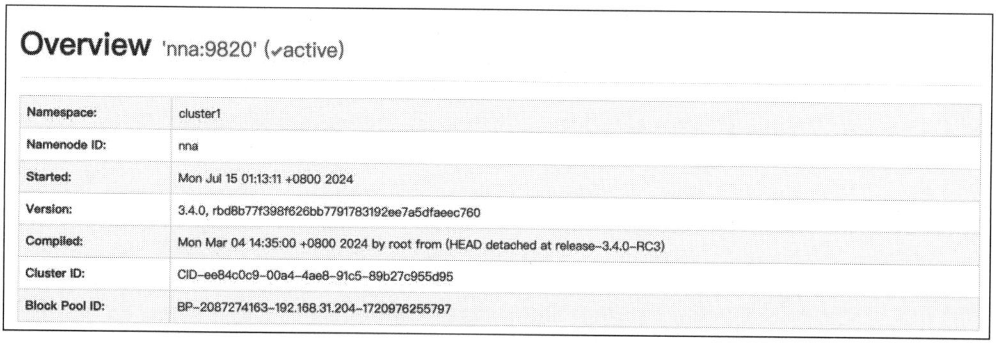

Overview 'nna:9820' (✔active)

Namespace:	cluster1
Namenode ID:	nna
Started:	Mon Jul 15 01:13:11 +0800 2024
Version:	3.4.0, rbd8b77f398f626bb7791783192ee7a5dfaeec760
Compiled:	Mon Mar 04 14:35:00 +0800 2024 by root from (HEAD detached at release-3.4.0-RC3)
Cluster ID:	CID-ee84c0c9-00a4-4ae8-91c5-89b27c955d95
Block Pool ID:	BP-2087274163-192.168.31.204-1720976255797

图 2-8

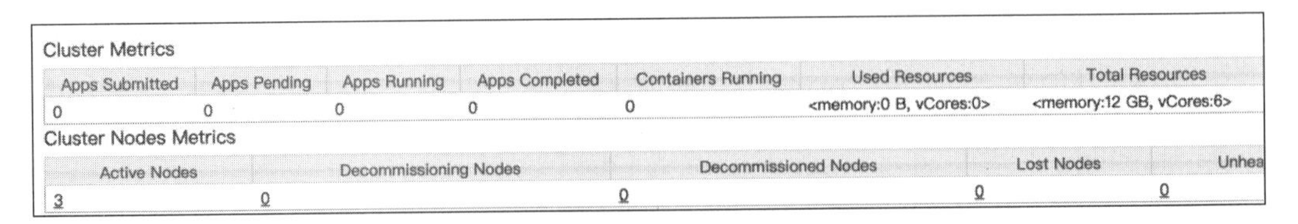

Cluster Metrics

Apps Submitted	Apps Pending	Apps Running	Apps Completed	Containers Running	Used Resources	Total Resources
0	0	0	0	0	<memory:0 B, vCores:0>	<memory:12 GB, vCores:6>

Cluster Nodes Metrics

Active Nodes	Decommissioning Nodes	Decommissioned Nodes	Lost Nodes	Unhea
3	0	0	0	0

图 2-9

2.3.2 实例：Spark 环境搭建

Apache Spark 是一个强大的开源大数据处理框架，支持多种计算模型。在 YARN 集群模式下安装时，Spark 能够充分利用 YARN 的资源管理能力，实现高效的资源分配和作业调度。

1. 准备工作

在开始安装和集成 Spark 到 YARN 之前，需要确保以下准备工作已经完成：

（1）已经安装了 Hadoop 3.4 及以上版本，并且在集群上成功运行。

（2）已经在所有节点上安装了 JDK，并且将 JAVA_HOME 环境变量设置为 JDK 的安装路径。

（3）已经在所有节点上安装了 SSH，并且配置了 SSH 免密码登录。

2. 下载和解压 Spark

我们需要从 Spark 的官方网站下载其最新版本，如图 2-10 所示。下载完成后，将文件解压到所有节点上的相同目录中。

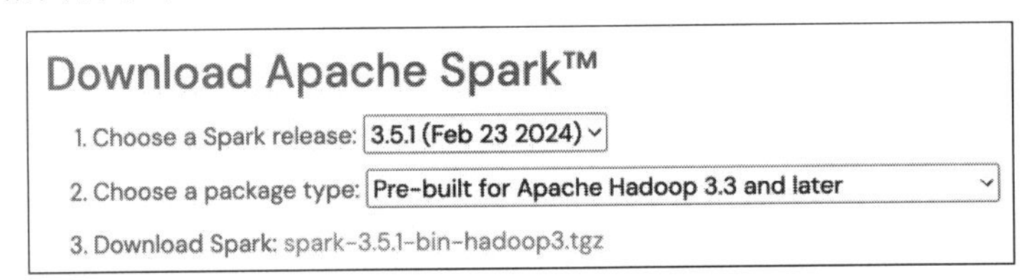

图 2-10

```
# 使用 Linux 命令解压安装包
tar -xzvf spark-3.5.1-bin-hadoop3.tgz
```

3. 配置 Spark

我们需要配置 Spark，以便它可以与 YARN 进行通信。主要需要配置以下几个文件：

1）配置环境变量

在所有节点上，将 SPARK_HOME 环境变量设置为 Spark 的安装路径。

```
export SPARK_HOME=/path/to/spark
```

2）配置 spark-env.sh

在$SPARK_HOME/conf 目录下，创建一个名为 spark-env.sh 的文件，并添加以下内容：

```
export SPARK_DIST_CLASSPATH=$HADOOP_CLASSPATH
export HADOOP_CONF_DIR=/path/to/hadoop/conf
```

SPARK_DIST_CLASSPATH和HADOOP_CONF_DIR变量在配置Spark和Hadoop时至关重要：

- SPARK_DIST_CLASSPATH：用于指定Spark使用的Hadoop类路径。
- HADOOP_CONF_DIR：用于指定Hadoop配置文件的路径。

3）配置spark-defaults.conf

在$SPARK_HOME/conf目录下创建一个名为 spark-defaults.conf 的文件，并添加以下内容：

```
spark.master yarn
spark.submit.deployMode cluster
spark.executor.memory 1g
spark.driver.memory 1g
spark.yarn.jar /data/soft/new/jars/spark-assembly.jar
```

其中：

- spark.master用于指定Spark的master URL。
- spark.submit.deployMode用于指定Spark作业的部署模式。
- spark.executor.memory和spark.driver.memory分别用于指定Spark执行器和驱动器的内存大小。
- spark.yarn.jar用于指定Spark的YARN JAR包路径。

4）运行Spark作业

完成上述配置后，就可以在YARN上运行Spark作业了。首先，需要将Spark的JAR包上传到HDFS上：

```
hdfs dfs -put /data/soft/new/jars/spark-assembly.jar /user/spark/jars/
```

然后，可以使用以下命令在YARN上提交Spark作业：

```
spark-submit \
--class org.apache.spark.examples.SparkPi \
--master yarn \
--deploy-mode cluster \
--jars /user/spark/jars/spark-assembly.jar \
 /data/soft/new/spark/examples/jars/spark-examples.jar 100
```

其中：

- --class用于指定Spark作业的主类。
- --master用于指定Spark的master URL。
- --deploy-mode 用于指定Spark作业的部署模式。
- --jars用于指定Spark作业依赖的JAR包。

- 最后一个参数用于指定 SparkPi 作业的迭代次数。

通过以上步骤，就成功将 Spark 安装并集成到 YARN 上。现在可以在 YARN 上运行 Spark 作业，并享受 YARN 的资源管理功能带来的便利。

2.4 Hadoop MapReduce 基础

Hadoop MapReduce 是一种分布式计算模型，用于处理和生成大数据集。它通过 Map 阶段和 Reduce 阶段来简化数据的处理过程。Map 阶段负责将输入数据集拆分成键-值对（Key-Value Pairs），并进行初步处理。Reduce 阶段则将 Map 阶段的输出进一步汇总，生成最终结果。Hadoop MapReduce 的架构设计允许它在廉价的硬件集群上运行，并通过并行处理来提高计算效率。

2.4.1 MapReduce 编程模型之 Map 阶段

在 MapReduce 编程模型中，Map 阶段由多个 Map 任务（Task）组成，具体内容如下。

1. 数据解析

MapReduce 使用文件分片的方法来处理跨行问题，将分片的数据解析成键-值对。在 MapReduce 中，默认的输入格式是 TextInputFormat。在 TextInputFormat 中，Key 代表的是数据行在文件中的偏移量，而 Value 则是数据行的实际内容。如果一行数据被截断，系统会读取下一个数据块的前几个字符。TextInputFormat 的逻辑记录和 HDFS 数据块表示如图 2-11 所示。

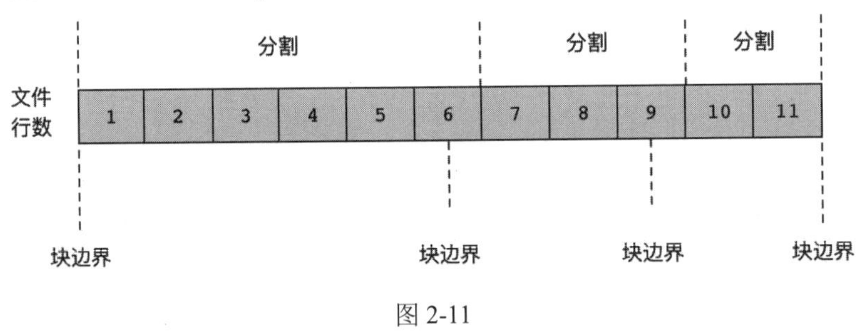

图 2-11

由图 2-11 可知，一个文件被分成多行，这些行的边界并不总是与 HDFS 数据块的边界对齐。分片的边界是与行边界对齐的。因此，第一个分片包含第 6 行（即使第 6 行跨越了两个块的边界），第二个分片从第 7 行开始。

> **提　示**
>
> HDFS 是一种分布式文件系统，专为在通用硬件上运行而设计，目的是以高容错性和高吞吐量的方式来存储大数据集。

数据块是 HDFS 存储数据的最小单元，而数据片段是 MapReduce 进行计算的最小单元。为了最大化地利用数据本地性（Data Locality）的优势，通常会尽量将每个数据块和相应的数据片段一一对应进行配置。

提　示
数据本地性指的是当运行的任务与要处理的数据位于同一节点上时，称该任务具有数据本地性。数据本地性可避免跨节点或跨机架传输数据，从而提高任务的运行效率。

2. 数据分区

在 MapReduce 框架中，Map 任务的输出数据通过分区来决定交由哪个 Reduce 任务处理。默认情况下，这种分配是通过对输出数据的 Key 进行哈希计算，然后对 Reduce 任务的总数取余来实现的。

Reduce 阶段可以设置多个任务来处理数据，每个分区由一个 Reduce 任务负责。每个 Reduce 任务可以计算一个或多个分区中的数据。此外，Reduce 任务的并行度可以根据需要进行自定义控制。

3. 数据合并

在数据处理过程中，输出数据的合并可以被视为类似本地的 Reducer 操作，它将具有相同 Key 的多个 Value 进行合并。此操作通常发生在数据经过分区排序之后（如果在任务设置中没有启用合并，则会跳过此步骤）。通常，合并操作可以有效减少磁盘 I/O 和网络 I/O 的需求。

2.4.2　MapReduce 编程模型之 Reduce 阶段

在 MapReduce 框架中，Reduce 阶段包括若干的 Reduce 任务，每个任务处理一部分数据，进一步整合和简化 Map 阶段的输出结果，具体内容如下。

1. 数据复制

在这个阶段，Reduce 进程主要负责拉取数据。它启动一些数据复制线程（如 Fetcher），这些线程通过 HTTP 协议向 Map 任务请求并获取属于自己的文件数据。

2. 数据合并

在 Reduce 阶段，合并操作和 Map 阶段的合并操作类似，但主要处理的是从不同 Map 阶段复制过来的数据。这些数据首先会存放在缓冲区中，表现形式主要有 3 种：内存到内存、内存到磁盘以及磁盘到磁盘。默认情况下，第一种形式（内存到内存）不启用。

当内存中的数据量达到一定阈值后，就会启动第二种形式（内存到磁盘）。这种形式会持续运行，直到没有来自 Map 端的数据传输为止。之后，将启动第三种形式（磁盘到磁盘）来生成最终的文件。

3. 数据排序

在这个阶段，系统会把分散的数据合并成一个大的数据集，然后对这些合并后的数据进行排序。排序完成后，系统会对排序好的键-值对调用 reduce()函数。对于每一组键相同的键-值对，reduce()函数将被调用一次，并产生 0 个或多个键-值对。最终，这些产生的键-值对会被写入 HDFS 文件中。

4. 数据输出

在这个阶段，系统将最终的计算结果输出到 HDFS 文件中。为了更清楚地理解 MapReduce 计算框架中的工作流程，下面通过表格来汇总 Map 阶段和 Reduce 阶段的执行过程，如表 2-3 所示。

表 2-3 MapReduce 计算框架执行过程汇总

	过　程	说　明
Map 阶段	Read	读取数据源，将数据分割成键-值对
	Map	在 map()函数中解析并处理键-值对，并产生新的键-值对
	Collect	将输出结果存储于环形内缓冲区
	Spill	当内存区满时，数据写到本地磁盘，并产生临时文件
	Combine	合并临时文件，并确保只产生一个数据文件
Reduce 阶段	Shuffle	在数据复制阶段，Reduce 任务从各个 Map 任务远程复制一份数据，若某一份数据的大小超过设定的阈值，那么该份数据会被写入磁盘，否则该份数据仍然存放在内存中
	Merge	合并内存和磁盘上的数据，防止占用过多内存或磁盘文件过多
	Sort	Map 任务阶段进行局部排序，Reduce 任务阶段进行一次归并排序
	Reduce	将数据给 reduce()函数
	Write	reduce()函数将最终计算的结果写到 HDFS 上

在熟悉了上述理论知识后，我们可以通过一个实例来了解 MapReduce 计算框架的执行过程。MapReduce 计算框架自带一个统计单词出现频率的应用程序，通过这个应用程序，可以具体了解 MapReduce 计算框架的各个执行步骤，如图 2-12 所示。

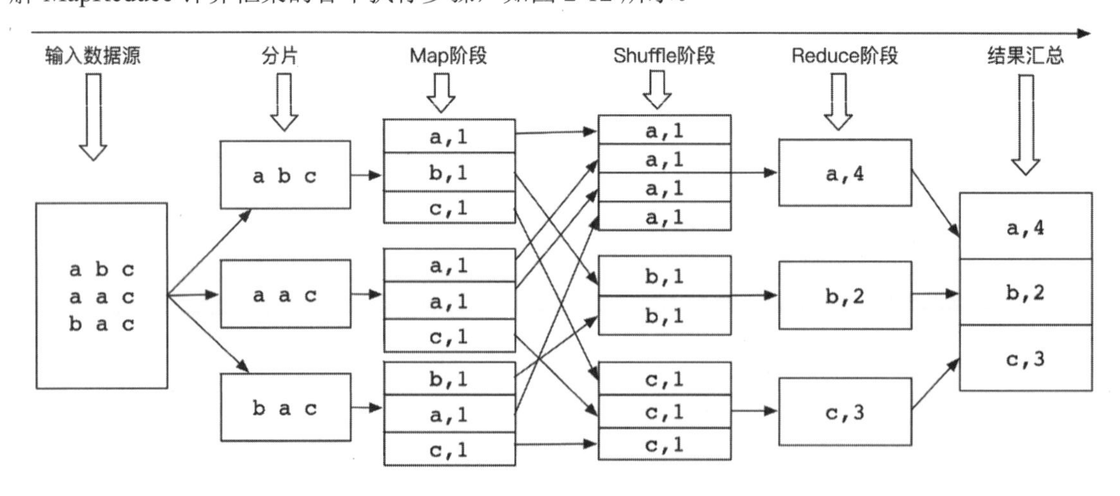

图 2-12

由图 2-12 中可知，MapReduce 计算框架在处理数据时会先读取输入的数据源，并将单词分片取出，然后进入 Map 阶段，之后进入 Shuffle 阶段和 Reduce 节点，最后完成结果的汇总。

提　示
Shuffle 是 MapReduce 计算框架的核心部分，它连接了 Map 阶段和 Reduce 阶段。通常，我们将从 Map 阶段的输出数据生成开始，到 Reduce 阶段开始接受这些数据作为输入之前的整个过程称为 Shuffle。

Shuffle 阶段对用户来说是透明的，因此用户在使用 MapReduce 计算框架执行应用程序时，完全感觉不到底层的分布式和并发处理机制。

2.5　本章小结

本章主要介绍了 Hadoop 和 Spark 的安装与配置。在安装过程中，针对容易出错的环节，如各个服务器节点之间的免密码登录设置、环境变量的配置等，给出了相应的提示和解决建议。此外，还详细讲解了如何在企业内部选择 Spark 应用的提交模式，并介绍了 Hadoop 的分布式存储和分布式计算模型基础，以帮助读者更好地理解和使用 Hadoop 和 Spark。

2.6　习　题

（1）要实现 Hadoop 的分布式模式，需要依赖下列哪个组件？（　）

A. MySQL

B. ZooKeeper

C. Hive

D. HBase

（2）启动 3 台服务器上的 ZooKeeper 系统进程时，会出现几个 Leader 角色？（　）

A. 1　　B. 2

C. 3　　D. 4

（3）下列哪个进程属于 HDFS？（　）

A. NameNode

B. ResourceManager

C. NodeManager

D. QuorumPeerMain

（4）在安装 Spark 时，需要配置的环境变量是（　　）。

A. SPARK_HOME

B. JAVA_HOME

C. HADOOP_HOME

D. 以上均可

（5）在运行 Hadoop 和 Spark 时，需要使用的资源管理器是（　　）。

A. YARN　　B. Mesos

C. Kubernetes　　D. 以上均可

第 2 篇　入　门

本篇将详细介绍 Hadoop 和 Spark 的基础和高级特性，是 Hadoop 和 Spark 的全面指南。通过学习本篇内容，读者将掌握 Hadoop 的分布式处理和存储能力，以及 Spark 的快速数据处理和分析功能，为大数据项目的成功实施奠定基础。

第 3 章

Hadoop 高级特性

本章将重点介绍 Hadoop 的高级特性，特别是其分布式文件系统（HDFS）和资源管理器（YARN），还将探讨 HDFS 的数据存储和访问优化，以及 YARN 如何提高集群资源利用率和作业调度效率。

3.1 HDFS 架构深度解析

Hadoop 分布式存储是一种高度可扩展的数据存储解决方案，它允许跨多个节点存储和处理大量数据。Hadoop 的分布式文件系统（HDFS）是其核心组件之一，通过将数据分块并复制到集群中的多个节点来实现容错和高可用性。

每个数据块的多个副本分布在不同的节点上，以确保数据的持久性和节点故障时的快速恢复。Hadoop 分布式存储的设计目标是提供高吞吐量的数据访问，适合大规模数据集的存储和处理，广泛应用于数据密集型应用和大数据分析场景。

3.1.1 HDFS 架构

HDFS 是 Hadoop 开源项目的一部分，实际上是 Google 分布式文件系统（GFS）的开源实现。它被设计成支持大文件存储，能在一个集群里扩展到数百个节点，存储海量的数据。

Hadoop 被定义为适合大数据的分布式存储与计算平台，其中大数据的分布式存储由 HDFS 完成，因此掌握 HDFS 的相关概念与应用非常重要。

1. 主要特点

HDFS 的主要特点如下：

- 硬件错误常态化：HDFS 由成百上千台服务器组成，硬件故障是常见现象。为了应对频繁的故障，HDFS 被设计为具有高效的错误检测和自动恢复机制。
- 高吞吐量优先：HDFS 上的应用以流式读和批量处理为主，重点关注数据的高吞吐量，而非低延迟访问。
- 支持大数据集：HDFS 旨在处理超大规模数据集，单一文件通常在 GB 至 TB 级别，并且能够可以管理数千万个文件。
- 写一次读多次：HDFS 采用写一次、读多次的模式，简化了数据一致性问题，提升了高吞吐量的访问效率，特别适用于 MapReduce 和 Spark 等框架。
- 移动计算更高效：在海量数据场景中，HDFS 通过将计算移近数据来降低成本，避免了将数据传输至应用的开销。

2. 核心架构

一个 HDFS 集群由一个 NameNode 和一定数量的 DataNodes 组成，整体架构图如图 3-1 所示。Client（代表用户）通过与 NameNode 和 DataNodes 交互来访问 HDFS 中的文件，它提供了类似 POSIX 的文件系统接口供用户调用。NameNode 负责管理文件系统的元数据，如文件名、文件目录结构、文件属性以及每个文件的块列表和块所在的 DataNode 等信息。DataNode 负责存储实际的数据块，并根据 NameNode 的指令进行数据的读写操作。

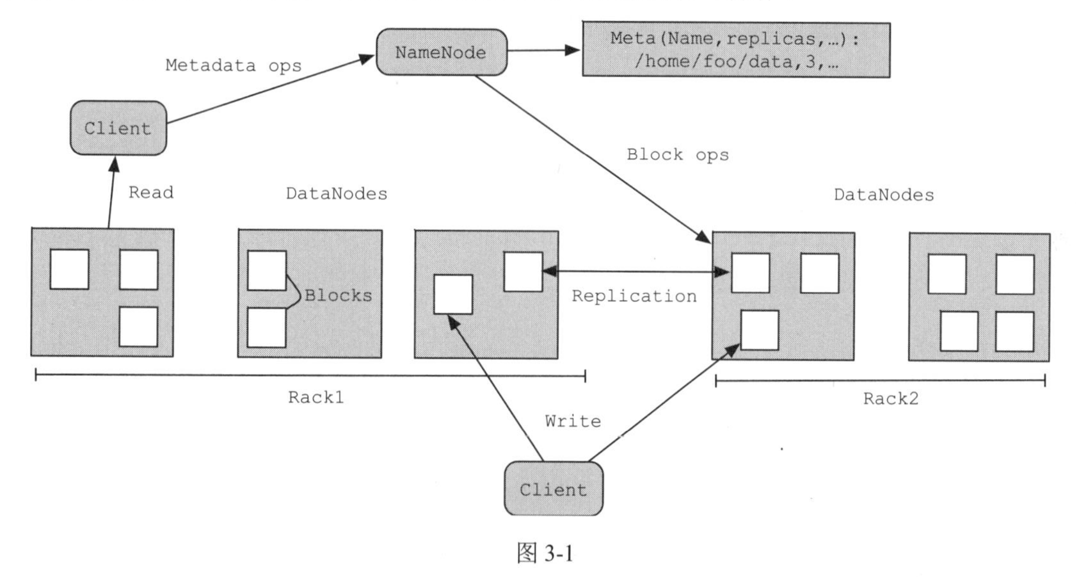

图 3-1

在 HDFS 的架构图中，我们可以清晰地看到各个组件之间的关系和交互流程。NameNode 处于核心地位，掌控着整个文件系统的全局信息。DataNode 分布在不同的节点上，负责实际的数据存储和读写操作。客户端通过与 NameNode 和 DataNode 的交互，实现对文件的各种操作。这种架构设计使得 HDFS 能够高效地处理大规模数据，并且具备良好的容错性和扩展性。例如，当某个 DataNode 出现故障时，NameNode 能够及时感知并重新分配数据块的存储位置，确保数据的可用性。同时，随着数据量的增加，可以方便地添加新的 DataNode 来扩展存储容量。

3. 工作原理

HDFS 客户端远程调用 NameNode 来查询元数据信息，获得文件的数据块位置列表，返回封装 DFSInputStream 的 HdfsDataInputStream 输入流对象。当客户端需要读取数据时，它会根据 NameNode 提供的数据块位置信息，直接与相应的 DataNode 进行通信，读取数据块。在写入数据时，客户端首先将数据分成块，然后向 NameNode 请求分配存储这些块的 DataNode，之后将数据块依次写入指定的 DataNode，并由 DataNode 复制到其他副本节点，以确保数据的可靠性。

总之，HDFS 的架构设计为大数据的存储和处理提供了强大的支持，使其在处理海量数据时表现出色。

3.1.2 数据块管理

在 HDFS 中，文件被分割成固定大小的数据块进行存储。默认情况下，每个数据块的大小为 128MB。数据块的大小可以根据具体的需求进行调整，但通常情况下，较大的数据块有助于减少元数据的开销，从而提高系统的吞吐量。

1. 数据块的划分和存储

每个数据块在 HDFS 中都有多个副本，以确保数据的可靠性和可用性。默认情况下，每个数据块有 3 个副本，但这个数量可以通过配置来调整。这些副本存储在不同的 DataNode 上，以实现数据的冗余和容错。

2. 数据块的放置策略

数据块的放置策略是 HDFS 中的一个重要机制，它决定了数据块应该存储在哪些 DataNode 上。HDFS 使用以下策略来放置数据块：

- 机架感知：HDFS 会尝试将数据块的副本放置在不同的机架上，以防止因整个机架故障而导致的数据丢失。
- 节点选择：HDFS 会优先选择与客户端在同一机架上的 DataNode 来存储数据块，以提高数据的本地性。如果同一机架上没有足够的空间，才会选择其他机架上的 DataNode。
- 负载均衡：HDFS 会定期检查 DataNode 的负载情况，并尝试将数据块移动到负载较低的 DataNode 上，以实现负载均衡。

3. 数据块的复制和恢复

HDFS 中的数据块复制是确保数据可靠性和可用性的关键机制。当一个数据块的副本数量少于配置的数量时，HDFS 会自动触发数据块的复制操作。

当一个 DataNode 故障时，HDFS 会检测到这个故障，并尝试从其他副本中读取数据。如果某个数据块的所有副本都不可访问，HDFS 会尝试从其他 DataNode 上复制数据块，以恢复数据的可用性。

4. 数据块的垃圾回收

当文件被删除或数据块的副本数量超过配置的数量时，HDFS 会执行垃圾回收（Garbage Collection，GC）操作来删除多余的数据块。

HDFS 使用一个名为“Block Scanner”的后台进程来扫描文件系统中的数据块，并标记出多余的副本。然后，它会通知相应的 DataNode 来删除这些副本。

此外，HDFS 还使用一个名为“DataNode Descriptor”的数据结构来跟踪每个 DataNode 上的数据块信息。当一个 DataNode 故障时，HDFS 会使用这个信息来确定哪些数据块受到了影响，并采取相应的恢复措施。

总之，HDFS 中的数据块管理机制包括数据块的划分和存储、数据块的放置策略、数据块的复制和恢复以及数据块的垃圾回收。这些机制共同作用，确保了 HDFS 的可靠性、可用性和性能。

3.1.3 命名空间

HDFS 的命名空间是其文件系统层次结构的核心概念，它定义了文件和目录的组织方式，以及如何通过路径来唯一标识文件系统中的每个文件。

1. 命名空间介绍

HDFS 的命名空间是一个层次结构，类似于传统的文件系统，如 UNIX 或 Windows 文件系统。它由目录和文件组成，目录可以包含其他目录和文件。文件是存储在 HDFS 中的最小数据单元，而目录则是文件的容器。

在 HDFS 中，文件和目录都由唯一的 inode 标识，inode 包含了文件或目录的元数据信息，如文件大小、修改时间、权限等。inode 还指向文件的数据块，数据块是 HDFS 中数据存储的基本单位。

HDFS 的命名空间具有以下特点：

- 层次结构：文件和目录按照层次结构进行组织，类似于传统的文件系统。
- 分布式：HDFS 的命名空间分布在集群中的多个节点上，提供了高可用性和容错性。
- 可扩展：HDFS 的命名空间可以轻松扩展，支持数十亿个文件和目录，以及 PB 级别的数据。

2. 命名空间操作

HDFS 提供了丰富的 API 和命令行工具，用于对命名空间进行操作。常见的操作包括：

- 创建文件和目录：使用 hdfs dfs -mkdir 命令创建目录，使用 hdfs dfs -touchz 命令创建空文件。
- 删除文件和目录：使用 hdfs dfs -rm 命令删除文件或目录。
- 重命名文件和目录：使用 hdfs dfs -mv 命令对文件或目录重命名或移动到不同的目录。

- 查看文件和目录列表：使用 hdfs dfs -ls 命令查看指定目录下的文件和目录列表。
- 设置权限和所有权：使用 hdfs dfs -chmod 命令设置文件或目录的权限，使用 hdfs dfs -chown 命令更改文件或目录的所有权。

这些操作可以帮助用户组织和管理 HDFS 中的文件和目录，并确保数据的安全性和访问控制。

3. 命名空间优化

对于大规模数据处理任务，优化 HDFS 的命名空间可以提高性能和效率。以下是一些常见的优化策略：

- 避免深层目录结构：深层目录结构可能会增加文件查找和访问的延迟。因此，建议将目录结构保持在合理的深度，并使用扁平化的目录结构。例如，将数据按照日期或主题进行组织，而不是使用过多的子目录。
- 使用合适的文件大小：HDFS 被设计用于处理大文件，因此将文件大小保持在合理的范围内可以提高数据读取和写入的性能。通常建议将文件大小设置为 HDFS 块大小的倍数，以减少寻址开销。
- 定期清理未使用的文件：删除未使用的文件可以释放存储空间，并减少文件系统扫描和垃圾回收的开销。可以使用 HDFS 的垃圾回收机制或定期清理脚本来删除过期或不再需要的文件。
- 使用合适的权限和访问控制：为文件和目录设置合适的权限和访问控制列表（ACL），可以确保数据的安全性和隐私性。例如，限制对敏感数据的访问权限，或使用 ACL 来为特定用户或组提供细粒度的访问控制。

通过合理地组织和管理 HDFS 的命名空间，可以提高大数据处理任务的性能和效率，并确保数据的安全性和可靠性。

3.1.4 数据一致性

数据一致性是 HDFS 的重要特性之一，它确保了在分布式环境下，多个节点对文件的并发访问和修改能够保持数据的正确性和完整性。

1. 数据一致性的重要性

在 HDFS 中，数据一致性是指当多个节点同时访问和修改文件系统中的数据时，确保这些数据在所有节点上保持一致的状态。数据一致性问题在分布式系统中尤为突出，因为节点之间的通信延迟、网络故障或节点故障等因素都可能导致数据不一致。

数据不一致可能引发一系列问题，例如数据丢失、数据损坏和数据不完整。若两个节点同时对同一个文件进行写入操作而缺乏一致性机制协调，就可能导致数据丢失、损坏或不完整。因此，为 HDFS 提供多种机制来确保数据的正确性和完整性。

2. HDFS 的数据一致性机制

HDFS 通过一系列机制保证数据一致性，包括副本策略、租约（lease）机制和心跳（heartbeat）机制等。

1）副本策略

HDFS 通过将文件存储为多个副本来提高数据的可靠性和可用性。每个文件被分成多个数据块，每个数据块被复制到多个节点。这种副本策略不仅提高了数据的可靠性，还为数据一致性提供了一定保障。

当一个节点对文件进行写入操作时，它会先将数据写入本地的副本，再将数据复制到其他节点上的副本。这种方式确保了在写入操作完成之前，所有副本的数据是一致的。如果在复制过程中发生故障，HDFS 会自动从其他副本中恢复数据，并继续进行复制操作，以确保数据的一致性和完整性。

2）租约机制

HDFS 使用租约机制来协调多个节点对文件的并发写入操作。当一个节点需要对文件进行写入操作时，会向 NameNode 申请租约。租约中包含文件路径和租约持有者的信息。

在租约有效期内，只有租约持有者可以对文件进行写入操作，其他节点则被禁止修改该文件。这种机制有效避免了多节点并发写入引起的数据不一致的问题。当租约持有者完成写入操作后，会释放租约，随后其他节点才能获取权限开始对该文件执行写入操作。

3）心跳机制

HDFS 使用心跳机制监测节点的状态以及是否发生了故障。每个 DataNode 会定期向 NameNode 发送心跳消息，表明自己处于活动状态。如果 NameNode 在规定时间内未收到某个 DataNode 的心跳消息，会认为该节点已发生故障，并采取相应的恢复措施。

心跳机制不仅有助于及时发现节点的故障，还会触发数据恢复操作，从而减少因故障导致的数据不一致风险。当某个节点发生故障时，HDFS 会从其他副本中恢复数据，并将数据复制到新的节点，以保持数据的可靠性和一致性。

3. 数据一致性的挑战与优化

尽管 HDFS 采用了多种机制来保证数据一致性，但在某些场景下仍可能面临数据一致性的挑战。例如，在大规模集群中，网络延迟和节点故障可能导致副本之间的数据不一致。

为了解决这些问题，HDFS 提供了一些优化策略，包括增加副本数量，使用强一致性协议（如 Paxos 或 Raft）以及使用事务日志等方法。

- 增加副本数量：通过提高副本数量，可以提高数据的可靠性和可用性，同时也间接提高了数据一致性的保障。
- 使用强一致性协议：采用强一致性协议可以确保在任意时刻，所有副本的数据保持一致，即使在复杂的分布式环境下也能避免数据不一致问题。
- 使用事务日志：事务日志用于记录每次的写入操作，以便在故障恢复时可根据日志进行重放，从而确保数据的一致性和完整性。

总之，数据一致性是HDFS的关键特性之一，可以通过副本策略、租约机制和心跳机制等基本手段保障数据的正确性和完整性。同时，HDFS针对数据一致性问题提供了多种优化策略，以满足不同场景的需求。理解和掌握HDFS的这些机制和优化策略对构建可靠的大数据应用至关重要。

3.2 YARN调度器与资源管理

YARN作为Hadoop生态系统的核心组件，承担着集群资源管理和调度的重要职责。通过ResourceManager（RM）、NodeManager（NM）和ApplicationMaster（AM）等组件协同工作，YARN实现了对集群中各节点资源的统一管理与调度。

在资源调度方面，YARN提供了两种策略：公平调度器和容量调度器。公平调度器旨在为所有应用程序提供公平的资源分配，而容量调度器则根据预定义的容量限制来分配资源。此外，YARN还通过cgroups和Linux容器技术等资源隔离机制，确保不同应用程序之间的资源相对独立，不会相互干扰，从而提高集群的整体性能和稳定性。

3.2.1 YARN基本原理

YARN是Hadoop 2.0版本引入的一种分布式资源管理框架，负责在集群中管理和调度计算资源，以支持各种类型的分布式应用程序。本节将深入探讨YARN的基本原理，包括其架构、关键组件、资源调度和任务执行机制。

1. YARN架构概述

YARN采用主从架构，主要由ResourceManager和NodeManager两个关键组件组成。ResourceManager是整个集群的资源管理器，负责资源的全局管理和调度；NodeManager则负责单个节点的资源监控和任务执行。此外，YARN还引入了ApplicationMaster的概念，它是应用程序的管理者，负责与ResourceManager协商资源，并监控应用程序的执行过程。

2. ResourceManager详解

ResourceManager是YARN的核心组件，管理集群中所有可用的计算资源，包括CPU、内存和磁盘等。ResourceManager通过与NodeManager通信，收集各节点的资源使用情况，并根据应用程序的需求进行资源的分配和调度。ResourceManager还负责监控应用程序的执行过程，并在故障发生时进行相应的故障恢复。

3. NodeManager与Container

NodeManager是YARN中负责单个节点资源管理和任务执行的组件。它负责启动和监控节点上的容器（Container）。容器是 YARN 中资源的抽象，包括 CPU、内存和磁盘等资源。NodeManager 通过与 ResourceManager 通信，获取需要在本节点上执行的任务，并将任务分配给相应的容器执行。此外，NodeManager 还负责监控容器的资源使用情况，并在资源不足时向 ResourceManager 申请更多的资源。

4. ApplicationMaster 与任务执行

当应用程序被提交到 YARN 集群中时，ResourceManager 会为该应用程序分配一个 ApplicationMaster 容器，并在该容器中启动 ApplicationMaster 进程。ApplicationMaster 进程负责向 ResourceManager 申请资源，并在获取到资源后，将任务分配给相应的 NodeManager 执行。ApplicationMaster 还负责监控任务的执行过程，并在任务执行完成后向 ResourceManager 汇报结果。

5. YARN 工作流程

当用户向 YARN 提交一个应用程序时，YARN 会按照两个阶段来运行该应用程序。首先，它会启动一个名为 ApplicationMaster 的进程，该进程负责管理应用程序的生命周期。然后，ApplicationMaster 会创建应用程序，为它申请所需的计算资源，并监控它的运行过程，直到应用程序完成执行。YARN 的工作流程可以概括为以下几个步骤：

（1）提交应用程序：用户向 YARN 提交一个包含 ApplicationMaster 程序、启动命令和用户程序的应用程序包。

（2）分配第一个容器：ResourceManager 为该应用程序分配第一个容器，并通知相应的 NodeManager 在该容器中启动 ApplicationMaster。

（3）ApplicationMaster 注册：ApplicationMaster 启动后，向 ResourceManager 注册，使用户可以通过 ResourceManager 查看应用程序的运行状态。随后，ApplicationMaster 开始为各任务申请资源。

（4）资源申请：ApplicationMaster 通过 RPC 协议以轮询方式向 ResourceManager 申请并获取资源。

（5）任务启动：一旦 ApplicationMaster 成功申请到资源，会通知相应的 NodeManager 启动任务。

（6）任务环境设置与启动：NodeManager 为任务设置运行环境，包括环境变量、依赖的 JAR 包和二进制程序等。然后，它将任务启动命令写入一个脚本中，并通过运行该脚本来启动任务。

（7）任务状态汇报与监控：各个任务通过 RPC 协议向 ApplicationMaster 汇报自己的状态和进度，以便 ApplicationMaster 随时掌握任务的运行状态。如果任务失败，ApplicationMaster 可重新启动任务。用户也可以通过 RPC 向 ApplicationMaster 查询应用程序的当前运行状态。

（8）应用程序完成：当应用程序运行完成后，ApplicationMaster 会向 ResourceManager 注销并关闭自身，同时释放所占用的资源。

通过以上步骤，YARN 实现了高效的应用程序管理和调度，提供了可靠的分布式计算服务。具体的工作流程如图 3-2 所示。

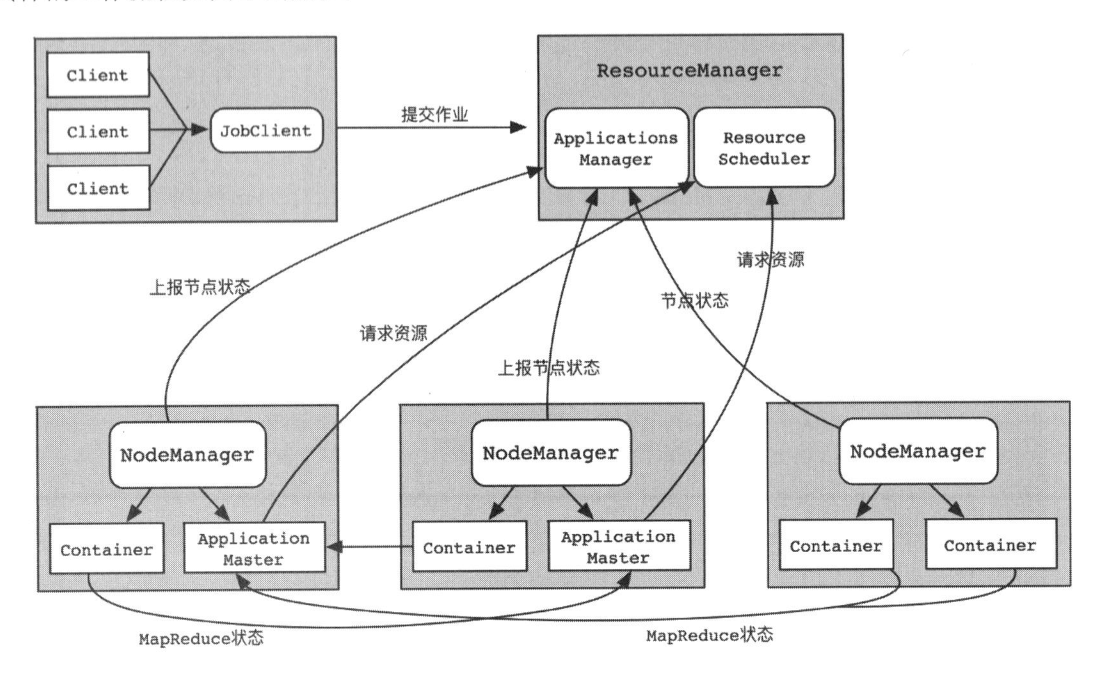

图 3-2

YARN 作为一种分布式资源管理框架，通过 ResourceManager、NodeManager 和 ApplicationMaster 等关键组件的协作，实现了集群计算资源的统一管理和调度。它不仅支持 MapReduce 等传统的批处理应用程序，还支持流处理、图计算和机器学习等新型分布式应用程序，为大数据处理提供了强大的支持。

3.2.2 资源分配策略

YARN 的资源分配策略决定了如何将集群中的计算资源（如 CPU、内存和磁盘空间）分配给各个应用程序。这是 YARN 中至关重要的一环，直接影响集群的性能和效率。一套优秀的资源分配策略应该能够最大化资源利用率，提高集群的吞吐量，同时确保关键应用程序能够及时获得所需的资源。YARN 提供了多种资源分配策略，包括公平调度器（Fair Scheduler）、容量调度器（Capacity Scheduler）和 FIFO（First-In-First-Out Scheduler）调度器，每种策略各有特点和适用场景。

1. 公平调度器

公平调度器是一种基于队列的资源分配策略，旨在为所有应用程序提供公平的资源分配。在公平调度器中，集群中的资源被划分为多个队列，每个队列可包含一个或多个应用程序。公平调度器根据每个队列的资源需求和优先级来分配资源，以确保每个队列都能够获得公平的资源份额。

案例：假设一个拥有 10 个节点的 Hadoop 集群，每个节点配备 8 个 CPU 核心和 16GB 内存。使用公平调度器时，集群被划分为两个队列：队列 A 包含高优先级的批处理应用程序，队列 B 包含多个低优先级的流处理应用程序。公平调度器根据每个队列的资源需求和优先级来分配资源，以确保队列 A 能够获得足够的资源来及时完成批处理任务，同时为队列 B 中的流处理应用程序也分配必要的资源以处理实时数据。

2. 容量调度器

容量调度器是一种基于容量的资源分配策略，旨在为不同用户或应用程序提供预留固定的资源容量。在容量调度器中，集群中的资源被划分为多个队列，每个队列可以包含一个或多个用户或应用程序。容量调度器根据每个队列的容量限制来分配资源，以确保每个队列都能够获得其预定的资源容量。

案例：假设一个拥有 10 个节点的 Hadoop 集群，每个节点配备 8 个 CPU 核心和 16GB 内存。容量调度器将集群划分为两个队列：队列 A 的容量为集群总资源的 60%，分配给生产环境的应用程序；队列 B 的容量为集群总资源的 40%，分配给开发环境的应用程序。容量调度器会根据每个队列的容量限制来分配资源，以确保生产环境的应用程序能够获得足够的资源来满足业务需求，同时开发环境的应用程序也能够获得必要的资源支持开发和测试。

3. FIFO 调度器

FIFO 调度器是一种简单的资源分配策略，按应用程序提交顺序分配资源，先提交的应用程序优先获得资源。在 FIFO 调度器中，集群资源统一管理，所有应用程序共享这些资源。

案例：假设一个拥有 10 个节点的 Hadoop 集群，每个节点配备 8 个 CPU 核心和 16GB 内存。使用 FIFO 调度器时，多个应用程序同时提交至集群，FIFO 调度器会按应用程序提交的顺序来分配资源。先提交的应用程序会优先获得资源并执行，后提交的应用程序需要等待前面的应用程序执行完毕后才能获得资源。

YARN 的资源分配策略是优化 Hadoop 集群性能的关键。通过选择合适的资源分配策略，可以最大化资源利用率，提高集群的吞吐量，并确保关键应用程序及时获得所需资源。公平调度器适用于需要公平资源分配资源的场景；容量调度器适用于需要为不同用户或应用程序分配固定资源容量的场景，而 FIFO 调度器适用于需按应用程序提交顺序来分配资源的场景。在实际应用中，应根据具体的业务需求和集群规模来选择合适的资源分配策略。

3.3　Hadoop 数据安全性

本节将深入探讨 Hadoop 的数据安全性，重点关注保护 Hadoop 集群中敏感数据的安全策略。

3.3.1 安全策略概述

随着数据量的增长和数据价值的提升，Hadoop 集群正面临越来越多的安全威胁。为了确保 Hadoop 集群中的数据安全，制定并实施全面的安全策略至关重要。下面将详细介绍 Hadoop 安全策略的各个方面，包括身份认证、授权、数据加密和网络安全，以帮助读者构建一个安全可靠的 Hadoop 集群。

1. 身份认证策略

身份认证是确保只有授权用户才能够访问 Hadoop 集群的第一步。Hadoop 支持多种身份认证机制，包括 Kerberos、LDAP 和自定义身份认证。其中，Kerberos 是一种强大的网络身份认证协议，可以提供强身份认证和单点登录功能。通过配置 Kerberos，可以确保只有通过身份验证的用户才能访问 Hadoop 集群，从而有效防止未经授权的访问。

2. 授权策略

授权是控制用户对 Hadoop 集群中的数据和资源访问权限的过程。Hadoop 提供了基于角色的访问控制（RBAC）和基于属性的访问控制（ABAC）两种机制。RBAC 通过定义角色和权限，将用户映射到相应角色，实现对用户访问权限的精细化管理；ABAC 则通过定义属性和策略，根据用户和资源的属性动态控制访问权限。合理的授权策略能够确保用户仅能访问其所需的数据和资源，最大程度降低数据泄露的风险。

3. 数据加密策略

数据加密是保护 Hadoop 集群中数据机密性的重要手段。Hadoop 支持对数据进行透明加密，即在数据写入磁盘时自动加密，读取时自动解密。这样，即使数据被窃取或泄露，未经授权的用户也无法读取。此外，Hadoop 还支持对数据进行传输加密，即在数据通过网络传输时对它进行加密，防止数据在传输过程中被窃听或篡改。通过合理的数据加密策略，可以有效保障 Hadoop 集群中数据的机密性和完整性。

4. 网络安全策略

网络安全是保护 Hadoop 集群免受网络攻击的关键。Hadoop 集群通常部署在企业内部网络中，因此需要采取一系列网络安全措施来保护集群的安全。首先，应确保 Hadoop 集群与外部网络之间有可靠的网络隔离，例如使用防火墙或虚拟专用网络（VPN）。其次，应定期对 Hadoop 集群进行安全审计和漏洞扫描，及时发现和修复潜在的安全漏洞。此外，还应加强员工的安全意识培训，提高员工对网络攻击的识别和防范能力。

通过制定和实施全面的 Hadoop 安全策略，包括身份认证、授权、数据加密和网络安全，可以有效保护 Hadoop 集群中的数据安全。然而，安全是一个动态、持续的过程，需要定期审查和更新安全策略，以应对不断变化的安全威胁。同时，也应加强与利益相关者的合作，共同构建一个安全可靠的大数据生态系统。

3.3.2　Kerberos 认证

Kerberos 是一种网络身份认证协议，用于在非安全网络中提供安全的身份验证服务。在 Hadoop 集群中，Kerberos 可以用于保护集群中的数据和服务，确保只有授权的用户和服务能够访问和操作集群中的数据。

1. Kerberos 基础

Kerberos 是基于对称密钥的认证协议，通过使用票据来验证用户和服务的身份。Kerberos 协议的核心组件包括：

- Kerberos 服务器（KDC）：负责生成和分发票据的服务器。
- 客户端：需要进行身份验证的用户或服务。
- 票据：由 KDC 生成的加密数据结构，用于验证用户或服务的身份。

Kerberos 协议的工作流程包括以下几个步骤：

1）认证请求（Authentication Request）

客户端（用户）向认证服务器发送认证请求，请求获取票据授权票据（Ticket Granting Ticket，TGT）。

2）认证服务器响应（Authentication Server Response）

认证服务器验证客户端的身份。如果验证通过，就生成一个 TGT，并将其加密后发送给客户端。TGT 中包含了客户端的认证信息和会话密钥。

3）票据授权票据（Ticket Granting Ticket，TGT）

客户端收到 TGT 后，将其存储起来。TGT 是后续请求服务票据的基础。

4）服务请求（Service Request）

当客户端需要访问某个服务时，会向票据授权服务器（TGS）发送服务请求，请求获取服务票据（Service Ticket）。

5）服务票据请求（Service Ticket Request）

客户端将 TGT 发送给 TGS，并请求获取服务票据。TGS 解密 TGT 并验证客户端的身份。

6）服务票据授权（Service Ticket Granting）

如果 TGS 验证通过，则生成一个服务票据并将其加密后发送给客户端。服务票据中包含客户端的认证信息、服务端的认证信息和会话密钥。

7）服务访问（Service Access）

客户端将服务票据发送给服务端。服务端解密服务票据并验证客户端身份及其请求的合法性。

8）服务响应（Service Response）

服务端验证通过后，提供相应的服务，并与客户端建立安全会话。

9）会话密钥交换（Session Key Exchange）

在整个会话过程中，客户端和服务端使用会话密钥加密数据传输，从而确保数据传输的安全性和完整性。

Kerberos 协议通过这些步骤确保了网络通信的安全性，有效降低了中间人攻击和数据泄露的风险。

2. 安装 Kerberos

在使用 Kerberos 认证之前，需要安装 Kerberos 服务器。Kerberos 的安装过程相对简单，以下为基本的安装步骤：

步骤01 下载 Kerberos 的安装包，并将其解压到适当的目录中。

步骤02 进入 Kerberos 的解压目录，运行./configure 命令进行配置。

步骤03 运行 make 命令编译 Kerberos。

步骤04 运行 make install 命令安装 Kerberos。

步骤05 创建 Kerberos 数据库，并添加适当的用户和服务。

下面是一个示例命令，用于创建 Kerberos 数据库并添加用户：

```
kadmin.local
addprinc -randkey hdfs/hadoop-master@EXAMPLE.COM
addprinc -randkey yarn/hadoop-master@EXAMPLE.COM
addprinc -randkey HTTP/hadoop-master@EXAMPLE.COM
addprinc -randkey spark/hadoop-master@EXAMPLE.COM
addprinc -randkey user1@EXAMPLE.COM
addprinc -randkey user2@EXAMPLE.COM
```

其中，hdfs/hadoop-master@EXAMPLE.COM 是 HDFS 服务的 Kerberos 主体，其他主体配置方式类似。

3. 配置 Hadoop 集群使用 Kerberos 认证

Kerberos 服务器安装完成后，可以为 Hadoop 集群配置 Kerberos 认证。以下是基本配置步骤：

步骤01 编辑 Hadoop 的配置文件，修改 hdfs-site.xml、yarn-site.xml 和 core-site.xml 等文件，添加一些属性，具体实现如代码 3-1 所示。

代码 3-1

```
<property>
  <name>hadoop.security.authentication</name>
  <value>kerberos</value>
</property>
<property>
  <name>hadoop.security.authorization</name>
  <value>true</value>
```

```
</property>
<property>
  <name>dfs.block.access.token.enable</name>
  <value>true</value>
</property>
<property>
  <name>dfs.namenode.kerberos.principal</name>
  <value>hdfs/_HOST@EXAMPLE.COM</value>
</property>
<property>
  <name>dfs.namenode.kerberos.internal.spnego.principal</name>
  <value>HTTP/_HOST@EXAMPLE.COM</value>
</property>
<property>
  <name>dfs.web.authentication.kerberos.principal</name>
  <value>HTTP/_HOST@EXAMPLE.COM</value>
</property>
<property>
  <name>dfs.web.authentication.kerberos.keytab</name>
  <value>/etc/hadoop/conf/http.keytab</value>
</property>
<property>
  <name>yarn.resourcemanager.principal</name>
  <value>yarn/_HOST@EXAMPLE.COM</value>
</property>
<property>
  <name>yarn.resourcemanager.webapp.spnego-principal</name>
  <value>HTTP/_HOST@EXAMPLE.COM</value>
</property>
<property>
  <name>yarn.resourcemanager.webapp.spnego-keytab-file</name>
  <value>/etc/hadoop/conf/http.keytab</value>
</property>
```

其中，_HOST 是 Kerberos 主体中的主机名占位符，在实际配置中需要替换为集群中的实际主机名。

步骤 02 将 Hadoop 集群中的所有节点都配置为启用 Kerberos 认证。这包括 NameNode、DataNode、ResourceManager 和 NodeManager 等。

步骤 03 在每个节点上创建一个 keytab 文件，其中包含该节点的 Kerberos 主体的密钥。例如，在 NameNode 上创建 hdfs.keytab 文件，内容为 hdfs/hadoop-master@EXAMPLE.COM 主体的密钥。

步骤 04 将 keytab 文件分发至各节点，并确保它们具有适当的权限。通常，keytab 文件仅对 Hadoop 用户可读。

步骤 05 重启 Hadoop 集群，以使新的 Kerberos 配置生效。

4. 使用Kerberos认证访问HDFS

一旦Hadoop集群被配置为使用Kerberos认证，用户即可使用Kerberos票据来访问HDFS。以下是基本的操作步骤：

步骤01 使用kinit命令获取Kerberos票据。例如，要以user1用户身份获取票据，可以使用以下命令：

```
kinit user1@EXAMPLE.COM
```

步骤02 使用Hadoop命令行工具（如hdfs dfs）访问HDFS。例如，要列出HDFS中的文件，可以使用以下命令：

```
hdfs dfs -ls /
```

步骤03 如果需要，可以使用klist命令查看当前的Kerberos票据。

步骤04 当不再需要访问HDFS时，可以使用kdestroy命令销毁当前的Kerberos票据。

通过以上步骤，用户可以使用Kerberos认证安全地访问Hadoop HDFS。

3.4 Hadoop性能调优

本节将结合集群性能监控和参数调优的实践方法，为读者提供一套系统化的性能优化方案。从硬件配置到软件参数，从任务调度到数据存储，每个方面都将提供详细的调优建议和最佳实践。通过阅读本节的内容，读者将能够快速识别性能瓶颈，并采取相应的优化措施，从而提高Hadoop集群的处理能力和效率。

3.4.1 集群性能监控

Hadoop是一个开源的分布式计算框架，广泛用于处理大规模数据集。然而，随着数据量的增长和计算需求的增加，Hadoop集群的性能可能会受到影响。因此，对Hadoop集群进行有效的性能监控至关重要。

1. 硬件资源监控

Hadoop集群的性能在很大程度上取决于底层硬件资源的可用性和效率。因此，监控CPU、内存、磁盘I/O和网络带宽等硬件指标是性能监控的基础。

案例：假设一个Hadoop集群在执行MapReduce作业时遇到了性能瓶颈。通过监控CPU利用率，发现多个节点的CPU利用率长时间保持在90%以上。这表明集群的计算能力可能不足，需要增加更多的计算节点或优化作业的并行度来提高性能。

2. 系统组件监控

除了硬件资源之外，Hadoop 集群中的系统组件也需要密切监控，包括 HDFS、YARN 和 MapReduce 等。

案例：在一个 Hadoop 集群中，用户反映 HDFS 的读写性能下降。通过监控 HDFS 的指标，如数据节点的容量利用率、块复制数量和读写吞吐量，发现某些数据节点的容量接近饱和，且块复制数量过多，导致网络带宽竞争激烈，从而降低了整体的读写性能。通过重新平衡数据节点的容量和优化块复制策略，可以解决性能问题。

3. 作业性能监控

Hadoop 集群上运行的作业性能直接关系到数据处理的效率。因此，监控作业的提交时间、执行时间、任务完成情况和资源消耗等指标是必要的。

案例：当一个 Hadoop 集群在执行一个长时间运行的 MapReduce 作业时，用户发现作业的执行时间比预期长得多。通过监控作业的性能指标，如任务的执行时间、任务间的等待时间和作业的资源消耗，发现作业的任务间存在严重的数据倾斜问题。某些任务需要处理的数据量远大于其他任务，导致整体执行时间延长。通过优化作业的输入数据划分和增加任务的并行度，可以解决数据倾斜问题，从而提高作业的执行效率。

4. 日志和告警监控

Hadoop 集群会产生大量的日志文件，其中包含了丰富的信息，如错误、警告和调试信息。监控这些日志并设置适当的告警规则可以帮助用户及时发现和解决问题。

案例：在一个 Hadoop 集群的运行过程中，用户收到了关于 NameNode 的告警通知。通过查看 NameNode 的日志文件，发现存在大量的文件系统权限错误。进一步调查发现，集群的权限配置存在问题，导致某些用户无法访问特定的目录。通过修复权限配置并重新启动受影响的服务，可以解决问题，并避免潜在的数据丢失风险。

综上所述，通过全面监控 Hadoop 集群的硬件资源、系统组件、作业性能以及日志和告警，可以及时发现并解决性能问题，确保集群的高效运行。实施有效的性能监控策略需要综合考虑各种指标和工具，并根据具体情况进行调整和优化。

3.4.2　参数调优指南

Hadoop 3.x 是当前 Hadoop 生态系统的最新版本，引入了许多新功能和改进，以提供更好的性能、可扩展性和可靠性。然而，要充分利用 Hadoop 3.x 的潜力，需要对各种参数进行仔细调优。下面将介绍 Hadoop 3.x 参数调优的 4 个关键方面，并提供实际案例来说明每个方面的重要性。

1. Hadoop 集群配置调优

Hadoop 集群的配置参数对整体性能有着重要影响。在 Hadoop 3.x 中，以下几个关键参数需要特别关注：

- io.file.buffer.size：用于控制文件系统的缓冲区大小，较大的缓冲区可以减少磁盘 I/O 操作的次数，从而提高性能。
- dfs.replication：用于控制 HDFS 中数据块的复制因子，较高的复制因子可以提高数据的可靠性，但会增加存储开销。
- mapreduce.map.memory.mb 和 mapreduce.reduce.memory.mb：用于控制 MapReduce 作业中 Map 和 Reduce 任务的内存大小，适当的内存大小可以提高任务的执行效率。

案例：在一个 Hadoop 3.x 集群中，用户发现 MapReduce 作业的执行时间过长。通过分析作业的执行日志，发现作业在 Map 阶段花费了大量时间等待磁盘 I/O 操作完成。为了解决这个问题，用户将 io.file.buffer.size 参数从默认的 4KB 增加到 64KB，并将 mapreduce.map.memory.mb 参数从默认的 1GB 增加到 2GB。调整后，作业的执行时间显著缩短。

2. HDFS 参数调优

在 Hadoop 3.x 中，有以下几个关键的 HDFS 参数需要调优：

- dfs.blocksize：用于控制 HDFS 中数据块的大小，较大的数据块可以减少寻址开销，但会增加存储开销。
- dfs.datanode.du.reserved：用于控制 DataNode 上保留的磁盘空间大小，适当的保留空间可以防止 DataNode 因磁盘空间不足而停止服务。
- dfs.namenode.handler.count：用于控制 NameNode 处理客户端请求的线程数，适当的线程数可以提高 NameNode 的并发处理能力。

案例：在一个 Hadoop 3.x 集群中，用户发现 HDFS 的写性能较低，导致 MapReduce 作业的执行时间延长。通过分析 HDFS 的日志文件，发现 DataNode 的磁盘 I/O 操作存在瓶颈。为了解决这个问题，用户将 dfs.blocksize 参数从默认的 128MB 增加到 256MB，并将 dfs.datanode.du.reserved 参数从默认的 5%增加到 10%。调整后，HDFS 的写性能明显提高。

3. YARN 参数调优

在 Hadoop 3.x 中，有以下几个关键的 YARN 参数需要调优：

- yarn.nodemanager.resource.memory-mb：用于控制 NodeManager 可分配的内存大小，适当的内存大小可以提高任务的执行效率。
- yarn.scheduler.maximum-allocation-mb：用于控制 YARN 调度器可分配的最大内存大小，适当的最大内存大小可以防止任务因内存不足而失败。
- yarn.nodemanager.vmem-pmem-ratio：用于控制 NodeManager 虚拟内存和物理内存的比例，适当的比例可以提高内存的利用率。

案例：在一个 Hadoop 3.x 集群中，用户发现 YARN 的资源分配不均衡，导致某些节点的资源利用率较低。为了解决这个问题，用户将 yarn.nodemanager.resource.memory-mb 参数从默认的 8GB 增加到 16GB，并将 yarn.scheduler.maximum-allocation-mb 参数从默认的 8GB 增加到 16GB。调整后，YARN 的资源分配更加均衡。

4. 安全和网络参数调优

Hadoop 3.x 引入了更多的安全和网络功能，如 Kerberos 认证、加密传输和网络拓扑感知调度。这些功能需要适当的参数配置才能正常工作：

- hadoop.security.authentication：用于控制 Hadoop 集群的认证方式，如 Kerberos。
- hadoop.security.authorization：用于控制 Hadoop 集群的授权方式，如访问控制列表（ACL）。
- dfs.encrypt.data.transfer：用于控制 HDFS 中数据的传输是否加密。
- net.topology.node.switch.mapping.impl：用于控制 YARN 调度器如何感知网络拓扑。

案例：在一个 Hadoop 3.x 集群中，用户希望启用 Kerberos 认证来提高集群的安全性。为了实现这个目标，用户将 hadoop.security.authentication 参数设置为 kerberos，并按照 Kerberos 的配置要求修改了其他相关参数。调整后，集群成功启用了 Kerberos 认证。

总之，通过仔细调优 Hadoop 3.x 的集群配置、HDFS、YARN、安全和网络参数，可以充分发挥 Hadoop 3.x 的性能潜力，提高集群的处理能力和效率。在进行参数调优时，应根据具体情况进行分析和测试，以找到最佳的参数值。

3.5 Hadoop 实战案例

本节通过真实案例的详细解析，为读者提供 Hadoop 应用中常见问题的解决方案。内容涵盖从 Hadoop 集群的搭建与优化，到数据处理和分析的高效方法。同时，还将分享行业内的最佳实践，帮助读者在实际应用中提升 Hadoop 的性能和可靠性。

3.5.1 实际问题解决

在实际应用中，Hadoop 系统可能会遇到各种问题，如性能瓶颈、数据丢失、配置错误等。本小节将介绍一些常见的 Hadoop 问题，并提供解决方案，以帮助读者更好地管理和优化 Hadoop 集群。

1. 性能优化

1）问题背景

Hadoop 集群的性能对于数据处理任务的效率至关重要。然而，由于硬件限制、配置错误或数据倾斜等原因，Hadoop 集群的性能可能会受到影响。

2）分析思路

要解决 Hadoop 集群的性能问题，首先需要了解集群的硬件配置和网络拓扑结构；然后分析任务的执行情况，包括任务的执行时间、资源消耗和数据倾斜情况；最后根据分析结果确定性能瓶颈所在，并采取相应的优化措施。

3）解决方案

- 硬件升级：如果集群的硬件配置不足，可以考虑升级硬件，如增加内存、升级 CPU 或增加磁盘容量。
- 配置优化：根据集群的硬件配置和任务特点，调整 Hadoop 的配置参数，如调整 MapReduce 的并行度，增加数据本地性等。
- 数据倾斜处理：对于数据倾斜问题，可以采用数据预处理、自定义分区函数或使用容器等方法来解决。

在解决其他 Hadoop 集群性能问题时，可以采用类似的分析思路和解决方案。

2. 数据丢失与恢复

1）问题背景

数据丢失是 Hadoop 集群中常见的问题之一，可能导致数据的不可用或不一致。数据丢失的原因有很多，如硬件故障、人为误操作或软件错误等。

2）分析思路

要解决 Hadoop 集群的数据丢失问题，首先需要确定数据丢失的原因，然后根据数据丢失的原因采取相应的恢复措施，最后需要制定数据备份和恢复策略，以防止类似问题的再次发生。

3）解决方案

- 数据备份：定期对 Hadoop 集群中的重要数据进行备份。可以使用 Hadoop 的 distcp 命令或第三方工具进行备份。
- 数据恢复：根据数据丢失的原因采取相应的恢复措施，如从备份中恢复数据，使用 Hadoop 的 fsck 命令修复文件系统等。
- 数据一致性检查：定期对 Hadoop 集群中的数据进行一致性检查。可以使用 Hadoop 的 fsck 命令或第三方工具进行检查。

在解决其他 Hadoop 集群数据丢失问题时，可以采用类似的分析思路和解决方案。

3. 配置错误与修复

1）问题背景

Hadoop 集群的配置错误可能导致集群无法正常运行或性能下降。配置错误的原因有很多，如参数设置错误、文件权限错误或环境变量错误等。

2）分析思路

要解决 Hadoop 集群的配置错误问题，首先需要了解 Hadoop 的配置文件和参数；然后根据错误信息或集群的异常行为确定配置错误所在；最后根据具体情况，修复配置错误或调整参数设置。

3）解决方案

- 配置文件检查：检查 Hadoop 的配置文件，如 core-site.xml、hdfs-site.xml 等，确保参数设置正确。
- 文件权限修复：修复 Hadoop 集群中文件的权限问题，如确保 Hadoop 用户对数据目录有读写权限。
- 环境变量设置：检查 Hadoop 集群的环境变量设置，如确保 JAVA_HOME 变量设置正确。

在解决其他 Hadoop 集群配置错误问题时，可以采用类似的分析思路和解决方案。

4. 安全与权限管理

1）问题背景

Hadoop 集群的安全与权限管理对于保护数据的机密性和完整性至关重要。然而，由于配置错误、安全漏洞或权限管理不当等原因，Hadoop 集群的安全与权限管理可能会受到威胁。

2）分析思路

要解决 Hadoop 集群的安全与权限管理问题，首先需要了解 Hadoop 的安全机制和权限管理策略；然后根据安全漏洞或权限管理不当的情况确定问题所在；最后根据具体情况，修复安全漏洞，调整权限管理策略或加强安全审计。

3）解决方案

- 安全配置检查：检查 Hadoop 的安全配置，如 Kerberos 认证、SSL 加密等，确保安全机制配置正确。
- 权限管理策略调整：根据业务需求和安全要求，调整 Hadoop 集群的权限管理策略，如设置访问控制列表，加强用户认证等。
- 安全审计加强：加强 Hadoop 集群的安全审计，如启用审计日志，定期进行安全扫描等。

在解决其他 Hadoop 集群安全与权限管理问题时，可以采用类似的分析思路和解决方案。

通过阅读以上案例的详细分析，读者应该能够建立起一套系统化的思维模式，用于分析和解决 Hadoop 集群中的各种问题。这种能力不仅有助于读者更好地管理和优化 Hadoop 集群，还能够提高数据处理任务的效率和可靠性。

3.5.2 最佳实践分享

本小节将分享 Hadoop 在数据存储、数据处理、集群管理及性能优化方面的最佳实践。通过合理的配置和优化策略，可以充分发挥 Hadoop 在大数据处理与分析中的优势，显著提高效率和性能。

1. 数据存储最佳实践

在 Hadoop 中，数据存储是整个系统性能和效率的关键因素。以下是一些数据存储的实践分享。

1）选择合适的数据存储格式

Hadoop 支持多种数据存储格式，包括文本文件、SequenceFile、Avro、Parquet 和 ORC 等。选择合适的数据存储格式可以提高数据处理的效率和性能。

案例：假设有一个大规模的日志数据集，需要进行实时的分析和查询。在这种情况下，使用 Parquet 或 ORC 等列式存储格式可以提高查询性能，因为它们支持高效的列式查询和压缩。

2）数据分片和复制

在 Hadoop 中，数据被分成多个分片，并存储在不同的节点上。通过合理的数据分片和复制策略，可以提高数据的可用性和容错性。

案例：假设有一个包含 100TB 数据的数据集，需要将其存储在 Hadoop 集群中。我们可以将数据分成 1000 个分片，每个分片的大小为 100GB。同时，可以将每个分片复制 3 份，以提高数据的可用性和容错性。

3）数据压缩和编码

数据压缩和编码可以减少数据的存储空间，并提高数据的传输效率。在 Hadoop 中，可以使用多种压缩算法和编码方式。

案例：假设有一个包含文本数据的数据集，需要将其存储在 Hadoop 集群中。我们可以使用 GZIP 或 SNAPPY 等压缩算法来压缩数据，以减少存储空间。同时，我们可以使用 UTF-8 或 UTF-16 等编码方式来编码数据，以提高数据的传输效率。

2. 数据处理最佳实践

在 Hadoop 中，数据处理是实现大数据分析和挖掘的关键任务。以下是一些数据处理的实践分享。

1）使用合适的数据处理框架

Hadoop 生态系统提供了多种数据处理框架，包括 MapReduce、Spark 等。选择合适的数据处理框架可以提高数据处理的效率和性能。

案例：假设有一个大规模的日志数据集，需要进行复杂的数据分析和挖掘。在这种情况下，使用 Spark 等内存计算框架可以提高数据处理的效率和性能，因为它支持高效的内存计算和迭代计算。

2）优化数据处理流程

在 Hadoop 中，数据处理流程包括数据读取、数据转换、数据计算和数据写入等步骤。通过优化数据处理流程，可以提高数据处理的效率和性能。

案例： 假设有一个包含 100TB 数据的数据集，需要进行数据清洗和转换。我们可以使用 Spark 这类数据处理工具来优化数据处理流程，例如使用合适的数据类型和函数来减少数据转换的开销，使用合适的分区策略来提高数据读取的效率等。

3）使用合适的数据处理模式

Hadoop 支持多种数据处理模式，包括批处理、流处理和交互式查询等。选择合适的数据处理模式可以提高数据处理的效率和性能。

案例： 假设有一个大规模的日志数据集，需要进行实时的数据分析和查询。在这种情况下，使用流处理模式（如 Kafka、Flink）可以提高数据处理的实时性，因为它支持实时的数据处理和查询。如果需要进行交互式查询，可以使用交互式查询引擎，如 Impala 和 Drill 等。

3. 集群管理最佳实践

在 Hadoop 中，集群管理是确保系统稳定运行、资源有效利用和任务高效执行的关键环节。以下是一些集群管理的实践分享。

1）监控和日志管理

监控和日志管理可以帮助我们及时发现和解决集群中的问题。在 Hadoop 中，可以使用多种监控和日志管理工具。

案例： 假设 Hadoop 集群出现了性能下降的问题。我们可以使用 Hadoop 的监控工具（如 Ganglia 或 Grafana）来监控集群的性能指标（如 CPU 利用率、内存利用率、I/O 吞吐量等），并使用 Hadoop 的日志管理工具（如 Flume 或 Logstash）来收集和分析集群的日志文件，以帮助我们定位和解决问题。

2）资源管理

在 Hadoop 中，资源管理包括节点管理、任务调度和资源分配等。通过合理的资源管理策略，可以提高集群的资源利用率和任务执行效率。

案例： 假设 Hadoop 集群中有 100 个节点，每个节点配备 8 个 CPU 核心和 16GB 内存。我们可以使用 Hadoop 的资源管理工具（如 YARN）来管理集群的资源，例如根据任务的资源需求和优先级来调度任务，根据节点的负载情况来分配资源等。

3）安全管理

在 Hadoop 中，安全管理包括身份认证、权限控制和数据加密等。通过合理的安全管理策略，可以保护集群中的数据和计算任务的安全。

案例： 假设 Hadoop 集群中存储了敏感的数据，需要进行严格的安全管理。我们可以使用 Hadoop 的安全管理工具（如 Kerberos 或 Ranger）来进行身份认证和权限控制，例如使用 Kerberos 来进行用户的身份认证，使用 Ranger 来进行细粒度的权限控制。同时，我们可以使用 Hadoop 的数据加密工具来加密存储在 HDFS 中的数据，以保护数据的机密性。

4）节点管理

节点管理涉及对集群中各个节点的配置、监控和维护。通过实施有效的节点管理策略，可以确保集群中的所有节点都能够正常运行，并及时处理故障节点。

案例： 使用自动化工具（如Ansible）来管理和配置集群节点，以确保所有节点都符合最佳实践配置。监控节点的运行状况，如CPU温度、磁盘空间和网络连接等，并设置自动故障转移机制，以便在节点故障时能够自动将任务转移到其他节点。

5）备份和恢复

备份和恢复是避免集群数据意外丢失或损坏的重要手段。通过定期进行数据备份，并制定有效的恢复策略，可以减少数据丢失的风险，并快速恢复业务运营。

案例： 使用Hadoop的内置工具（如DistCp）或第三方备份工具（如Cloudera Manager）来定期备份集群数据。制定详细的恢复计划，包括备份验证、恢复流程和恢复测试，以确保在发生数据丢失时能够快速、准确地恢复数据。

4. 性能优化最佳实践

在Hadoop中，性能优化对于提高数据处理效率、降低资源消耗以及满足业务需求至关重要。以下是一些性能优化的实践分享，可以帮助读者优化Hadoop集群的性能。

1）数据倾斜优化

数据倾斜是指数据在不同的节点或任务上分布不均，导致某些节点或任务的负载过重，从而影响整个集群的性能。通过合理的数据倾斜优化策略，可以提高集群的性能。

案例： 假设有一个包含100TB数据的数据集，其中某些key的值非常大，导致在使用MapReduce进行数据处理时出现了数据倾斜的问题。我们可以使用Hadoop的数据倾斜优化工具（如Dr. Elephant）来检测和解决数据倾斜的问题。例如，通过调整分区策略或使用容器来减少数据倾斜，从而提高任务的均衡性。

2）任务执行优化

在Hadoop中，任务执行包括任务调度、任务执行和任务输出等步骤。通过优化任务执行流程，可以提高任务的执行效率和性能。

案例： 假设有一个包含100TB数据的数据集，需要进行数据清洗和转换。我们可以使用Hadoop的任务执行优化工具（如Dr. Elephant）来监控和优化任务的执行流程。例如，通过调整任务的并行度和资源需求来提高任务的执行效率，或通过优化任务的输出策略来减少任务输出的开销。

3）数据访问优化

在Hadoop中，数据访问包括数据读取和数据写入等步骤。通过优化数据访问流程，可以提高数据的访问效率和性能。

案例： 假设有一个包含 100TB 数据的数据集，需要进行频繁的数据读取和写入操作。我们可以使用 Hadoop 的数据访问优化工具（如 Dr. Elephant）来监控和优化数据的访问流程。例如，通过调整数据的存储策略和访问模式来提高数据的访问效率，或通过使用合适的数据压缩和编码方式来减少数据的传输开销。

通过遵循以上 3 个关键的最佳实践，可以充分发挥 Hadoop 的潜力，提高大数据处理和分析的效率和性能。同时，我们也应该根据具体的应用场景和需求，灵活地调整和优化 Hadoop 的配置和使用策略。

3.6 本章小结

本章主要介绍了 Hadoop 的高级特性，包括 HDFS 架构的深入解析、YARN 的资源调度机制、数据安全的保障策略、性能调优的实践方法，并通过实战案例展示了这些特性在实际应用中的效果，帮助读者全面了解和掌握 Hadoop 的高级功能。

3.7 习题

（1）在 Hadoop 的 HDFS 架构中，NameNode 的主要作用是什么？（ ）

A. 存储数据块　　B. 管理数据块的元数据
C. 执行数据计算任务　　D. 提供数据访问接口

（2）在 Hadoop 的 YARN 调度器中，ResourceManager 负责什么任务？（ ）

A. 监控 NodeManager 状态　　B. 启动和停止 ApplicationMaster
C. 分配和回收集群资源　　D. 执行具体的数据计算任务

（3）在 Hadoop 的数据安全特性中，Kerberos 通常用于什么目的？（ ）

A. 数据加密　　B. 数据备份
C. 用户身份认证　　D. 访问权限控制

（4）在 Hadoop 集群的性能调优中，数据倾斜问题通常可以通过什么方式解决？（ ）

A. 增加集群节点数量　　B. 调整数据划分策略
C. 优化数据压缩算法　　D. 升级硬件设备

（5）在 Hadoop 的实战案例中，Spark 通常用于什么类型的数据处理任务？（ ）

A. 传统关系数据库查询　　B. 大规模数据批处理
C. 小规模数据存储　　D. 文件压缩和解压缩

第4章

Spark 基础特性

本章将全面介绍 Spark 的基础知识，包括架构、核心组件、数据结构（如 RDD、DataFrame）、内存管理策略，以及编程模型和执行流程，旨在帮助读者掌握 Spark 分布式计算的基本原理和应用技巧。

4.1 Spark 简介

Spark 是基于 Hadoop MapReduce 构建并经过优化的分布式计算框架。与 Hadoop 的 MapReduce 等替代方法不同，Spark 经过优化可以在内存中运行，从而大幅提升了数据处理速度。

4.1.1 Spark 发展历程

本小节将详细介绍 Spark 的发展历程，包括核心思想的提出、开源社区的壮大、生态系统的扩展以及它在企业中的广泛应用。通过梳理 Spark 的发展脉络，读者可以深入了解其在大数据处理领域的技术演进和应用趋势。

1. 起源与诞生（2009 年）

Spark 最初由加州大学伯克利分校的 AMPLab 实验室于 2009 年开发。当时，大数据处理领域主要使用 Hadoop 作为计算框架，但 Hadoop 在处理迭代式算法和交互式查询时存在性能瓶颈。为了解决这些问题，AMPLab 的研究人员探索了新的计算模型，并最终开发出 Spark。

2. 开源与早期发展（2010—2013 年）

2010 年，Spark 在 AMPCamp（由 AMPLab 组织的大数据技术会议）上首次公开亮相，随即引起广泛关注。AMPLab 随后将 Spark 开源，并组建专门的团队负责开发和维护。在早期阶段，Spark 主要致力于改进 Hadoop 的 MapReduce 计算模型，并引入了基于内存的计算引擎，以提升数据处理速度。

3. Apache 顶级项目与生态系统扩展（2014—2016 年）

2014 年，Spark 成为 Apache 软件基金会的顶级项目，标志着其在开源社区中的重要地位。同年，Databricks 公司成立，专注于提供基于 Spark 的商业服务和支持。随着 Spark 的不断发展，其生态系统日益丰富，涌现出许多基于 Spark 的扩展项目，如 Spark Streaming（用于流式数据处理）、MLlib（用于机器学习）和 GraphX（用于图计算）等。

4. 企业应用与持续创新（2017 年至今）

近年来，Spark 在企业中得到了广泛应用，成为大数据处理领域的主流技术之一。许多大型科技公司（如 Amazon、Google 和 Microsoft）采用 Spark 作为其大数据处理平台的核心组件。同时，Spark 社区持续创新，不断推出新版本和新功能，以满足不断变化的大数据处理需求。这一时期，Spark 的发展趋势主要体现在以下几个方面：

- 性能优化：Spark 团队不断优化引擎的性能，提高数据处理的速度和效率。
- 功能扩展：Spark 不断新增特性和引入新的功能，包括结构化流处理和增强的机器学习库等。
- 生态整合：Spark 积极与大数据生态系统中的其他技术进行整合，如与 Hadoop 与 Kubernetes 的集成等。

从诞生至今，Spark 已历经十余年的发展。作为一款开源的大数据处理框架，Spark 凭借卓越的性能和丰富的功能赢得了广大开发者和企业的青睐，并在大数据处理领域发挥着重要作用。未来，随着技术的不断进步和应用场景的持续拓展，Spark 有望继续保持其领先地位，为大数据处理领域的发展作出更大贡献。

4.1.2 Spark 核心思想

Spark 凭借其独特的设计理念和核心思想，成为大数据处理领域的关键技术之一。本小节将探讨 Spark 的核心思想，包括其设计背景与挑战、设计理念、技术架构优势和应用场景。

1. 背景与挑战

在 Spark 出现之前，大数据处理领域主要依赖 Hadoop 的 MapReduce 模型。然而，MapReduce 模型在处理迭代式算法和交互式查询时存在性能瓶颈。主要原因包括：

- 频繁的磁盘 I/O 操作：MapReduce 模型需要频繁将中间结果写入磁盘，而磁盘 I/O 操作相较内存操作速度较慢。
- 功能局限性：MapReduce 模型不适合处理流式数据和图计算等特定类型的数据处理任务。

2. Spark 的诞生与设计理念

为解决 MapReduce 模型的性能瓶颈和功能局限性问题，加州大学伯克利分校的 AMPLab 实验室于 2009 年开发了 Spark。Spark 的核心设计理念包括：

- 内存计算：Spark 将数据加载到内存中进行计算，从而避免频繁的磁盘 I/O 操作，大幅度提升数据处理速度。
- 分布式计算：Spark 采用分布式计算架构，将任务并行分配到多个计算节点，显著提高数据处理的吞吐量和效率。

这一设计使 Spark 成为一种高效、灵活的大数据计算框架。

3. Spark 的技术架构

Spark 的技术架构由多个组件组成，各组件功能如下：

- Spark Core：Spark 的核心组件，提供基本的数据处理功能和分布式计算能力。
- Spark SQL：基于 Spark Core 的 SQL 查询引擎，支持结构化数据的处理和查询。
- Spark Streaming：支持流式数据处理的组件，用于实时处理大规模的流式数据。
- MLlib：用于机器学习的库，包含丰富的机器学习算法和工具。
- GraphX：专注于图计算的组件，可处理大规模的图数据。

这种模块化架构使 Spark 能够灵活应对不同场景下的需求。

4. Spark 与 Hadoop 的比较

与 Hadoop 相比，Spark 具有以下优势：

- 性能优势：由于 Spark 采用了内存计算的架构，因此在处理迭代式算法和交互式查询时具有更好的性能。
- 灵活性优势：Spark 支持多种数据处理模型，包括批处理、流式处理和图计算等，满足不同场景的数据处理需求。
- 生态优势：Spark 拥有丰富的生态系统，包括各种扩展项目和工具，可提供更全面的数据处理解决方案。

总之，Spark 的核心思想在于提供一个快速、通用且可扩展的集群计算平台，支持多种数据处理任务。通过内存计算、统一的 API 和灵活的运行模式，Spark 简化了数据处理流程，显著提高了数据处理性能，为大数据处理领域提供了强大的支持。

4.2 Spark 核心组件

Spark Core 作为 Spark 的计算引擎，负责管理内存中的弹性分布式数据集（Resilient Distributed Datasets，RDD），并提供丰富的转换和操作函数，以支持高效的分布式计算。而

Spark SQL 是在 Spark Core 基础上构建的 SQL 查询引擎，它允许用户使用 SQL 语言处理结构化数据，并提供与传统关系数据库的互操作性，使数据分析师和开发者能够更方便地进行数据分析和挖掘。

4.2.1 Spark Core

Spark Core 是 Apache Spark 项目的核心组件，提供了 Spark 的基本功能和编程模型。本小节将详细介绍 Spark Core 的概念、特点、编程模型，以及如何使用 Java 编写 Spark Core 应用程序。通过学习本小节内容，读者将能够深入理解 Spark Core 的工作原理，并掌握使用 Java 编写高效的 Spark Core 应用程序的能力。

1. Spark Core 概述

Spark Core 是 Spark 的计算引擎，负责管理内存中的数据集，并提供丰富的 API 用于操作这些数据集。其设计目标是提供一个快速、通用和可扩展的计算框架，以满足各种大数据处理需求。

Spark Core 的核心思想是通过内存计算提高数据处理效率。与传统基于磁盘的计算框架（如 Hadoop 的 MapReduce）相比，Spark Core 将数据加载到内存中进行计算，减少了数据的磁盘读写开销，从而显著提升计算速度。此外，Spark Core 采用分布式计算架构，将任务并行分配至多个计算节点，进一步提高了数据处理的吞吐量和效率。

2. Spark Core 的特点

Spark Core 具有以下显著特点：

- 内存计算：通过将数据集存储于内存，相较于传统的磁盘 I/O 操作，显著提高了计算速度。
- 容错性：通过检查点和复制等机制提供容错能力，可在节点故障时恢复计算任务。
- 可扩展性：支持水平扩展，通过增加计算节点来提高整体计算能力。
- 丰富的 API：提供多种语言的 API，包括 Java、Scala、Python 和 R 等语言，方便用户根据需求选择开发语言。
- 支持多种数据源：能够读取来自多种数据源的数据，这些数据源包括 HDFS、HBase、Cassandra 等，也可以从关系数据库中读取数据。
- 支持多种数据格式：支持多种数据格式，包括文本文件、JSON、CSV 等，并支持二进制数据处理。

3. Spark Core 的编程模型

Spark Core 的编程模型基于 RDD（Resilient Distributed Dataset，弹性分布式数据集）的概念。RDD 是一种只读的、分布式的数据集，可以通过转换操作（如 map、filter、join 等）进行处理。RDD 的转换操作采用懒加载，只有在触发行动（action）操作时才会实际执行计算。

代码 4-1 是使用 Spark Core 进行数据处理的一个简单 Java 示例。

代码 4-1

```
import org.apache.spark.SparkConf;
import org.apache.spark.api.java.JavaRDD;
import org.apache.spark.api.java.JavaSparkContext;

public class SparkCoreExample {
    public static void main(String[] args) {
        // 创建 Spark 配置对象
        SparkConf conf = new SparkConf()
.setAppName("SparkCoreExample")
.setMaster("local");

        // 创建 Spark 上下文对象
        JavaSparkContext sc = new JavaSparkContext(conf);

        // 创建一个包含数字的 RDD
        JavaRDD<Integer> numbers = sc.parallelize(new Integer[] {1, 2, 3, 4, 5});

        // 对 RDD 进行转换操作
        JavaRDD<Integer> squaredNumbers = numbers.map(number -> number * number);

        // 计算平方和
        int sumOfSquares = squaredNumbers.reduce((a, b) -> a + b);

        // 打印结果
        System.out.println("Sum of squares: " + sumOfSquares);

        // 关闭 Spark 上下文对象
        sc.close();
    }
}
```

在上述代码中，首先创建了一个 Spark 配置对象（SparkConf），用于指定应用程序的名称和运行模式（如主节点）。然后，创建了一个 Spark 上下文对象（JavaSpartContext），负责管理 Spark 应用程序的执行流程。接着，通过（sc.parallelize()）方法创建了一个包含数字的 RDD，并使用 map 操作对它进行转换，计算每个数字的平方。最后，通过 reduce 操作计算平方的总和，并将结果打印到控制台。

4. Spark Core 的应用场景

Spark Core 适用于各种大数据处理场景，包括但不限于以下方面：

- 数据分析：可用于处理大规模数据，例如日志分析、用户行为分析等场景。
- 机器学习：与 MLlib（Spark 的机器学习库）结合使用，可执行分布式机器学习任务。

- 图计算：通过与 GraphX（Spark 的图计算库）结合，可进行分布式图计算任务。
- 流式数据处理：与 Spark Streaming 集成，可实现实时流式数据处理。
- 交互式查询：配合 Spark SQL，可以进行高效的交互式 SQL 查询。

在实际应用中，Spark Core 通常与其他 Spark 组件（如 MLlib、GraphX、Spark Streaming 等）协同工作，以满足复杂的大数据处理需求。Spark 社区也在不断改进和优化 Spark Core，以提升其性能和功能。因此，熟悉并掌握 Spark Core 对于大数据处理的开发者至关重要。

此外，Spark Core 支持多种部署模式，包括本地模式、集群模式和云部署模式等。用户可根据具体的计算需求和资源条件选择合适的部署模式。同时，Spark Core 提供丰富的调优参数和工具，可帮助开发者优化应用程序性能。

总之，作为 Spark 项目的核心组件，Spark Core 具有广泛的应用前景和强大的计算能力。通过持续学习和实践，我们可以充分发挥 Spark Core 的优势，解决各种复杂的大数据处理问题。

4.2.2 Spark SQL

Spark SQL 是 Apache Spark 项目中的重要模块，提供了用于处理结构化数据的编程抽象。通过 Spark SQL，开发者可以使用 SQL 语言来查询和操作数据，同时支持使用 DataFrame 和 DataSet 等高级抽象完成更复杂的数据处理任务。

本小节将详细介绍 Spark SQL 的概念、特点、使用场景，以及如何使用 Java 编写 Spark SQL 应用程序。通过学习本小节内容，读者将能够深入理解 Spark SQL 的工作原理，并学会使用 Java 开发高效的 Spark SQL 应用程序。

1. Spark SQL 概述

Spark SQL 是 Spark 项目中专门用于处理结构化数据的模块，其设计目标是提供高效、灵活且易于使用的接口，满足多样化的结构化数据处理需求。

Spark SQL 的核心思想是将结构化数据表示为 DataFrame 或 DataSet 对象，并通过丰富的 API 操作这些对象：

- DataFrame：一个分布式的数据集合，包含 Schema 信息（数据的结构信息）。
- DataSet：也是一个分布式的数据集合，具有 Schema 信息，并支持任意类型的数据。

2. Spark SQL 的特点

Spark SQL 具备以下几个特点：

- SQL 支持：允许使用 SQL 语言来查询和操作数据，使熟悉 SQL 的开发者能够快速上手。
- 高性能：借助 Spark 的内存计算和分布式计算能力，提供了卓越的数据处理性能。
- 易用性：提供丰富的 API 和工具，使开发者能够方便地进行数据处理和分析流程。
- 与其他 Spark 模块的集成：与 Spark Core、MLlib 等其他模块无缝集成，进一步增强数据处理功能。

- 支持多种数据源：Spark SQL支持多种数据源，包括HDFS、HBase和Cassandra等，还能够从关系数据库中读取数据。
- 支持多种数据格式：Spark SQL支持多种数据格式，包括Parquet、JSON和CSV等，同时也支持处理结构化文本数据。
- 支持流式数据处理：Spark SQL可与Spark Streaming无缝结合，用于实时流式数据处理。

3. Spark SQL的使用场景

Spark SQL适用于各种结构化数据处理场景，包括但不限于：

- 数据仓库：Spark SQL可用于构建数据仓库，提供高效的数据查询和分析能力。
- ETL（Extract-Transform-Load）：Spark SQL可用于执行ETL流程，包括数据的提取、转换和加载操作。
- 交互式查询：Spark SQL可用于交互式查询，提供快速的数据查询和分析能力。
- 机器学习：Spark SQL可与MLlib结合使用，为结构化数据提供机器学习能力。
- 流式数据处理：Spark SQL可与Spark Streaming结合使用，用于实时流式数据处理。

4. Spark SQL应用程序

代码4-2将展示一个简单的Java示例，演示如何使用Spark SQL进行数据处理。

代码 4-2

```
import org.apache.spark.sql.Dataset;
import org.apache.spark.sql.Row;
import org.apache.spark.sql.SparkSession;

public class SparkSQLExample {
    public static void main(String[] args) {
        // 创建 SparkSession 对象
        SparkSession spark = SparkSession.builder()
                .appName("SparkSQLExample")
                .master("local")
                .getOrCreate();

        // 读取 CSV 文件并创建 DataFrame，假设文件包含标题行
        Dataset<Row> df = spark.read()
                .option("header", "true")      // 指定第一行作为表头
                .csv("data.csv");

        // 使用 SQL 查询数据，筛选 age 大于 30 的记录
        Dataset<Row> result = df.createOrReplaceTempView("data")
                .sql("SELECT * FROM data WHERE age > 30");
```

```
        // 显示查询结果
        result.show();

        // 关闭 SparkSession 对象
        spark.stop();
    }
}
```

在上述代码中，首先创建了一个 SparkSession 对象，用于管理 Spark 应用程序的执行流程。然后，使用 SparkSession 的 read 方法加载了一个 CSV 文件，并将其转换为 DataFrame 对象。接着，通过 SQL 查询语言对 DataFrame 进行了查询操作，筛选出符合条件的数据，将结果存储在一个临时表中，并打印了查询结果。最后，关闭了 SparkSession 对象以释放资源。

5. Spark SQL 的优化与调优

为了提高 Spark SQL 的性能，开发者可以进行一些优化和调优操作，主要包括：

- 数据倾斜优化：通过调整数据分区策略（如设置合适的分区数量），避免数据倾斜问题。
- 查询优化：通过重写或优化查询语句，提高查询性能，例如避免不必要的全表扫描。
- 数据格式优化：选择高效的数据存储格式（如 Parquet 或 ORC），以提升数据读取和写入性能。
- 内存管理优化：调整内存管理参数，提高内存利用率，以减少磁盘 I/O。

通过使用 Spark SQL，开发者可以轻松实现数据仓库的构建、ETL 流程、交互式查询以及机器学习等各种结构化数据处理任务。

在实际应用中，Spark SQL 还可以与其他 Spark 模块（如 Spark Streaming 和 GraphX 等）结合使用，以满足复杂多样的数据处理需求。此外，Spark 社区还持续致力于完善和优化 Spark SQL，不断提升其性能和功能。

4.3 Spark 基本数据结构

Apache Spark 是一种应用广泛的大数据处理框架，其核心数据结构包括 RDD、DataFrame 和 DataSet。RDD 是 Spark 的基础数据结构，提供容错的分区数据集；DataFrame 是结构化数据的 RDD，支持高级 SQL 操作和优化查询；DataSet 是 DataFrame 的强类型版本，提供类型安全和编解码优化。这 3 种数据结构共同构成了 Spark 数据处理的基础。

4.3.1 RDD 概述

作为一款开源的分布式计算框架，Spark 以其高效的内存计算和丰富的数据处理功能而闻名。其中，RDD 是 Spark 的核心数据结构之一。本小节将详细介绍 Spark RDD 的概念、特点及其在实际应用中的使用方法。

1. RDD 的特点

RDD 是 Spark 中最基本的数据抽象，表示一个不可变的、分布式的数据集合。RDD 具有以下几个特点：

- 分布式：RDD 的数据分布在多个节点上，可通过并行计算显著提高处理效率。
- 弹性：RDD 能够自动处理节点故障，并在必要时进行数据重算，确保计算结果的正确性。
- 不可变：RDD 一旦创建，其内容无法被修改，只能通过转换操作（如 map、filter）生成新的 RDD。
- 丰富多样的操作：RDD 提供多种数据操作，分为转换操作（如 map、filter）和行动操作（如 count、collect），便于实现复杂的数据处理和计算。

2. RDD 的创建方式

在 Spark 中，可以通过多种方式创建 RDD，包括从本地集合创建，从外部存储系统（如 HDFS、HBase）读取数据，以及通过转换其他 RDD 来创建等。

（1）从本地集合创建：调用 sc.parallelize()方法将本地集合转换为 RDD。具体实现如代码 4-3 所示。

代码 4-3

```
JavaSparkContext sc = new JavaSparkContext("local", "RDDExample");
List<Integer> data = Arrays.asList(1, 2, 3, 4, 5);
JavaRDD<Integer> rdd = sc.parallelize(data);
```

（2）从外部存储系统读取数据：可以调用 sc.textFile()方法从文件系统中读取文本文件，并将每一行文本作为 RDD 的一个元素。具体实现如代码 4-4 所示。

代码 4-4

```
JavaRDD<String> lines = sc.textFile("hdfs://cluster1/spark/to/file.txt");
```

（3）从其他 RDD 转换得到：可以使用 RDD 的转换操作（如 map、filter）将一个 RDD 转换为另一个 RDD。具体实现如代码 4-5 所示。

代码 4-5

```
JavaRDD<Integer> numbers = sc.parallelize(Arrays.asList(1, 2, 3, 4, 5));
JavaRDD<Integer> evenNumbers = numbers.filter(n -> n % 2 == 0);
```

3. RDD 的转换操作

RDD 的转换操作是对 RDD 进行处理并生成新的 RDD 的操作。常见的转换操作包括：

（1）map()：对 RDD 中的每个元素进行指定的函数操作，并生成一个新的 RDD。具体实现如代码 4-6 所示。

代码 4-6

```
JavaRDD<Integer> numbers = sc.parallelize(Arrays.asList(1, 2, 3, 4, 5));
JavaRDD<Integer> squaredNumbers = numbers.map(n -> n * n);
```

（2）filter()：对 RDD 中的每个元素进行指定的条件判断，只保留满足条件的元素，并生成一个新的 RDD。具体实现如代码 4-7 所示。

代码 4-7

```
JavaRDD<Integer> numbers = sc.parallelize(Arrays.asList(1, 2, 3, 4, 5));
JavaRDD<Integer> evenNumbers = numbers.filter(n -> n % 2 == 0);
```

（3）flatMap()：对 RDD 中的每个元素进行指定的函数操作，将结果展开为一个序列，并生成一个新的 RDD。具体实现如代码 4-8 所示。

代码 4-8

```
JavaRDD<String> lines = sc.parallelize(Arrays.asList("hello", "world"));
JavaRDD<String> words = lines.flatMap(line -> Arrays.asList(line.split(" ")));
```

（4）groupBy()：根据指定的函数对 RDD 中的元素进行分组，并生成一个新的 RDD，其中每个元素是一个键-值对，表示一个分组及其对应的元素集合。具体实现如代码 4-9 所示。

代码 4-9

```
JavaRDD<String> words = sc.parallelize(Arrays.asList("hello", "world", "hello",
"spark"));
JavaPairRDD<String, Iterable<String>> wordCounts = words.groupBy(word -> word);
```

4. RDD 的行动操作

RDD 的行动操作是对 RDD 进行计算，并返回计算结果的操作。常见的行动操作包括：

（1）count()：返回 RDD 中元素的个数。具体实现如代码 4-10 所示。

代码 4-10

```
JavaRDD<Integer> numbers = sc.parallelize(Arrays.asList(1, 2, 3, 4, 5));
long count = numbers.count();
```

（2）collect()：将 RDD 中的所有元素收集到本地，并返回一个本地集合。具体实现如代码 4-11 所示。

代码 4-11

```
JavaRDD<Integer> numbers = sc.parallelize(Arrays.asList(1, 2, 3, 4, 5));
List<Integer> localNumbers = numbers.collect();
```

（3）reduce()：对 RDD 中的元素进行指定的函数操作，并返回一个结果值。具体实现如代码 4-12 所示。

代码 4-12

```
JavaRDD<Integer> numbers = sc.parallelize(Arrays.asList(1, 2, 3, 4, 5));
int sum = numbers.reduce((a, b) -> a + b);
```

（4）saveAsTextFile()：将 RDD 中的所有元素保存到指定的文件系统中，并且每个元素保存为文件中的一行文本。具体实现如代码 4-13 所示。

代码 4-13

```
JavaRDD<String> lines = sc.parallelize(Arrays.asList("hello", "world"));
lines.saveAsTextFile("hdfs://cluster1/spark/to/output");
```

5. RDD 的优化技巧

在使用 RDD 进行数据处理时，可以采用一些优化技巧来提高计算效率，包括：

- 数据本地化：尽量将计算任务调度到数据所在的节点上，以减少数据的网络传输开销。
- 数据倾斜处理：对于存在数据倾斜的 RDD，可以采用数据预分区、数据随机化等方法来平衡数据分布。
- 数据序列化：选择合适的数据序列化方式，以减少数据的序列化和反序列化开销。
- 数据缓存：对于需要多次使用的 RDD，可以采用缓存机制将其保存在内存中，以减少数据的重新计算开销。

RDD 是 Spark 中的核心数据结构之一，它具有分布式、弹性、不可变等特点，同时支持丰富的数据操作。通过合理的创建方式、转换操作和行动操作，可以方便地对 RDD 进行数据处理和计算。同时，掌握一些优化技巧可以进一步提高计算效率。

4.3.2 DataFrame 和 DataSet 介绍

在处理大规模数据时，选择合适的数据结构和操作方式至关重要。Apache Spark 作为一款流行的大数据处理框架，提供了多种数据抽象，其中 DataFrame 和 DataSet 是两种重要的数据结构。本小节将详细介绍 DataFrame 和 DataSet 的概念、特点及其在实际应用中的使用方法。

1. DataFrame 的概念和特点

DataFrame 是 Apache Spark SQL 模块中的一种数据结构，它提供了一种将结构化数据（如表格数据）以分布式集合的形式进行处理的方法。DataFrame 可以看作一个带有命名列的分布式数据集，类似于关系数据库中的表。每个 DataFrame 都有一个模式（Schema），定义了数据集中的列名和数据类型。DataFrame 具有以下特点：

- 结构化数据：DataFrame 中的每一行数据都包含多个列，每个列都有一个指定的数据类型。这种结构化的数据表示方式使得 DataFrame 更适合用于处理关系型数据。

- 优化的执行计划：DataFrame 的操作会生成逻辑计划和物理计划，Spark 可以根据这些计划进行优化，从而提高执行效率。
- 丰富的 API：DataFrame 支持多种操作，包括选择、过滤、聚合等，同时也支持与 SQL 的交互，提供了丰富的 API 供用户使用。
- 与其他数据源的集成：DataFrame 可以与多种数据源进行集成，包括 Hive、JSON、Parquet 等，方便用户进行数据的读写操作。

2. DataSet 的概念和特点

DataSet 是 Apache Spark 中的一种数据结构，相较于 DataFrame，它进一步增强了类型安全性。在 DataFrame 中，数据以列的形式存储，每列都带有明确的数据类型，可以视为一个分布式数据集。而 DataSet 不仅具备 DataFrame 的列式存储和分布式特性，还在编译时提供了更强的类型检查。作为 Spark SQL 模块的一部分，DataSet 专门用于在 Spark 应用中处理结构化数据，使得数据处理更加安全和高效。其特点包括：

- 强类型支持：DataSet 中的每个元素都是一个强类型的对象，而不是像 RDD 那样的 JVM 对象。这种强类型的特性使得 DataSet 在编译时就可以进行类型检查，从而提高了代码的可读性和可维护性。
- 特定领域语言（DSL）：DataSet 支持使用特定领域语言来定义数据处理逻辑，这种 DSL 更接近于用户的业务逻辑，使得代码更加简洁易懂。
- 优化执行计划：与 DataFrame 类似，DataSet 的操作也会生成逻辑计划和物理计划，Spark 可以根据这些计划进行优化。
- 与 RDD 互操作：DataSet 可以与 RDD 相互转换，用户可灵活选择在两者之间切换以适应不同需求。

3. DataFrame 的创建

在 Spark 中，可以通过多种方式创建 DataFrame，包括从 RDD 转换、从外部数据源读取等。

（1）从 RDD 转换：可以使用 toDF()方法将一个 RDD 转换为 DataFrame。具体实现如代码 4-14 所示。

代码 4-14

```
// 创建一个包含 Person 对象的 JavaRDD
JavaRDD<Person> peopleRDD = sc.parallelize(
        Arrays.asList(
                new Person("xiaoming", 25),
                new Person("xiaohuang", 30)
        )
    );
// 将 Person 对象的 JavaRDD 转换为 Row 对象的 JavaRDD
```

```
JavaRDD<Row> rowRDD = peopleRDD.map(person ->
    RowFactory.create(person.getName(), person.getAge())
);
// 定义 DataFrame 的列名
String[] columnNames = new String[] {"name", "age"};
// 将 Row 对象的 JavaRDD 转换为 DataFrame
Dataset<Row> peopleDF = spark.createDataFrame(rowRDD, Row.class, true);
// 为 DataFrame 指定列名
peopleDF = peopleDF.toDF(columnNames);
```

（2）从外部数据源读取：可以调用 read()方法从外部数据源读取数据，并将其转换为DataFrame。具体实现如代码 4-15 所示。

代码 4-15

```
// 从 JSON 文件读取数据
Dataset<Row> df = spark.read().json("people.json");
// 显示 DataFrame 内容
df.show();
```

4. DataFrame 的操作

DataFrame 支持多种操作，包括选择、过滤、聚合等。

（1）选择：可以调用 select()方法选择指定的列。具体实现如代码 4-16 所示。

代码 4-16

```
// 创建一个简单的 DataFrame
Dataset<Row> df = spark.createDataFrame(
        spark.sparkContext().parallelize(
                Arrays.asList(
                        RowFactory.create("xiaoming", 25),
                        RowFactory.create("xiaobai", 30),
                        RowFactory.create("xiaohei", 35)
                )
        ),
        Row.class
).toDF("name", "age");
// 调用 select()方法选择指定的列"name"
Dataset<Row> selectedDfName = df.select("name");

// 调用 select()方法选择指定的列"age"
Dataset<Row> selectedDfAge = df.select("age");

// 显示选择后的 DataFrame 内容
selectedDfName.show();
selectedDfAge.show();
```

（2）过滤：可以调用 filter()方法根据指定的条件进行过滤。具体实现如代码 4-17 所示。

代码 4-17

```
// 创建一个简单的 DataFrame
Dataset<Row> df = spark.createDataFrame(
        spark.sparkContext().parallelize(
                Arrays.asList(
                        RowFactory.create("xiaoming", 25),
                        RowFactory.create("xiaobai", 30),
                        RowFactory.create("xiaohei", 35)
                )
        ),
        Row.class
).toDF("name", "age");

// 调用 filter()方法根据条件过滤数据
// 过滤出年龄大于 28 的行
Dataset<Row> filteredDf = df.filter(df.col("age").gt(28));

// 显示过滤后的 DataFrame 内容
filteredDf.show();
```

（3）聚合：可以调用 groupBy()方法进行分组，并调用 agg()方法进行聚合操作。具体实现如代码 4-18 所示。

代码 4-18

```
// 创建一个简单的 DataFrame
Dataset<Row> df = spark.createDataFrame(
        spark.sparkContext().parallelize(
                Arrays.asList(
                        RowFactory.create("xiaoming1", 25),
                        RowFactory.create("xiaoming2", 30),
                        RowFactory.create("xiaoming3", 35),
                        RowFactory.create("xiaoming4", 30)
                )
        ),
        Row.class
).toDF("name", "age");

// 调用 groupBy()方法进行分组
Dataset<Row> groupedDf = df.groupBy("age");

// 调用 agg()方法进行聚合操作
// 计算平均年龄、最大年龄和人数
Dataset<Row> aggregatedDf = groupedDf.agg(
        functions.avg("age").alias("average_age"),
```

```
        functions.max("age").alias("max_age"),
        functions.count("age").alias("count")
);

// 显示聚合后的 DataFrame 内容
aggregatedDf.show();
```

5. DataSet 的创建

在 Spark 中，可以通过多种方式创建 DataSet，包括从 RDD 转换、从外部数据源读取等。

（1）从 RDD 转换：可以调用 toDS()方法将一个 RDD 转换为 DataSet。具体实现如代码 4-19 所示。

代码 4-19

```
// 创建 JavaSparkContext
JavaRDD<String> rdd =
spark.sparkContext().parallelize(Arrays.asList("xiaoming1", "xiaoming2",
"xiaoming3"));

// 定义自定义的 Java Bean
class Person {
    String name;
    int age;

    // 构造函数
    public Person(String name, int age) {
        this.name = name;
        this.age = age;
    }

    public String getName() {
        return name;
    }

    public int getAge() {
        return age;
    }
}

// 将 RDD 转换为 Dataset<Person>
JavaRDD<Person> peopleRDD = rdd.map(name -> new Person(name, 30));
Encoder<Person> personEncoder = Encoders.bean(Person.class);
Dataset<Person> peopleDS = peopleRDD.toDS(personEncoder);

// 将 Dataset<Person>转换为 Dataset<Row>
Dataset<Row> rowDS = peopleDS.toDF();
```

(2)从外部数据源读取：可以调用 read()方法从外部数据源读取数据，并将其转换为 DataSet。具体实现如代码 4-20 所示。

代码 4-20

```
// 定义一个 Java Bean 来匹配 JSON 数据结构
class Person implements Serializable {
    private String name;
    private int age;

    // Constructor, getters and setters
    public Person() {}

    public String getName() {
        return name;
    }

    public void setName(String name) {
        this.name = name;
    }

    public int getAge() {
        return age;
    }

    public void setAge(int age) {
        this.age = age;
    }
}

// 从 JSON 文件读取数据并转换为 Dataset<Person>
Dataset<Person> peopleDS = spark.read()
        .json("people.json")
        .as(Encoders.bean(Person.class));

// 显示 DataSet 的内容
peopleDS.show();
```

6. DataSet 的操作

DataSet 支持多种操作，包括选择、过滤、聚合等。

（1）选择：可以调用 select()方法选择指定的列。具体实现如代码 4-21 所示。

代码 4-21

```
// 假设有一个包含 Person 对象的 DataSet
```

```
Dataset<Person> peopleDS = spark.createDataset(
        Arrays.asList(
                new Person("xiaoming1", 25),
                new Person("xiaoming2", 30),
                new Person("xiaoming3", 35)
        ),
        Encoders.bean(Person.class)
);

// 调用 select()方法选择"name"列
Dataset<String> namesDS = peopleDS.select("name");

// 调用 select()方法选择"age"列
Dataset<Integer> agesDS = peopleDS.select("age");

// 显示选择后的 DataSet 内容
namesDS.show();
agesDS.show();
```

（2）过滤：可以调用 filter()方法根据指定的条件进行过滤。具体实现如代码 4-22 所示。

代码 4-22

```
// 假设有一个包含 Person 对象的 DataSet
Dataset<Person> peopleDS = spark.createDataset(
        Arrays.asList(
                new Person("xiaoming1", 25),
                new Person("xiaoming2", 30),
                new Person("xiaoming3", 35)
        ),
        Encoders.bean(Person.class)
);

// 调用 filter()方法根据条件过滤数据
// 过滤出年龄大于 28 的人
Dataset<Person> filteredDS = peopleDS.filter("age > 28");

// 显示过滤后的 DataSet 内容
filteredDS.show();
```

（3）聚合：可以调用 groupBy()方法进行分组，并调用 agg()方法进行聚合操作。具体实现如代码 4-23 所示。

代码 4-23

```
// 假设有一个包含 Person 对象的 DataSet
Dataset<Person> peopleDS = spark.createDataset(
```

```
        Arrays.asList(
                new Person("xiaoming1", 25),
                new Person("xiaoming2", 30),
                new Person("xiaoming3", 35),
                new Person("xiaoming4", 30)
        ),
        Encoders.bean(Person.class)
);

// 调用groupBy()方法进行分组
Dataset<Person> groupedDS = peopleDS.groupBy("age");

// 调用agg()方法进行聚合操作
// 计算最大年龄和人数
Dataset<Row> aggregatedDS = groupedDS.agg(
        functions.max("age").alias("max_age"),
        functions.count("age").alias("count")
);

// 显示聚合后的DataSet内容
aggregatedDS.show();
```

7. DataFrame和DataSet的比较

DataFrame和DataSet是Spark中重要的数据抽象，它们在使用上存在一些区别：

- 类型系统：DataFrame使用动态类型系统，而DataSet使用强类型系统。这意味着在使用DataSet时，需要明确指定每个元素的数据类型，而在使用DataFrame时，则无须显式指定数据类型。
- DSL支持：DataSet支持使用领域特定语言（DSL）来定义数据处理逻辑，而DataFrame则不具备此功能。
- 优化：DataFrame和DataSet的操作都会生成逻辑计划和物理计划，Spark可以根据这些计划进行优化。但是，由于DataSet具有强类型特性，使得优化器可以进行更多的优化。
- 互操作性：DataFrame和DataSet可以进行互操作，用户可以根据需要在两者之间切换。但是，由于类型系统的差异，转换过程时可能涉及类型检查和转换。

综上所述，DataFrame和DataSet是Spark中两种重要的数据抽象，它们在处理大规模数据时各具特色和优势。DataFrame更适用于处理关系型数据，提供了丰富的API以及与其他数据源集成的能力；而DataSet则更适用于处理领域特定的数据，提供了强类型和特定领域语言的支持。在实际应用中，用户可以根据具体的需求选择合适的数据抽象来完成数据处理任务。

4.4 内存管理

内存管理是大数据处理中的关键环节，它直接影响到Spark应用程序的性能和效率。本节将深入探讨Spark的内存分配策略和内存回收机制，以帮助读者更好地理解和优化Spark内存管理。

4.4.1 内存分配策略

在Spark中，内存分配策略至关重要，因为它直接决定了应用程序的性能和资源利用效率。本小节将详细介绍Spark的内存分配策略，包括原理介绍、Executor内存管理、内存池管理、内存分配算法等内容，并通过Java代码案例，帮助读者更好地理解和应用这些策略。

1. 原理介绍

在执行Spark任务时，集群会部署两个关键组件：Driver（驱动器）和Executor（执行器）。尽管两者的功能各异，但它们的内存管理逻辑是一致的。Executor的内存被划分为堆内内存和堆外内存两部分；Spark通过优化堆外内存的使用，有效减少了内存消耗和垃圾回收压力，从而显著提升执行效率，如图4-1所示。这种内存管理方式使内存使用更加精确和可控，为高效计算提供了基础。

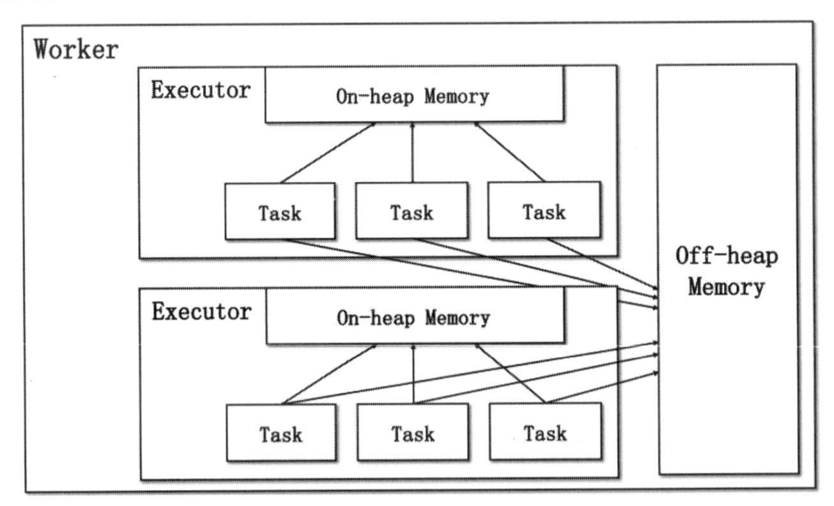

图4-1

在Spark中，每个Executor的Task（任务）共享同一堆内内存空间。跨不同Work的多个Executor及其Task则共用堆外内存。Spark默认启用堆内内存，用户可以通过设置--executor-memory参数调整其大小；堆外内存默认不启用，需显式配置。相关设置示例如代码4-24所示。

代码 4-24

```
spark.memory.offHeap.enabled=true    # 启用堆外内存
```

```
spark.memory.offHeap.size=2048      # 设置堆外内存的大小
```

2. Executor 内存管理

在 Spark 中，Executor 是负责执行任务的关键进程，运行在集群的每个节点上。Executor 的内存管理是 Spark 内存分配策略的基础。

1）Executor 内存配置

Spark 允许用户通过配置参数设置 Executor 的内存大小。以下是一些常用的 Executor 内存配置参数：

- spark.executor.memory：指定每个 Executor 进程的内存大小，默认值为 1GB。
- spark.executor.memoryOverhead：指定每个 Executor 进程的额外内存开销，包括堆外内存和操作系统开销等，默认值为 384MB。
- spark.executor.instances：指定集群中 Executor 进程的数量，默认值为 1。

代码 4-25 是一个示例，演示如何设置 Executor 的内存大小。

代码 4-25

```
SparkConf conf = new SparkConf();
conf.set("spark.executor.memory", "2g");
conf.set("spark.executor.memoryOverhead", "512m");
conf.set("spark.executor.instances", "4");
```

在这个示例中，每个 Executor 进程的内存大小设置为 2GB，额外内存开销设置为 512MB，配置了 4 个 Executor 进程。

2）Executor 内存使用监控

为了更高效地管理 Executor 的内存使用，Spark 提供了一些监控工具来监控 Executor 的内存使用情况。以下是一些常用的 Executor 内存监控工具：

- Spark UI：Spark 的 Web 界面，用于实时监控 Spark 应用程序的运行状态和资源使用情况。在 Spark UI 中，可查看每个 Executor 进程的内存使用详情，包括已用内存、最大内存等。
- Spark History Server：一个历史服务器，用于保存已完成的 Spark 应用程序的运行信息。通过 Spark History Server，可以查看已完成应用程序的 Executor 内存使用情况，为性能分析和优化提供依据。

3）Executor 内存溢出处理

当 Executor 进程的内存使用超过限制时，会导致内存溢出错误（OutOfMemoryError），从而导致任务失败并影响应用程序的性能。为了解决 Executor 内存溢出问题，Spark 提供了以下几种机制：

- 动态调整 Executor 内存大小：Spark 允许用户在应用程序运行时动态调整 Executor 的

内存大小。当 Executor 进程的内存使用接近限制时，Spark 会尝试增加 Executor 的内存大小，以避免内存溢出错误。

- 任务重新分配：当 Executor 进程发生内存溢出错误时，Spark 会将失败的任务重新分配给其他 Executor 进程执行。可以通过参数 spark.task.maxFailures 控制任务重新分配前允许的最大失败次数。
- 清理缓存：Spark 定期清理缓存中的数据以释放内存空间。这可以通过以下配置参数实现：
  - spark.cleaner.referenceTracking.enabled：启用引用跟踪清理。
  - spark.cleaner.ttl：指定数据在缓存中保留的时间。

3. 内存池管理

Spark 通过内存池分配和管理内存，从而提高内存使用效率。

1）堆内内存和堆外内存

Spark 的内存池包括以下两部分：

- 堆内内存：用于存储对象和数据结构，包括 RDD、DataFrame、DataSet 等。堆内内存的大小可以通过配置参数 spark.executor.memory 来设置。
- 堆外内存：用于存储二进制数据和直接内存访问（例如网络通信和序列化）。堆外内存的大小可以通过配置参数 spark.executor.memoryOverhead 来设置。

2）内存池配置

Spark 允许用户通过以下配置参数来设置内存池的大小和行为：

- spark.memory.fraction：指定堆内内存中用于存储数据的总内存比例，默认值为 0.6。
- spark.memory.storageFraction：指定堆内内存中分配存储数据的内存比例，默认值为 0.5。
- spark.memory.offHeap.enabled：指定是否启用堆外内存，默认值为 false。
- spark.memory.offHeap.size：指定堆外内存的大小，默认值为 0。

代码 4-26 是一个示例，演示如何设置内存池的大小和行为。

代码 4-26

```
SparkConf conf = new SparkConf();
conf.set("spark.memory.fraction", "0.7");
conf.set("spark.memory.storageFraction", "0.6");
conf.set("spark.memory.offHeap.enabled", "true");
conf.set("spark.memory.offHeap.size", "1g");
```

在这个示例中，将堆内内存中用于存储数据的内存比例设置为 0.7，将堆内内存用于存储数据的内存比例设置为 0.6，并启用了 1GB 的堆外内存。

3）内存池使用监控

为更好地管理内存池，Spark 提供了一些工具用于监控内存池的使用情况。以下是一些常用的内存池监控工具：

- Spark UI：在 Spark UI 中，我们可以查看每个 Executor 进程的内存池使用情况，包括已使用内存、最大内存等信息。
- Spark History Server：通过 Spark History Server，我们可以查看已完成应用程序的内存池使用情况，有助于进行性能分析和优化。

4. 内存分配算法

在 Spark 中，内存分配算法是优化内存使用的关键技术。Spark 使用多种内存分配算法来提高内存使用效率，减少内存浪费。

1）固定大小内存池

固定大小内存池是一种简单的内存分配算法，它将内存池的大小固定为某个值，并在需要时进行分配和回收。该算法适用于内存需求相对稳定的场景。

2）动态调整内存池大小

动态调整内存池大小是一种根据内存需求自动调整内存池大小的算法。当内存需求增加时，内存池会自动扩大；当内存需求减少时，内存池会自动缩小。该算法适用于内存需求变化较大的场景。

3）基于成本的内存分配

基于成本的内存分配是一种根据内存使用成本来分配内存的算法。该算法会根据内存的使用频率、访问速度等因素来计算内存的使用成本，并根据成本来分配内存。该算法适用于需要优化内存使用成本的场景。

4）示例：使用基于 CostModel 的内存分配算法

org.apache.spark.memory.CostModel 是 Spark 内存管理框架的一部分，用于估算和控制任务执行过程中的内存使用。该模型旨在帮助 Spark 优化内存使用，避免内存溢出，并提高应用程序的性能。

CostModel 主要负责以下几方面：

- 内存分配：估算任务所需的内存量，并据此分配内存资源。
- 性能优化：通过估算内存使用，帮助 Spark 避免内存溢出和垃圾回收问题，从而提高任务执行效率。
- 资源调度：在多任务环境中，CostModel 可以辅助资源调度器决定如何平衡内存使用，以实现最优的资源分配。

CostModel 通常与 Spark 的内存管理器（MemoryManager）紧密协作，后者负责实际的内存分配工作。在 Spark 的不同版本中，CostModel 的实现和功能可能有所不同，但基本原理是相似的。

代码 4-27 将展示如何使用基于 CostModel 的内存分配算法。

代码 4-27

```
SparkConf conf = new SparkConf();
conf.set("spark.memory.fraction", "0.7");
conf.set("spark.memory.storageFraction", "0.6");
conf.set("spark.memory.offHeap.enabled", "true");
conf.set("spark.memory.offHeap.size", "1g");
conf.set("spark.memory.useCostModel", "true");
conf.set("spark.memory.costModel", "org.apache.spark.memory.CostModel");
```

5. 内存溢出处理

在Spark中，内存溢出是一种常见的问题，可能导致应用程序崩溃或性能下降。因此，Spark提供了一些机制来处理内存溢出问题。

1）内存溢出检测

Spark会定期检测Executor进程的内存使用情况，如果发现内存使用超过限制，就会触发内存溢出异常。

2）内存溢出处理策略

当发生内存溢出时，Spark会采取以下处理策略：

- 调整内存大小：Spark会尝试调整Executor进程的内存大小，以解决内存溢出问题。
- 重新分配任务：如果调整内存大小无法解决问题，Spark会尝试重新分配任务，将任务转移到其他Executor进程上执行。
- 清理缓存：Spark会尝试清理缓存，释放不再使用的数据，以解决内存溢出问题。

3）示例：处理内存溢出问题

代码4-28将展示如何处理内存溢出问题。

代码 4-28

```
SparkConf conf = new SparkConf();
conf.set("spark.executor.memory", "2g");
conf.set("spark.executor.memoryOverhead", "512m");
conf.set("spark.executor.instances", "4");
conf.set("spark.task.maxFailures", "2");
conf.set("spark.cleaner.referenceTracking.enabled", "true");
conf.set("spark.cleaner.ttl", "600");
```

在这个示例中，设置了Executor的内存大小、任务重新分配的最大失败次数、缓存清理的配置等，以处理内存溢出问题。

在实际应用场景中，通过使用合理的内存分配策略，可以提高Spark应用程序的性能和效率，减少内存浪费和内存溢出问题。同时，通过使用内存监控工具和内存泄漏检测工具，可以及时发现和解决内存相关的问题，保证应用程序的稳定运行。

4.4.2　内存回收机制

在 Spark 中，内存回收机制直接影响应用程序的性能和效率。本小节将详细介绍 Spark 的内存回收机制，包括垃圾回收、内存回收优化等内容，并提供 Java 代码案例，帮助读者更好地理解和应用这些机制。

1. 垃圾回收

在 Spark 中，垃圾回收用于回收不再使用的对象和数据结构。Spark 使用 Java 虚拟机的垃圾回收机制来管理内存，从而提高内存使用效率。

1）垃圾回收算法

Spark 使用 Java 虚拟机的垃圾回收算法来回收内存，常见的算法包括标记-清除算法、复制算法、标记-整理算法等。

2）垃圾回收配置

Spark 允许用户通过配置参数调整垃圾回收的行为。以下是一些常用的垃圾回收配置参数：

- spark.executor.extraJavaOptions：指定 Executor 进程的额外 Java 选项，包括垃圾回收器的选择、垃圾回收参数的设置等。
- spark.driver.extraJavaOptions：指定 Driver 进程的额外 Java 选项，包括垃圾回收器的选择、垃圾回收参数的设置等。

代码 4-29 将展示如何设置垃圾回收器和相关参数。

代码 4-29

```
SparkConf conf = new SparkConf();
conf.set("spark.executor.extraJavaOptions",
"-XX:+UseG1GC -XX:MaxGCPauseMillis=100");
conf.set("spark.driver.extraJavaOptions",
"-XX:+UseG1GC -XX:MaxGCPauseMillis=100");
```

在这个示例中，将 Executor 进程和 Driver 进程的垃圾回收器都设置为 G1GC，并设置了最大垃圾回收暂停时间为 100 毫秒。

3）垃圾回收监控

为了更好地管理垃圾回收行为，Spark提供了一些工具来监控垃圾回收的情况。以下是一些常用的垃圾回收监控工具：

- Spark UI：在 Spark UI 中，我们可以查看每个 Executor 进程的垃圾回收情况，包括垃圾回收次数、垃圾回收时间等信息。
- Spark History Server：通过 Spark History Server，我们可以查看已完成应用程序的垃圾回收情况，以便进行性能分析和优化。

2. 内存回收优化

为了提高内存回收的效率，Spark 提供了一些优化策略，包括内存压缩和内存池。

1）内存压缩

内存压缩是指通过减少数据的存储大小来提高内存利用率的技术。Spark支持多种数据压缩算法，如Snappy和LZ4。

2）内存池

内存池是一种内存管理技术，它将内存划分为多个小块，并按需分配给不同的任务。内存池可以减少内存碎片，提高内存的利用率。

3. 代码示例

为了更好地理解 Spark 的内存回收机制，下面提供了一些 Java 代码示例，展示如何在 Spark 应用程序中管理内存。

1）基本的 Spark 应用程序

基本的 Spark 应用程序如代码 4-30 所示。

代码 4-30

```java
import org.apache.spark.SparkConf;
import org.apache.spark.api.java.JavaRDD;
import org.apache.spark.api.java.JavaSparkContext;
import org.apache.spark.api.java.function.FlatMapFunction;
import org.apache.spark.api.java.function.Function2;
import scala.Tuple2;

import java.util.Arrays;
import java.util.Iterator;

public class SparkMemoryManagementExample {
    public static void main(String[] args) {
        SparkConf conf = new SparkConf()
         .setAppName("Memory Management Example").setMaster("local");
        JavaSparkContext sc = new JavaSparkContext(conf);

        JavaRDD<String> lines = sc.textFile("/spark/to/input.txt");
        JavaRDD<String> words =
         lines.flatMap(new FlatMapFunction<String, String>() {
           @Override
           public Iterator<String> call(String line) throws Exception {
               return Arrays.asList(line.split(" ")).iterator();
           }
        });
```

```
        JavaPairRDD<String, Integer> pairs =
            words.mapToPair(s -> new Tuple2<>(s, 1));
        JavaPairRDD<String, Integer> counts =
            pairs.reduceByKey(new Function2<Integer,
                Integer, Integer>() {
           @Override
           public Integer call(Integer i1,
                Integer i2) throws Exception {
              return i1 + i2;
           }
        });

        counts.saveAsTextFile("/spark/to/output");
        sc.stop();
    }
}
```

2）使用缓存

使用缓存的示例如代码 4-31 所示。

代码 4-31

```
import org.apache.spark.api.java.JavaRDD;
import org.apache.spark.api.java.JavaSparkContext;

public class SparkCachingExample {
    public static void main(String[] args) {
        SparkConf conf = new SparkConf()
         .setAppName("Caching Example").setMaster("local");
        JavaSparkContext sc = new JavaSparkContext(conf);
        JavaRDD<String> lines =
         sc.textFile("/spark/to/input.txt");
        JavaRDD<String> words =
         lines.flatMap(s -> Arrays.asList(s.split(" ")).iterator());
        // 缓存 RDD
        JavaRDD<String> cachedWords = words.cache();
        // 对缓存数据执行操作
        long uniqueWordsCount = cachedWords.distinct().count();
        long totalWordsCount = cachedWords.count();
        System.out.println("Unique words count: " + uniqueWordsCount);
        System.out.println("Total words count: " + totalWordsCount);
        sc.stop();
    }
}
```

通过合理的内存回收机制，可以提高 Spark 应用程序的性能和效率，减少内存浪费和内存溢出问题。同时，通过使用内存监控工具和内存泄漏检测工具，可以及时发现和解决内存相关的问题，保证应用程序的稳定运行。

4.5 本章小结

本章主要介绍了Spark的基础知识，包括Spark的简介、核心组件（如Spark Core和Spark SQL）、基础数据结构（如RDD和DataFrame）及其在分布式计算中的应用，还深入探讨了Spark的内存管理机制，帮助读者理解如何通过内存优化提升性能。通过这些内容，读者可以全面了解Spark的工作原理及其在大数据处理中的应用，为后续的深入学习奠定基础。

4.6 习题

（1）Spark中用于表示分布式数据集的抽象概念是什么？（ ）

A. RDD　　B. DataFrame

C. DataSet　　D. DataStream

（2）Spark中用于执行SQL查询的模块是什么？（ ）

A. Spark SQL　　B. Spark Streaming

C. Spark MLlib　　D. Spark GraphX

（3）Spark中用于处理实时数据流的模块是什么？（ ）

A. Spark SQL　　B. Spark Streaming

C. Spark MLlib　　D. Spark GraphX

（4）Spark中用于机器学习的模块是什么？（ ）

A. Spark SQL　　B. Spark Streaming

C. Spark MLlib　　D. Spark GraphX

（5）Spark的内存管理策略有哪些？（ ）

A. 堆内内存管理　　B. 堆外内存管理

C. 内存池管理　　D. A、B和C都是

第5章

Spark高级特性

本章将重点介绍Spark在数据处理和分析领域的高级应用，内容包括Spark SQL的高级查询和数据处理功能，Spark Streaming的实时数据流处理和分析能力，MLlib的机器学习算法和模型构建，GraphX的图计算和分析技术。通过深入理解这些高级特性，读者将能够更高效地利用Spark进行大规模数据处理和复杂任务分析。

5.1 Spark SQL与结构化数据处理

本节将详细介绍Spark SQL的数据类型和丰富的内置函数，以及如何使用这些函数来处理和转换结构化数据。通过学习本节内容，读者将能够熟练掌握使用Spark SQL进行结构化数据处理的技巧和最佳实践。

5.1.1 使用Spark SQL进行数据查询和分析

本小节将详细介绍如何使用Spark SQL进行数据查询和分析，内容包括Spark SQL的概述、架构、数据源、数据处理和优化等。

1. Spark SQL概述

Spark SQL是Apache Spark中用于结构化数据处理的模块，它提供了一种简单而强大的方式来查询和分析大规模数据集。Spark SQL具有以下特点：

- 易用性：Spark SQL提供了一种类似SQL的查询语言，使得数据查询和分析变得简单易用。
- 高性能：Spark SQL利用了Spark的分布式计算能力，能够高效地处理大规模数据集。

- 可扩展性：Spark SQL 支持多种数据源，包括 HDFS、HBase、MySQL 等，并且可以与 Hadoop 生态系统无缝集成。
- 丰富的功能：Spark SQL 提供了丰富的数据处理和分析功能，包括数据清洗、数据转换、数据聚合等。

2. Spark SQL 架构

Spark SQL 作为 Apache Spark 中处理结构化数据的强大工具，其架构设计旨在高效地将 SQL 查询转换为可执行的计算计划。Spark SQL 运行架构如图 5-1 所示。

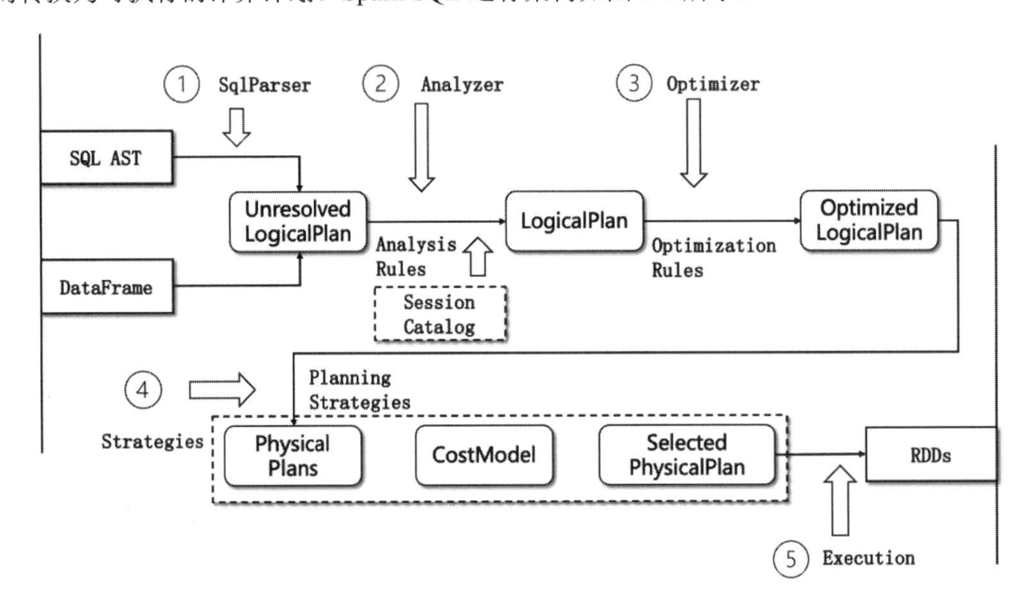

图 5-1

这个架构的具体说明如下：

1）SQL 解析与逻辑计划生成

- SQL 解析：接收到的 SQL 语句首先经过词法分析和语法分析，解析为抽象语法树（Abstract Syntax Tree，AST）。
- 逻辑计划生成：AST 进一步转换为未绑定的逻辑计划，其中包含未解析的关系（Unresolved Relation）、未解析的函数（Unresolved Function）和未解析的属性（Unresolved Attribute）。这些元素将在后续步骤中通过应用不同规则逐步解析并绑定。

2）逻辑计划绑定与分析

- Analyzer 与 Analysis Rules（分析规则）：Analyzer 组件使用一组预定义的分析规则，并结合数据元数据（如 SessionCatalog 或 Hive Metastore），对未绑定的逻辑计划进行处理，以完善其属性并转换为已绑定的逻辑计划。
- 绑定流程：首先，实例化一个简单的分析器（Simple Analyzer）；然后，遍历预先定义的规则批处理（Batch），并通过规则执行器（Rule Executor）运行每条规则。每条规则负责处理逻辑计划中的特定方面。有些规则可能在一次迭代中完成，而有些则可能需要多次迭代。迭代过程将持续到达到预设的固定点（FixedPoint）次数，或直到前后两次迭代的逻辑计划树结构不再变化。

3）逻辑计划优化

Optimizer 组件通过优化规则（Optimization Rules）对已绑定的逻辑计划进行优化。这些操作包括合并、列裁剪和过滤器下推等，以生成优化后的逻辑计划，从而提高查询执行效率。

4）物理计划生成与选择

Planner 组件使用规划策略（Planning Strategies）将优化后的逻辑计划转换为可执行的物理计划。根据历史性能统计数据，选择成本最低的物理执行计划（CostModel），最终生成可执行的物理计划树（即 SparkPlan）。

5）执行前的准备与计算

- Preparations 规则处理：在执行物理计划之前，需要进行预处理工作，包括应用 Preparations 规则，以确保计算环境的正确性和优化执行计划。
- SparkPlan 执行：调用 SparkPlan 的 execute 方法执行计算，生成结果 RDD，完成整个查询过程。

通过以上步骤，Spark SQL 能够高效地将用户的 SQL 查询转换为可执行的计算计划，并利用 Spark 的分布式计算能力执行查询操作，从而提供高性能的结构化数据处理能力。

3. Spark SQL 数据源

Spark SQL 支持多种数据源，主要包括：

- HDFS：Hadoop 分布式文件系统，用于存储大规模数据集。
- HBase：分布式列式数据库，用于存储大规模结构化数据。
- MySQL：关系数据库，用于存储结构化数据。
- JSON：JSON 文件，用于存储半结构化数据。
- CSV：CSV 文件，用于存储结构化数据。

要使用 Spark SQL 访问这些数据源，需要调用相应的数据源 API。例如，要访问 HDFS 上的 CSV 文件，具体实现如代码 5-1 所示。

代码 5-1

```
// 获取或创建 SparkSession
SparkSession spark = SparkSession.builder()
    .appName("CSV Example")
    .getOrCreate();

// 读取 HDFS 上的 CSV 文件
```

```
spark.read()
    .option("header", "true")
    .option("inferSchema", "true")
    .csv("hdfs://cluster1/spark/to/csv/file.csv")
    .show();
```

4. Spark SQL 数据处理

Spark SQL 提供了丰富的数据处理功能，主要包括：

- 数据清洗：用于去除数据中的噪声和异常值。
- 数据转换：用于对数据进行转换和格式化。
- 数据聚合：用于对数据进行汇总和统计。

一个简单的数据处理示例如代码 5-2 所示。

代码 5-2

```
Dataset<Row> users = spark.read()
    .option("header", "true")
    .option("inferSchema", "true")
    .csv("hdfs://cluster1/spark/to/csv/file.csv");

Dataset<Row> cleanedUsers = users.na()
    .drop("email"); // 数据清洗，去除缺失的 email 列

Dataset<Row> transformedUsers =
    cleanedUsers.withColumn("age",
    cleanedUsers.col("age").cast("integer")); // 数据转换：将 age 列转换为整数类型

Dataset<Row> aggregatedUsers = transformedUsers.groupBy("gender")
    .agg(avg("age").alias("avg_age"),
    count("*").alias("count")); // 数据聚合：按性别分组，计算平均年龄和计数

aggregatedUsers.show();
```

5. Spark SQL 优化

为了提高查询性能，Spark SQL 提供了一些优化策略，主要包括：

- 查询重写：通过重写查询语句来提高查询性能。
- 查询合并：合并多个查询以减少数据传输和计算开销。
- 数据倾斜处理：解决数据分布不均的问题以提高查询性能。
- 缓存：缓存中间结果以减少重复计算，提高整体性能。

一个简单的查询优化示例如代码 5-3 所示。

代码 5-3

```
// 读取 HDFS 上的 CSV 文件
Dataset<Row> users = spark.read()
    .option("header", "true")
    .option("inferSchema", "true")
    .csv("hdfs://cluster1/spark/to/csv/file.csv");

// 创建一个临时视图
users.createOrReplaceTempView("users");

// 执行 SQL 查询
Dataset<Row> result =
    spark.sql("SELECT name, age FROM users WHERE age > 20");

result.cache(); // 缓存查询结果以提高性能

result.show();
```

Spark SQL 是一种简单而强大的工具，能够高效处理大规模数据集。通过合理地使用 Spark SQL 的功能和优化策略，可以显著提高查询性能并优化数据处理流程。

5.1.2 Spark SQL 数据类型与函数使用

Spark SQL 提供了丰富的数据类型和函数，用于数据查询、转换和分析。本小节将详细介绍 Spark SQL 中的数据类型和函数的使用方法，包括基本数据类型、复杂数据类型、内置函数和自定义函数等内容。

1. Spark SQL 数据类型概述

Spark SQL 支持多种数据类型，包括基本数据类型和复杂数据类型。

1）基本数据类型

基本数据类型是 Spark SQL 中最常用的数据类型，主要包括：

- 整型：如 TINYINT、SMALLINT、INT 和 BIGINT 等类型，分别表示不同大小的整数。
- 浮点型：如 FLOAT 和 DOUBLE 等类型，用于表示浮点数。
- 布尔型：BOOLEAN 类型，用于表示布尔值。
- 字符串型：STRING 类型，用于表示字符串。

一个使用基本数据类型的示例如代码 5-4 所示。

代码 5-4

```
SparkSession spark = SparkSession.builder()
    .appName("DataTypes Example")
```

```
    .getOrCreate();

spark.range(1, 10)
    .selectExpr(
    "id",
    "id * 2 as double_id",
    "id % 2 = 0 as is_even",
    "concat('Row', cast(id as string)) as row_name")
    .show();
```

执行上述代码，输出结果如图 5-2 所示。

```
+---+---------+-------+--------+
| id|double_id|is_even|row_name|
+---+---------+-------+--------+
|  1|        2|  false|   Row1 |
|  2|        4|   true|   Row2 |
|  3|        6|  false|   Row3 |
|  4|        8|   true|   Row4 |
|  5|       10|  false|   Row5 |
|  6|       12|   true|   Row6 |
|  7|       14|  false|   Row7 |
|  8|       16|   true|   Row8 |
|  9|       18|  false|   Row9 |
+---+---------+-------+--------+
```

图 5-2

2）复杂数据类型

复杂数据类型是 Spark SQL 中用于表示复杂数据结构的数据类型，主要包括：

- 数组：ARRAY 类型，表示一组有序的值。
- 映射：MAP 类型，表示键-值对的集合。
- 结构体：STRUCT 类型，表示一组命名字段的集合。

一个使用复杂数据类型的示例如代码 5-5 所示。

代码 5-5

```
StructType schema = new StructType(new StructField[] {
    DataTypes.createStructField("id",
        DataTypes.IntegerType, true),
    DataTypes.createStructField("info",
     DataTypes.createArrayType(DataTypes.StringType), true)
});

Dataset<Row> data = spark.createDataFrame(
    spark.sparkContext.parallelize(Arrays.asList(
        RowFactory.create(1, Arrays.asList("xiaoming", "25", "Guang Dong")),
        RowFactory.create(2, Arrays.asList("xiaohua", "30", "Shang Hai"))
    )), schema);
```

```
// 输出完整结果
data.show(false);
```

执行上述代码，输出结果如图 5-3 所示。

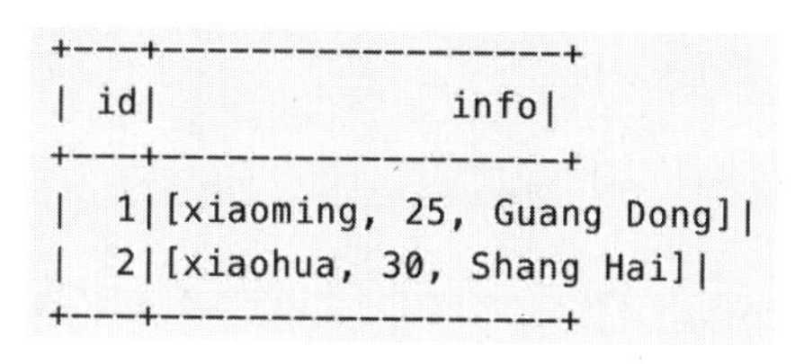
```
+---+-------------------+
| id|               info|
+---+-------------------+
|  1|[xiaoming, 25, Guang Dong]|
|  2|[xiaohua, 30, Shang Hai]|
+---+-------------------+
```

图 5-3

2. Spark SQL 内置函数

Spark SQL 提供了丰富的内置函数，主要用于数据处理和分析，包括数学函数、字符串函数、日期函数等。

1）数学函数

数学函数用于对数值数据进行各种计算。常见的数学函数包括：

- abs：返回数值的绝对值。
- ceil：返回大于或等于给定数值的最小整数。
- floor：返回小于或等于给定数值的最大整数。
- round：返回给定数值的四舍五入值。
- sqrt：返回给定数值的平方根。

一个使用数学函数的示例如代码 5-6 所示。

代码 5-6

```
spark.range(1, 10)
    .selectExpr(
    "id",
    "abs(-id) as abs_id",
    "ceil(id * 1.5) as ceil_id",
    "floor(id * 1.5) as floor_id",
    "round(id * 1.5) as round_id",
    "sqrt(id) as sqrt_id")
    .show();
```

执行上述代码，输出结果如图 5-4 所示。

id	abs_id	ceil_id	floor_id	round_id	sqrt_id
1	1	2	1	2	1.0
2	2	3	2	3	1.414
3	3	5	4	5	1.732
4	4	6	6	6	2.0
5	5	8	7	8	2.236
6	6	9	9	9	2.449
7	7	11	10	11	2.646
8	8	12	12	12	2.828
9	9	14	13	13	3.0

图 5-4

2）字符串函数

字符串函数用于对字符串进行操作。常见的字符串函数包括：

- concat：连接多个字符串。
- length：返回字符串的长度。
- lower：将字符串中的字母转换为小写。
- upper：将字符串中的字母转换为大写。
- substring：返回字符串的子串。

一个使用字符串函数的示例如代码 5-7 所示。

代码 5-7

```
spark.range(1, 10)
    .selectExpr(
    "concat('Row', cast(id as string)) as row_name",
    "length(row_name) as name_length",
    "lower(row_name) as lower_name",
    "upper(row_name) as upper_name",
    "substring(row_name, 1, 3) as substr_name")
    .show();
```

执行上述代码，输出结果如图 5-5 所示。

row_name	name_length	lower_name	upper_name	substr_name
Row1	4	row1	ROW1	Row
Row2	4	row2	ROW2	Row
Row3	4	row3	ROW3	Row
Row4	4	row4	ROW4	Row
Row5	4	row5	ROW5	Row
Row6	4	row6	ROW6	Row
Row7	4	row7	ROW7	Row
Row8	4	row8	ROW8	Row
Row9	4	row9	ROW9	Row

图 5-5

3）日期函数

日期函数用于对日期和时间数据进行操作。常见的日期函数包括：

- current_date：返回当前日期。
- current_timestamp：返回当前时间戳。
- date_add：将给定日期增加指定天数。
- date_sub：将给定日期减少指定天数。
- year：返回给定日期的年份。
- month：返回给定日期的月份。
- day：返回给定日期的天数。

一个使用日期函数的示例如代码 5-8 所示。

代码 5-8

```
spark.range(1, 10)
    .selectExpr(
    "current_date() as today",
    "current_timestamp() as now",
    "date_add(current_date(), id) as future_date",
    "date_sub(current_date(), id) as past_date",
    "year(current_date()) as current_year",
    "month(current_date()) as current_month",
    "day(current_date()) as current_day")
    .show();
```

执行上述代码，输出结果如图 5-6 所示。

```
+----------+--------------------+----------+----------+------------+
|     today|                 now|future_date|  past_date|current_year
+----------+--------------------+----------+----------+------------+
|2024-07-30|2024-07-30 12:48:...|2024-07-31|2024-07-29|        2024|
|2024-07-30|2024-07-30 12:48:...|2024-08-01|2024-07-28|        2024|
|2024-07-30|2024-07-30 12:48:...|2024-08-02|2024-07-27|        2024|
|2024-07-30|2024-07-30 12:48:...|2024-08-03|2024-07-26|        2024|
|2024-07-30|2024-07-30 12:48:...|2024-08-04|2024-07-25|        2024|
|2024-07-30|2024-07-30 12:48:...|2024-08-05|2024-07-24|        2024|
|2024-07-30|2024-07-30 12:48:...|2024-08-06|2024-07-23|        2024|
|2024-07-30|2024-07-30 12:48:...|2024-08-07|2024-07-22|        2024|
|2024-07-30|2024-07-30 12:48:...|2024-08-08|2024-07-21|        2024|
+----------+--------------------+----------+----------+------------+
```

图 5-6

3. Spark SQL 自定义函数

除了内置函数外，Spark SQL 还支持自定义函数，用于扩展功能。自定义函数可以通过 Java、Scala 或 Python 等语言实现。

1）自定义函数的实现

一个使用 Java 实现自定义函数的示例如代码 5-9 所示。

代码 5-9

```
import org.apache.spark.sql.api.java.UDF1;// 导入 Apache Spark 的 UDF1 接口。这是 Spark SQL 中用于定义用户自定义函数的接口，表示函数接受一个输入并返回一个输出

public class MyCustomFunction implements UDF1<Integer, Integer> {
   @Override
   public Integer call(Integer value) {
      return value * value;
   }
}
```

在上述代码中，定义了一个自定义函数类 MyCustomFunction，它实现了 UDF1 接口。在类中，call 方法是用户自定义函数的实现，它接收一个 Integer 输入值并返回其平方。

2）自定义函数的使用

一个使用自定义函数的示例如代码 5-10 所示。

代码 5-10

```
import org.apache.spark.sql.functions;

spark.udf().register("myCustomFunction", new MyCustomFunction());

spark.range(1, 10)
   .selectExpr("id", "myCustomFunction(id) as square_id")
   .show();
```

执行上述代码，输出结果如图 5-7 所示。

```
+---+---------+
| id|square_id|
+---+---------+
|  1|        1|
|  2|        4|
|  3|        9|
|  4|       16|
|  5|       25|
|  6|       36|
|  7|       49|
|  8|       64|
|  9|       81|
+---+---------+
```

图 5-7

4. Spark SQL 数据类型的转换

在 Spark SQL 中，数据类型的转换可以通过内置函数或自定义函数实现。

1）内置函数转换

在 Spark SQL 中，内置函数是指 Spark 提供的、用于处理数据的函数，可以在 SQL 查询、DataFrame 或 DataSet 操作中使用。这些函数可以用于数据的转换、聚合、排序、过滤等多种操作。这些函数能简化数据处理流程并提升效率。常见的内置函数包含 cast()、concat()、round()等。

一个使用内置函数 cast()进行数据类型转换的示例如代码 5-11 所示。

代码 5-11

```
spark.range(1, 10)
    .selectExpr(
    "cast(id as string) as str_id",
    "cast(id as double) as double_id",
    "cast(id as boolean) as bool_id")
    .show();
```

执行上述代码，输出结果如图 5-8 所示。

```
+------+---------+--------+
|str_id|double_id|bool_id |
+------+---------+--------+
|     1|        1|  true |
|     2|        2|  true |
|     3|        3|  true |
|     4|        4|  true |
|     5|        5|  true |
|     6|        6|  true |
|     7|        7|  true |
|     8|        8|  true |
|     9|        9|  true |
+------+---------+--------+
```

图 5-8

2）自定义函数转换

用户还可以自定义函数来实现特定的数据类型转换。这在处理复杂转换逻辑或特定需求时非常有用。

一个使用自定义函数进行数据类型转换的示例如代码 5-12 所示。

代码 5-12

```
import org.apache.spark.sql.api.java.UDF1;

public class MyCustomCastFunction implements UDF1<Integer, String> {
    @Override
```

```
    public String call(Integer value) {
        return String.valueOf(value);
    }
}
```

这段代码定义了一个自定义函数，用于将 Integer 类型的值转换为 String 类型的字符串。使用自定义函数进行数据类型转换的示例如代码 5-13 所示。

代码 5-13

```
spark.udf().register("myCustomCastFunction", new MyCustomCastFunction());

spark.range(1, 10)
    .selectExpr("id", "myCustomCastFunction(id) as str_id")
    .show();
```

执行上述代码，输出结果如图 5-9 所示。

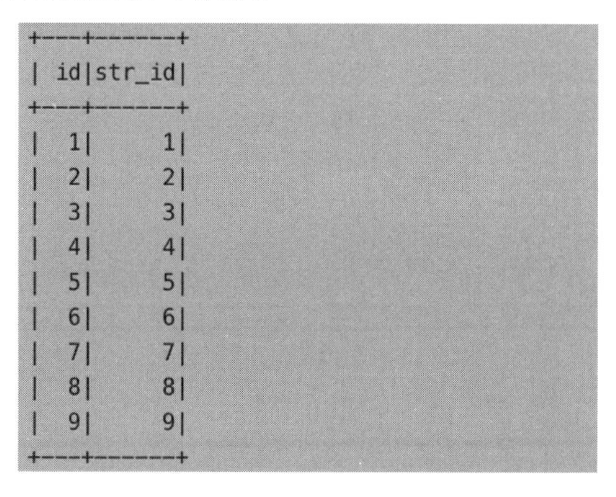

```
+---+------+
| id|str_id|
+---+------+
|  1|     1|
|  2|     2|
|  3|     3|
|  4|     4|
|  5|     5|
|  6|     6|
|  7|     7|
|  8|     8|
|  9|     9|
+---+------+
```

图 5-9

5. Spark SQL 函数的优化

为了提高查询性能，Spark SQL 提供了一些函数优化策略，主要包括以下几种：

- 函数下推：将函数计算下推到数据源端，以减少数据传输量和计算成本。
- 函数合并：将多个函数合并为一个函数，以减少函数的调用次数，提高执行效率。
- 函数向量化：将函数计算向量化，提高函数的执行效率。

6. Spark SQL 数据类型的选择

在使用 Spark SQL 进行数据处理和分析时，合理选择数据类型有助于提高查询性能和数据处理效率。以下是选择数据类型的最佳实践：

- 选择合适的数据类型：根据数据特点和查询需求选择合适的数据类型。例如，对于小整数数据，选择 TINYINT 或 SMALLINT 类型；对于大整数数据，选择 INT 或 BIGINT 类型。

- 避免数据类型转换：尽量避免在查询中进行数据类型转换，因为数据类型转换会增加计算开销。如果必须进行数据类型转换，应选择高效的转换函数或使用自定义函数优化转换逻辑。
- 使用复杂数据类型：对于复杂的数据结构（如数组、映射和结构体），可以使用复杂数据类型表示，以提高数据处理的灵活性和效率。

通过合理选择 Spark SQL 的数据类型和优化函数使用，可以显著提高查询性能和数据处理效率，从而更高效地利用数据资源。

5.2 Spark Streaming 与实时数据处理

Spark Streaming 是 Apache Spark 中用于实时数据处理的强大工具。它基于 Spark 的分布式计算能力，能够高效地处理大规模的实时数据流。本节将介绍 Spark Streaming 的基本概念与架构，以及它与 Kafka 的集成与应用，帮助读者理解如何使用 Spark Streaming 进行实时数据处理。

5.2.1 Spark Streaming 的基本概念与架构

本小节将详细介绍 Spark Streaming 的原理、DStream API、窗口操作、状态管理等内容，帮助读者掌握使用 Spark Streaming 进行实时数据处理的基本技能和最佳实践。

1. Spark Streaming 概述

Spark Streaming 是构建在 Spark 核心库之上的实时数据处理框架。它允许对实时数据流进行快速、可伸缩和容错的处理。与传统的批处理不同，Spark Streaming 能够处理无界的数据流，并且能够在秒级时间间隔内对数据进行处理。Spark Streaming 具有以下特点：

- 低延迟：通过微批处理方式，Spark Streaming 能实现低延迟的实时数据处理。
- 高吞吐：Spark Streaming 支持高吞吐量的数据处理，适用于大规模实时数据流的分析。
- 容错性强：基于 RDD 的容错机制，确保在节点故障时不会丢失数据。
- 易于扩展：Spark Streaming 可以无缝扩展到数千个节点，处理海量数据。

2. Spark Streaming 原理

Spark Streaming 是 Apache Spark 的一个扩展，用于实时数据流处理。它将数据流分割成一个个小的时间窗口（称为 DStream），并利用 Spark 的批处理引擎对这些时间窗口中的数据进行处理，从而实现高效的实时流数据处理。通过这种方式，Spark Streaming 能够处理大规模数据流，同时保证低延迟和高吞吐量。其数据处理流程如图 5-10 所示。

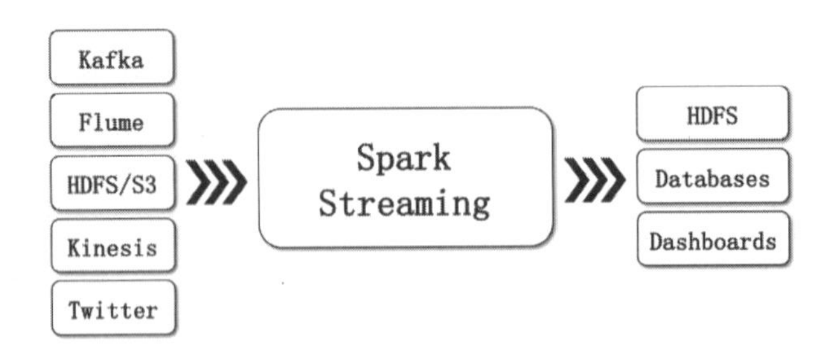

图 5-10

在 Spark Streaming 中，系统实时捕获数据流，并根据设定的时间间隔将数据流划分为多个小批次。随后，Spark 计算引擎会对每个数据批次进行处理，最终产生一系列经过处理的结果批次，如图 5-11 所示。

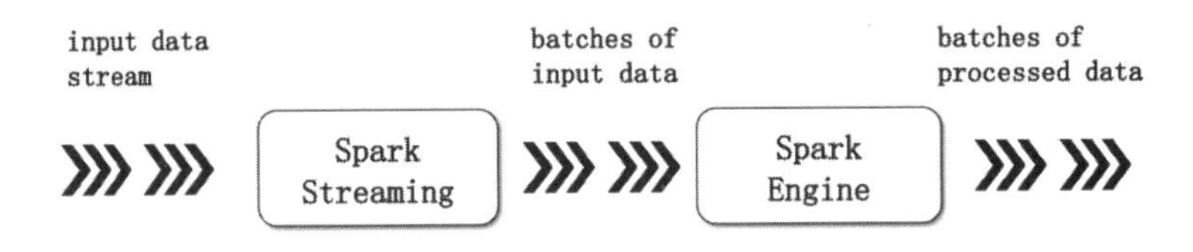

图 5-11

Spark Streaming 的内部处理机制具体说明如下：

- 数据源：Spark Streaming 支持多种数据源，包括 Kafka、Flume、Kinesis 等。
- 接收器：接收器负责从数据源接收数据，并将数据存储在 Spark 的内存中。
- DStream（Discretized Stream）：DStream 是 Spark Streaming 中的基本抽象，表示一个连续的数据流。DStream 可以看作一个 RDD 序列，每个 RDD 表示一个时间窗口内的数据。
- 转换操作：用于对 DStream 进行处理，包括数据清洗、数据转换、数据聚合等。
- 输出操作：用于将处理后的数据输出到外部系统，包括存储到文件系统、数据库等。

3. DStream API

DStream API 是 Spark Streaming 中用于操作 DStream 的编程接口，它提供了丰富的转换操作和输出操作。以下是一些常用的 DStream API 方法：

- map：对 DStream 中的每个元素进行转换。
- filter：对 DStream 中的元素进行过滤。
- reduce：对 DStream 中的元素进行聚合。
- join：对两个 DStream 进行连接。
- saveAsTextFiles：将 DStream 保存为文本文件。
- foreachRDD：对 DStream 中的每个 RDD 进行自定义处理。

一个简单的 DStream API 示例如代码 5-14 所示。

代码 5-14

```
// 导入必要的 Spark Streaming Java API 包
import org.apache.spark.streaming.api.java.JavaDStream;
import org.apache.spark.streaming.api.java.JavaReceiverInputDStream;
import org.apache.spark.streaming.api.java.JavaStreamingContext;

// 创建一个 JavaStreamingContext，它是 Spark Streaming 程序的入口点
// 第一个参数是 SparkContext，第二个参数是批处理间隔时间，这里设置为 1 秒
JavaStreamingContext jsc =
    new JavaStreamingContext(sc, Durations.seconds(1));

// 使用 socketTextStream 方法创建一个 JavaReceiverInputDStream
// 这个方法接收来自指定主机和端口的数据，这里分别是"localhost"和 9999 端口
JavaReceiverInputDStream<String> lines =
    jsc.socketTextStream("localhost", 9999);

// 将接收到的每一行数据（String 类型）使用 flatMap 方法切分为单词列表
// split(" ")按照空格分割字符串，Arrays.asList()将数组转换为列表，iterator()获取迭代
器
JavaDStream<String> words =
    lines.flatMap(s -> Arrays.asList(s.split(" ")).iterator());

// 使用 filter 方法筛选出长度大于 3 的单词
JavaDStream<String> filteredWords =
    words.filter(s -> s.length() > 3);

// 打印筛选后的单词流，每个批次中的单词将被输出到控制台
filteredWords.print();

// 启动 JavaStreamingContext，开始处理数据流
jsc.start();

// awaitTermination 方法将阻塞当前线程，直到 StreamingContext 被停止或发生错误
// 这保证 Spark Streaming 应用程序能够持续运行，直到被外部命令终止
jsc.awaitTermination();
```

4. 窗口操作

窗口操作是 Spark Streaming 中用于对 DStream 进行时间窗口聚合的操作，它可以根据指定的时间窗口对数据进行聚合。以下是一些常用的窗口操作：

- window：根据指定的时间窗口对 DStream 进行聚合。
- reduceByWindow：根据指定的时间窗口和聚合函数对 DStream 进行聚合。
- countByWindow：根据指定的时间窗口对 DStream 进行计数。

一个简单的窗口操作示例如代码 5-15 所示。

代码 5-15

```
// 导入 Spark Streaming 的 Java API 相关类
import org.apache.spark.streaming.api.java.JavaDStream;
import org.apache.spark.streaming.api.java.JavaReceiverInputDStream;
import org.apache.spark.streaming.api.java.JavaStreamingContext;
import org.apache.spark.streaming.Durations;

// 创建一个 JavaStreamingContext 实例，它是 Spark Streaming 应用程序的主体
// 第一个参数是 SparkContext，第二个参数是批处理间隔时间，这里设置为 1 秒
JavaStreamingContext jsc =
    new JavaStreamingContext(sc, Durations.seconds(1));

// 使用 socketTextStream 方法创建一个 JavaReceiverInputDStream 实例
// 用于接收来自本地 9999 端口的数据流
JavaReceiverInputDStream<String> lines =
    jsc.socketTextStream("localhost", 9999);

// 将接收到的每一行数据使用 flatMap 方法切分为单词列表
// 然后转换成 JavaDStream<String>类型
JavaDStream<String> words =
    lines.flatMap(s -> Arrays.asList(s.split(" ")).iterator());

// 对单词流进行映射操作，将每个单词映射为(Long) 1L，然后使用 reduceByWindow 进行窗口内求
和
// 这里设置窗口长度为 5 秒，滑动间隔为 2 秒
JavaDStream<Long> wordCounts =
    words.map(word -> (Long) 1L).reduceByWindow((a, b) -> a + b,
        Durations.seconds(5),
        Durations.seconds(2));

// 打印窗口内单词计数的结果，每个批次的处理结果将被输出到控制台
wordCounts.print();

// 启动 JavaStreamingContext，开始实时处理数据流
jsc.start();

// awaitTermination 方法将阻塞当前线程，直到 StreamingContext 被外部命令终止或发生错误
// 这保证 Spark Streaming 应用程序能够持续运行
jsc.awaitTermination();
```

5. 状态管理

状态管理是 Spark Streaming 中用于维护 DStream 处理状态的机制，它可以根据指定的时间窗口和状态更新函数对数据进行状态更新。以下是一些常用的状态管理操作：

- updateStateByKey：根据指定的时间窗口和状态更新函数对 DStream 进行状态更新。

- mapWithState：对 DStream 中的每个元素进行状态更新。

一个简单的状态管理示例如代码 5-16 所示。

代码 5-16

```
// 导入 Spark Streaming 的 Java API 相关类
import org.apache.spark.streaming.api.java.JavaDStream;
import org.apache.spark.streaming.api.java.JavaReceiverInputDStream;
import org.apache.spark.streaming.api.java.JavaStreamingContext;
import org.apache.spark.streaming.Durations;

// 创建一个 JavaStreamingContext 实例，它是 Spark Streaming 应用程序的主入口点
// 第一个参数是 SparkContext，第二个参数是批处理间隔时间，这里设置为 1 秒
JavaStreamingContext jsc =
    new JavaStreamingContext(sc, Durations.seconds(1));

// 使用 socketTextStream 方法创建一个 JavaReceiverInputDStream 实例
// 用于接收来自本地 9999 端口的数据流
JavaReceiverInputDStream<String> lines =
    jsc.socketTextStream("localhost", 9999);

// 将接收到的每一行数据使用 flatMap 方法切分为单词列表
// 返回一个 JavaDStream<String>类型的单词流
JavaDStream<String> words =
    lines.flatMap(s -> Arrays.asList(s.split(" ")).iterator());

// 将单词流映射为元组流，每个元组包含一个单词和一个初始计数 1
// 然后通过 reduceByKey 合并具有相同单词的元组，计算每个单词的总出现次数
JavaDStream<Tuple2<String, Integer>> wordCounts =
     words.map(word -> new Tuple2<>(word, 1)).reduceByKey((a, b) -> a + b);

// 使用 updateStateByKey 进行状态更新操作，实现有状态的词频统计
// 这里的更新函数将当前批次的单词计数与之前的状态相加
// 第二个和第三个参数分别设置窗口长度和滑动间隔，这里设置为 5 秒和 2 秒
JavaDStream<Tuple2<String, Integer>> runningWordCounts =
    wordCounts.updateStateByKey((values, state) -> {
    if (state == null) {
     // 如果是初始状态，则直接使用当前批次的和
       return values.sum();
    } else {
     // 否则，将当前批次的和与之前状态的和相加
       return values.sum() + state;
    }
}, Durations.seconds(5), Durations.seconds(2));

// 打印实时更新的词频统计结果，每个批次的处理结果将被输出到控制台
```

```
runningWordCounts.print();

// 启动 JavaStreamingContext，开始实时处理数据流
jsc.start();

// awaitTermination 方法将阻塞当前线程，直到 StreamingContext 被外部命令终止或发生错误
// 这保证 Spark Streaming 应用程序能够持续运行直到明确停止
jsc.awaitTermination();
```

Spark Streaming 是一个强大的工具，它的微批处理模型提供了高效的实时数据处理能力。通过 Spark Streaming，用户可以构建复杂的实时数据处理应用程序，满足现代数据驱动业务的需求。

5.2.2 Spark Streaming 与 Kafka 的集成与应用

将 Spark Streaming 与 Kafka 集成，可以实现高效的实时数据处理和分析。本小节将详细介绍 Spark Streaming 与 Kafka 的集成与应用，包括 Kafka 的基本概念、Spark Streaming 与 Kafka 的集成方式、数据处理流程和容错机制等内容。

1. Kafka 的基本概念

Kafka 是一种分布式流处理平台，具有高吞吐量、低延迟和可扩展性等特点。Kafka 的基本概念包括：

- 主题（Topic）：数据流的逻辑分类，类似于数据库中的表。
- 分区（Partition）：主题的物理划分，每个分区是一个有序的数据序列。
- 副本（Replica）：分区的备份，用于保证数据的可靠性。
- 生产者（Producer）：向 Kafka 发送数据的应用程序。
- 消费者（Consumer）：从 Kafka 接收数据的应用程序。

Kafka 通过分区和副本机制，实现了数据的水平扩展和高可用性。同时，Kafka 还提供了丰富的 API 和工具，方便开发者进行数据生产和消费。

2. Spark Streaming 与 Kafka 的集成方式

Spark Streaming 与 Kafka 的集成主要有两种方式：接收器方式（Receiver-based Approach）和直接方式（Direct Approach）。

1）接收器方式

接收器方式通过在 Spark Streaming 中创建一个接收器（Receiver）来接收 Kafka 的数据。接收器会持续地从 Kafka 中拉取数据，并将数据存储在 Spark 的内存中。接收器方式适用于数据量较小且对实时性要求不高的场景。

2）直接方式

直接方式是 Spark Streaming 直接从 Kafka 中读取数据，而不需要创建接收器。直接方式适

用于数据量较大且对实时性要求较高的场景。

一个使用直接方式的示例如代码 5-17 所示。

代码 5-17

```
import org.apache.spark.streaming.api.java.JavaStreamingContext;
import org.apache.spark.streaming.kafka.KafkaUtils;

// 创建一个 JavaStreamingContext 实例，它是 Spark Streaming 应用程序的主入口点
// 第二个参数是批处理间隔时间，这里设置为 10 秒
JavaStreamingContext jsc =
    new JavaStreamingContext(sc, Durations.seconds(10));

// 定义 Kafka 参数的 Map，这些参数用于配置 Kafka 消费者
Map<String, Object> kafkaParams = new HashMap<>();
// 指定 Kafka 集群的地址
kafkaParams.put("bootstrap.servers", "localhost:9092");
// 指定 key 的反序列化类
kafkaParams.put("key.deserializer",
    "org.apache.kafka.common.serialization.StringDeserializer");
// 指定 value 的反序列化类
kafkaParams.put("value.deserializer",
    "org.apache.kafka.common.serialization.StringDeserializer");
// 指定消费者组的 ID
kafkaParams.put("group.id", "spark-streaming-group");
// 指定 offset 的起始位置，这里设置为 latest，即从最新的记录开始读取
kafkaParams.put("auto.offset.reset", "latest");

// 使用 KafkaUtils 的 createDirectStream 方法创建一个直接流
// jsc：流处理的上下文
// LocationStrategies.PreferConsistent()：位置策略，优先选择数据一致性
// ConsumerStrategies.Subscribe：消费策略，订阅一个主题列表和 Kafka 参数
JavaInputDStream<ConsumerRecord<String, String>> messages =
    KafkaUtils.createDirectStream(
    jsc,
    LocationStrategies.PreferConsistent(),
    ConsumerStrategies.<String,
     String>Subscribe(Arrays.asList("topic1"), kafkaParams)
);

// 从 Kafka 消息中提取 value，并创建一个新的 DStream
// 这里只关心消息的 value 部分，因此使用 map 方法提取出来
JavaDStream<String> values = messages.map(record -> record.value());

// 打印 DStream 中的每条记录，实际使用中可能会写入数据库或进行进一步处理
```

```
values.print();

// 启动 JavaStreamingContext，开始处理数据流
jsc.start();

// awaitTermination 方法将阻塞当前线程，直到 StreamingContext 被外部命令终止或发生错误
// 这保证 Spark Streaming 应用程序能够持续运行直到明确停止
jsc.awaitTermination();
```

3. 数据处理流程

当 Spark Streaming 与 Kafka 集成后，数据处理流程如下：

（1）数据生产：生产者将数据发送到 Kafka 中，Kafka 将数据存储在相应的主题和分区中。

（2）数据消费：Spark Streaming 通过接收器或直接方式从 Kafka 中读取数据，并将数据转换为 DStream。

（3）数据处理：Spark Streaming 对 DStream 进行各种转换操作，如过滤、聚合、合并等，以实现数据的处理和分析。

（4）数据输出：Spark Streaming 将处理后的数据输出到外部系统，如存储到文件系统、数据库等。

4. 容错机制

为了保证数据处理的可靠性，Spark Streaming 与 Kafka 集成时采用了以下容错机制：

- 检查点（Checkpointing）：Spark Streaming 定期将数据处理的状态保存到可靠的存储系统中，如 HDFS。当发生故障时，Spark Streaming 可以从检查点恢复数据处理的状态，继续进行数据处理。
- 偏移量（Offset）管理：Spark Streaming 与 Kafka 集成时，会记录每个分区的偏移量，即已经处理过的数据的位置。当发生故障时，Spark Streaming 可以根据偏移量从 Kafka 中重新读取数据，从而保证数据不丢失。

总结起来，Kafka 是一个高吞吐量的分布式消息队列，适合于处理实时数据流，而 Spark Streaming 提供了强大的流处理能力。这两者的结合使得开发者能够轻松构建强大的实时数据处理应用。

5.3 Spark MLlib 与机器学习

本节将探讨 Spark MLlib 在机器学习领域的应用，包括其常用算法及适用场景。同时，还将比较 Spark MLlib 与 TensorFlow 的差异，并介绍两者的集成方法，以提供更全面的机器学习解决方案。

5.3.1 Spark MLlib 的常用算法与应用场景

本小节将详细介绍 Spark MLlib 中的常用算法和应用场景，包括分类算法、聚类算法等内容。通过对本小节的学习，读者将能够掌握使用 Spark MLlib 进行机器学习的基本技能和最佳实践。

1. Spark MLlib 概述

Spark MLlib 是 Apache Spark 中用于机器学习的模块，它提供了丰富的机器学习算法和工具，用于在大数据集上进行数据挖掘和分析。Spark MLlib 具有以下特点：

- 分布式计算：利用集群并行处理，提高机器学习任务的效率。
- 数据兼容性：兼容 HDFS、Hive 等多种数据源，简化数据集成。
- 易用性：提供简洁的 API，支持 Python、Java、Scala 等多种编程语言。
- 丰富算法库：内置了常用的机器学习算法，如分类、回归、聚类和推荐系统。

2. 分类算法

分类算法是将数据划分为不同的类别或标签的算法。Spark MLlib 提供了多种分类算法，包括：

- 逻辑回归（Logistic Regression）：用于二分类问题的线性模型。
- 决策树（Decision Tree）：基于树形结构的分类算法。
- 随机森林（Random Forest）：基于多个决策树的集成分类算法。
- 梯度提升树（Gradient-Boosted Tree）：基于多个决策树的集成分类算法。
- 朴素贝叶斯（Naive Bayes）：基于贝叶斯定理的分类算法。
- 支持向量机（Support Vector Machine）：基于最大间隔的分类算法。

一个使用逻辑回归进行二分类的示例如代码 5-18 所示。

代码 5-18

```
public class JavaBinaryClassificationMetricsExample {
  public static void main(String[] args) {
    SparkConf conf = new SparkConf()
     .setAppName("Java Binary Classification Metrics Example")
     .setMaster("local");
    SparkContext sc = new SparkContext(conf);

    // 加载数据，使用 MLUtils 工具从 LibSVM 格式的文件中加载数据
    String path = "data/mllib/sample_binary_classification_data.txt";
    JavaRDD<LabeledPoint> data = MLUtils.loadLibSVMFile(sc, path).toJavaRDD();

    // 将数据集随机分割成训练集和测试集，比例为 60%训练集，40%测试集
    JavaRDD<LabeledPoint>[] splits =
```

```
  data.randomSplit(new double[]{0.6, 0.4}, 11L);
// 训练数据并缓存
JavaRDD<LabeledPoint> training = splits[0].cache();
// 测试数据
JavaRDD<LabeledPoint> test = splits[1];

// 使用 LogisticRegressionWithLBFGS 算法训练模型
LogisticRegressionModel model = new LogisticRegressionWithLBFGS()
  .setNumClasses(2) // 设置类别数为 2，即二元分类
  .run(training.rdd()); // 执行训练

// 清除预测阈值，以便模型返回概率而非类别标签
model.clearThreshold();

// 在测试集上计算模型预测和实际标签的对应关系
JavaPairRDD<Object, Object> predictionAndLabels =
 test.mapToPair(p ->
    new Tuple2<>(model.predict(p.features()), p.label()));

// 创建二元分类指标对象，用于计算各种评估指标
BinaryClassificationMetrics metrics =
  new BinaryClassificationMetrics(predictionAndLabels.rdd());

// 按阈值计算精确度
JavaRDD<Tuple2<Object, Object>> precision =
 metrics.precisionByThreshold().toJavaRDD();
System.out.println("Precision by threshold: " + precision.collect());

// 按阈值计算召回率
JavaRDD<?> recall = metrics.recallByThreshold().toJavaRDD();
System.out.println("Recall by threshold: " + recall.collect());

// 按阈值计算 F1 分数
JavaRDD<?> f1Score = metrics.fMeasureByThreshold().toJavaRDD();
System.out.println("F1 Score by threshold: " + f1Score.collect());

// 按阈值计算 F2 分数
JavaRDD<?> f2Score = metrics.fMeasureByThreshold(2.0).toJavaRDD();
System.out.println("F2 Score by threshold: " + f2Score.collect());

// 计算精确率-召回率曲线
JavaRDD<?> prc = metrics.pr().toJavaRDD();
System.out.println("Precision-recall curve: " + prc.collect());

// 提取精确度指标中的阈值
JavaRDD<Double> thresholds = precision.map(
```

```
      t -> Double.parseDouble(t._1().toString()));

    // 计算 ROC 曲线
    JavaRDD<?> roc = metrics.roc().toJavaRDD();
    System.out.println("ROC curve: " + roc.collect());

    // 计算精确率-召回率曲线下的面积（AUPRC）
    System.out.println("Area under precision-recall curve = "
     + metrics.areaUnderPR());

    // 计算 ROC 曲线下的面积（AUROC）
    System.out.println("Area under ROC = " + metrics.areaUnderROC());

    // 保存模型到指定路径
    model.save(sc, "target/tmp/LogisticRegressionModel");
    LogisticRegressionModel.load(sc, "target/tmp/LogisticRegressionModel");

    sc.stop();
  }
}
```

执行上述代码，计算结果如图 5-12 所示。

```
Precision by threshold: [(0.9999999999999272,1.0), (0.9999999999992477,1.0), (0.9999999999984444,1.0), (0.9999999999959581,1.0), (0.99
Recall by threshold: [(0.9999999999999272,0.045454545454545456), (0.9999999999992477,0.09090909090909091), (0.9999999999984444,0.13636
F1 Score by threshold: [(0.9999999999999272,0.08695652173913045), (0.9999999999992477,0.16666666666666669), (0.9999999999984444,0.2400
F2 Score by threshold: [(0.9999999999999272,0.05617977528089875), (0.9999999999992477,0.11111111111111112), (0.9999999999984444,0.164
Precision-recall curve: [(0.0,1.0), (0.045454545454545456,1.0), (0.09090909090909091,1.0), (0.13636363636363635,1.0), (0.1818181818181
ROC curve: [(0.0,0.0), (0.0,0.045454545454545456), (0.0,0.09090909090909091), (0.0,0.13636363636363635), (0.0,0.18181818181818182), (0
Area under precision-recall curve = 0.9979787998562702
Area under ROC = 0.9974747474747475
```

图 5-12

3. 聚类算法

聚类算法是将数据划分为不同簇或组的算法。Spark MLlib 提供了多种聚类算法，主要包括：

- K 均值（K-Means）：基于质心的聚类算法。
- 层次聚类（Hierarchical Clustering）：基于层次结构的聚类算法。
- 高斯混合模型（Gaussian Mixture Model）：基于概率分布的聚类算法。

一个使用 K 均值进行聚类的示例如代码 5-19 所示。

代码 5-19

```
public class JavaKMeansExample {
  public static void main(String[] args) {

    SparkConf conf = new SparkConf()
     .setAppName("JavaKMeansExample")
     .setMaster("local");
```

```
    JavaSparkContext jsc = new JavaSparkContext(conf);

    // 加载数据并解析
    String path = "data/mllib/kmeans_data.txt";
    JavaRDD<String> data = jsc.textFile(path);
    JavaRDD<Vector> parsedData = data.map(s -> {
      // 按空格分割每行数据
      String[] sarray = s.split(" ");
      double[] values = new double[sarray.length];
      for (int i = 0; i < sarray.length; i++) {
        // 将字符串转换为双精度浮点数
        values[i] = Double.parseDouble(sarray[i]);
      }
      return Vectors.dense(values); // 创建密集向量
    });
    parsedData.cache();                  // 缓存数据

    // 使用 K 均值算法对数据进行聚类
    int numClusters = 2;                 // 聚类的数量
    int numIterations = 20;              // 迭代次数
    KMeansModel clusters =
     KMeans.train(parsedData.rdd(), numClusters, numIterations);

    // 打印聚类中心
    System.out.println("Cluster centers:");
    for (Vector center: clusters.clusterCenters()) {
      System.out.println(" " + center);
    }
    // 计算成本，即簇内误差平方和
    double cost = clusters.computeCost(parsedData.rdd());
    System.out.println("Cost: " + cost);

    // 评估聚类效果，计算内部集合误差平方和（WSSSE）
    double WSSSE = clusters.computeCost(parsedData.rdd());
    System.out.println("Within Set Sum of Squared Errors = " + WSSSE);

    // 保存模型
    clusters.save(jsc.sc(),
     "target/org/apache/spark/JavaKMeansExample/KMeansModel");
    // 加载模型
    KMeansModel sameModel = KMeansModel.load(jsc.sc(),
      "target/org/apache/spark/JavaKMeansExample/KMeansModel");

    jsc.stop();
  }
}
```

执行上述代码，计算结果如图 5-13 所示。

```
Cluster centers:
 [0.1,0.1,0.1]
 [9.1,9.1,9.1]
Cost: 0.11999999999999996
Within Set Sum of Squared Errors = 0.11999999999999996
```

图 5-13

4. 协同过滤算法

协同过滤算法是一种在推荐系统中广泛使用的算法，主要用于个性化推荐。它通过分析用户对物品的评分或行为数据，找到与目标用户或物品相似的其他用户或物品，从而为用户提供个性化的推荐。Spark MLlib 提供了多种协同过滤算法，包括：

- 交替最小二乘法（Alternating Least Squares）：基于矩阵分解的协同过滤算法。
- 协同过滤（Collaborative Filtering）：基于用户或物品相似度的协同过滤算法。

一个使用交替最小二乘法进行推荐的示例如代码 5-20 所示。

代码 5-20

```
public class JavaRankingMetricsExample {
  public static void main(String[] args) {
    SparkConf conf = new SparkConf()
     .setAppName("Java Ranking Metrics Example")
     .setMaster("local");
    JavaSparkContext sc = new JavaSparkContext(conf);
    // 加载并解析电影评分数据
    String path = "data/mllib/sample_movielens_data.txt";
    JavaRDD<String> data = sc.textFile(path);
    JavaRDD<Rating> ratings = data.map(line -> {
        String[] parts = line.split("::");
        // 减去 2.5 进行评分归一化
        return new Rating(Integer.parseInt(parts[0]),
          Integer.parseInt(parts[1]), Double
             .parseDouble(parts[2]) - 2.5);
      });
    ratings.cache();     // 缓存数据

    // 使用 ALS 算法训练推荐系统模型
    MatrixFactorizationModel model =
     ALS.train(JavaRDD.toRDD(ratings), 10, 10, 0.01);

    // 为每个用户获取前 10 个推荐结果，并将评分缩放到 0 到 1 之间
    JavaRDD<Tuple2<Object, Rating[]>> userRecs =
     model.recommendProductsForUsers(10).toJavaRDD();
```

```
JavaRDD<Tuple2<Object, Rating[]>> userRecsScaled = userRecs.map(t -> {
    Rating[] scaledRatings = new Rating[t._2().length];
    for (int i = 0; i < scaledRatings.length; i++) {
      // 缩放评分
      double newRating =
          Math.max(Math.min(t._2()[i].rating(), 1.0), 0.0);
      scaledRatings[i] =
          new Rating(t._2()[i].user(), t._2()[i].product(), newRating);
    }
    return new Tuple2<>(t._1(), scaledRatings);
  });
JavaPairRDD<Object, Rating[]> userRecommended =
 JavaPairRDD.fromJavaRDD(userRecsScaled);

// 将评分二值化，1 表示推荐，0 表示不推荐
JavaRDD<Rating> binarizedRatings = ratings.map(r -> {
    double binaryRating;
    if (r.rating() > 0.0) {
      binaryRating = 1.0;
    } else {
      binaryRating = 0.0;
    }
    return new Rating(r.user(), r.product(), binaryRating);
  });

// 按用户分组，获取每个用户的电影评分
JavaPairRDD<Object, Iterable<Rating>> userMovies =
 binarizedRatings.groupBy(Rating::user);

// 从用户评分中获取用户实际喜欢的电影列表
JavaPairRDD<Object, List<Integer>> userMoviesList =
 userMovies.mapValues(docs -> {
    List<Integer> products = new ArrayList<>();
    for (Rating r : docs) {
      if (r.rating() > 0.0) {
        products.add(r.product());
      }
    }
    return products;
  });

// 从推荐结果中提取电影 ID
JavaPairRDD<Object, List<Integer>> userRecommendedList =
 userRecommended.mapValues(docs -> {
    List<Integer> products = new ArrayList<>();
    for (Rating r : docs) {
```

```
        products.add(r.product());
      }
      return products;
    });

  // 将用户实际喜欢的电影列表与推荐列表进行连接
  JavaRDD<Tuple2<List<Integer>, List<Integer>>> relevantDocs =
   userMoviesList.join(
    userRecommendedList).values();

  // 实例化排序指标对象
  RankingMetrics<Integer> metrics = RankingMetrics.of(relevantDocs);

  // 计算不同 k 值下的精确度、NDCG 和召回率
  Integer[] kVector = {1, 3, 5};
  for (Integer k : kVector) {
    System.out.format("Precision at %d = %f\n", k, metrics.precisionAt(k));
    System.out.format("NDCG at %d = %f\n", k, metrics.ndcgAt(k));
    System.out.format("Recall at %d = %f\n", k, metrics.recallAt(k));
  }

  // 计算平均精确度
  System.out.format("Mean average precision = %f\n",
   metrics.meanAveragePrecision());

  // 计算 k=2 时的平均精确度
  System.out.format("Mean average precision at 2 = %f\n",
   metrics.meanAveragePrecisionAt(2));

  // 使用数值评分和回归指标评估模型
  JavaRDD<Tuple2<Object, Object>> userProducts =
      ratings.map(r -> new Tuple2<>(r.user(), r.product()));

  // 将预测结果转换为 JavaPairRDD
  JavaPairRDD<Tuple2<Integer, Integer>, Object> predictions =
   JavaPairRDD.fromJavaRDD(
        model.predict(JavaRDD.toRDD(userProducts)).toJavaRDD().map(r ->
      new Tuple2<>(new Tuple2<>(r.user(), r.product()), r.rating())));
  // 将评分和预测结果进行连接
  JavaRDD<Tuple2<Object, Object>> ratesAndPreds =
    JavaPairRDD.fromJavaRDD(ratings.map(r ->
      new Tuple2<Tuple2<Integer, Integer>, Object>(
        new Tuple2<>(r.user(), r.product()),
        r.rating())
```

```
        )).join(predictions).values();

        // 创建回归指标对象
        RegressionMetrics regressionMetrics =
         new RegressionMetrics(ratesAndPreds.rdd());

        // 计算均方根误差
        System.out.format("RMSE = %f\n",
regressionMetrics.rootMeanSquaredError());

        // 计算 R 平方值
        System.out.format("R-squared = %f\n", regressionMetrics.r2());
        // $example off$

        sc.stop();
      }
    }
```

执行上述代码，计算结果如图 5-14 所示。

```
Precision at 1 = 0.333333
NDCG at 1 = 0.333333
Recall at 1 = 0.033333
Precision at 3 = 0.422222
NDCG at 3 = 0.404096
Recall at 3 = 0.126667
Precision at 5 = 0.466667
NDCG at 5 = 0.438939
Recall at 5 = 0.233333
Mean average precision = 0.278820
Mean average precision at 2 = 0.325000
RMSE = 0.223557
R-squared = 0.961849
```

图 5-14

Spark MLlib 是一种简单而强大的工具，可以帮助我们在大数据集上进行高效的机器学习和数据挖掘。通过合理地使用 Spark MLlib 的功能和调优策略，我们可以提高机器学习的性能和准确性，从而更好地利用数据。

5.3.2 Spark MLlib 与 TensorFlow 的比较与集成

Spark MLlib 和 TensorFlow 是两种流行的机器学习框架，本小节将详细比较 Spark MLlib 和 TensorFlow，并介绍如何将这两者集成，以充分发挥各自的优势。通过本小节的学习，读者将能够了解 Spark MLlib 和 TensorFlow 的区别和联系，并掌握如何将它们集成在一起进行机器学习的基本技能和最佳实践。

1. TensorFlow 概述

TensorFlow 是 Google 开发的开源机器学习框架，提供了丰富的深度学习算法和工具，用于构建和训练深度神经网络。TensorFlow 具有以下特点：

- 灵活性：TensorFlow 提供了灵活的计算图模型，用户可以自定义各种复杂的神经网络结构。
- 高性能：TensorFlow 提供了 GPU 的并行计算能力，能够高效地训练深度神经网络。
- 可移植性：TensorFlow 支持多种平台和语言，包括 Linux、Windows、macOS 等操作系统，以及 Python、Java、C++等编程语言。
- 丰富的功能：TensorFlow 提供了丰富的深度学习算法和工具，包括卷积神经网络（CNN）、循环神经网络（RNN）、生成对抗网络（GAN）等。

2. Spark MLlib 与 TensorFlow 的比较

Spark MLlib 和 TensorFlow 在功能、性能和适用场景上各有特点，下面将从这几个方面对它们进行比较。

1）功能比较

- 机器学习算法：Spark MLlib 提供了丰富的机器学习算法，包括分类算法、回归算法、聚类算法、协同过滤算法等；而 TensorFlow 则专注于深度学习算法，包括 CNN、RNN、GAN 等。
- 数据处理：Spark MLlib 提供了丰富的数据处理工具，包括数据清洗、数据转换、特征工程等；TensorFlow 则更多关注数据表示和计算，对数据处理的支持较弱。
- 模型部署：Spark MLlib 提供简单的模型部署工具，可以将训练好的模型部署到生产环境中；TensorFlow 则提供了更为丰富的模型部署工具，包括 TensorFlow Serving、TensorFlow Lite 等。

2）性能比较

- 通信开销：在分布式计算中，通信开销是一个重要的性能瓶颈。Spark MLlib 采用基于内存的通信机制，而 TensorFlow 使用基于网络的通信机制。通常，Spark MLlib 在通信开销方面表现更优。
- GPU 加速：TensorFlow 充分利用 GPU 的并行计算能力，能够高效地训练深度神经网络；而 Spark MLlib 对 GPU 的支持较弱。
- 内存管理：Spark MLlib 利用 Spark 的内存管理机制，能够高效地利用内存资源；TensorFlow 在内存管理上较弱，容易出现内存泄漏等问题。

3）适用场景比较

- 大规模数据处理：Spark MLlib 适用于大规模数据处理，能够高效处理 TB 级别的数据集；而 TensorFlow 在深度学习领域表现更为突出，但对大规模数据处理的支持相对较弱。

- 实时数据处理：Spark MLlib 适用于实时数据处理，能够实时处理和分析数据；而 TensorFlow 更适用于离线数据处理，实时数据处理的支持较弱。

3. Spark MLlib 与 TensorFlow 的集成

虽然 Spark MLlib 和 TensorFlow 在功能、性能和适用场景上各有优势，但它们并非独立的框架，可以通过集成相补充，充分发挥各自的优点。以下是如何将 Spark MLlib 和 TensorFlow 集成的方法。

1）数据集成

Spark MLlib 和 TensorFlow 可以共享数据源，如 HDFS、HBase、MySQL 等。通过将数据存储在共享的数据源中，可以方便地在 Spark MLlib 和 TensorFlow 之间进行数据交换和共享。

2）模型集成

Spark MLlib 和 TensorFlow 可以相互集成模型，包括特征工程、模型训练和模型部署等。通过集成 Spark MLlib 和 TensorFlow 的模型，可以提高机器学习的性能和准确性。

3）代码集成

Spark MLlib 和 TensorFlow 可以相互调用对方的代码，支持包括 Python、Java 等编程语言的集成。通过集成 Spark MLlib 和 TensorFlow 的代码，可以方便地进行联合调试和优化。

TensorFlow 在分布式计算性能上表现优异，尤其是在需要处理大规模数据的场景中。而 Spark MLlib 则在易用性和与 Spark 生态系统的集成方面表现出色，适合在已部署 Spark 的环境中进行中等规模数据的机器学习任务。

5.4 Spark GraphX 与图计算

本节将探讨 Spark GraphX 在图计算中的应用，包括图计算的基本概念与 Spark GraphX 的架构，以及 Spark GraphX 的常用算法与图数据处理，以帮助读者理解和掌握图计算的原理和实践。

5.4.1 图计算的基本概念与 Spark GraphX 的架构

图计算是一种用于处理图结构数据的计算范式。图结构数据在现实世界中无处不在，例如社交网络、推荐系统、生物信息学等领域。图计算的目标是利用图结构的特点，高效地解决各种复杂的计算问题。

Spark GraphX 是 Apache Spark 的一个扩展库，专门用于图计算。它提供了丰富的图计算功能，包括图的表示、图的操作、图的算法等。本小节将介绍图计算的基本概念，并详细阐述 Spark GraphX 的架构。

1. 图计算的基本概念

1）图的定义

图是由节点（vertex）和边（edge）组成的数据结构。节点表示图中的实体，边表示实体之间的关系。图可以分为有向图和无向图。有向图中的边有方向性，表示实体之间的单向关系；无向图中的边没有方向性，表示实体之间的双向关系。

2）图的表示

图的表示方法有很多种，常见的有邻接矩阵和邻接表。

- 邻接矩阵：邻接矩阵是一个二维数组，用于表示图中节点之间的关系。如果节点 i 和节点 j 之间有边，则邻接矩阵的第 i 行第 j 列的值为 1，否则为 0。邻接矩阵的空间复杂度为 $O(n^2)$，其中 n 是节点的数量。
- 邻接表：邻接表是一种链表结构，用于表示图中节点之间的关系。每个节点都有一个链表，链表中的元素表示与该节点相连的边。邻接表的空间复杂度为 $O(n+m)$，其中 n 是节点的数量，m 是边的数量。

3）图的操作

图的操作包括图的创建、图的遍历、图的更新等。

- 图的创建：创建图的方式有很多种，可以通过邻接矩阵或邻接表来创建图。
- 图的遍历：图的遍历是指按照一定的顺序访问图中的节点和边。常见的图遍历算法有深度优先搜索（DFS）和广度优先搜索（BFS）。
- 图的更新：图的更新包括添加节点、添加边、删除节点、删除边等操作。

2. Spark GraphX 的架构

Spark GraphX 基于 RDD 和 DataFrame 数据模型，提供了丰富的图计算功能。

1）Spark GraphX 的核心组件

Spark GraphX 的核心组件包括：

- Graph 类：Graph 类是 Spark GraphX 中表示图的数据结构。它由两个 RDD 组成，一个表示节点，一个表示边。
- VertexRDD 类：VertexRDD 类是 Spark GraphX 中表示节点的 RDD。它由节点的 ID 和节点的属性组成。
- EdgeRDD 类：EdgeRDD 类是 Spark GraphX 中表示边的 RDD。它由边的源节点 ID、目标节点 ID 和属性组成。
- GraphOps 类：GraphOps 类是 Spark GraphX 中的图操作类。它提供了丰富的图操作方法，如图的遍历、图的更新等。

2）Spark GraphX 的数据模型

Spark GraphX 的数据模型包括：

- RDD 数据模型：RDD 是 Spark 中的基本数据模型，表示一个分布式的数据集合。
- DataFrame 数据模型：DataFrame 是 Spark 中的数据模型，表示一个结构化的数据集合。Spark GraphX 支持将 Graph 对象转换为 DataFrame 对象，以便进行更灵活的数据操作。

3. Spark GraphX 的图操作

Spark GraphX 提供了丰富的图操作方法，包括图的创建、图的遍历、图的更新等。

1）图的创建

通过 RDD 创建图是一种灵活的方法，适用于已有顶点和边数据存储在 RDD 中的情况。顶点以 RDD[(VertexId, VD)]形式存在，边以 RDD[Edge[ED]]形式存在。使用 Graph.apply 方法结合这些 RDD 即可构建出图结构，便于后续的图计算和分析。

一个通过 RDD 创建图的示例如代码 5-21 所示。

代码 5-21

```
public class JavaGraphXExample {
    public static void main(String[] args) {
     // 创建 Spark 配置对象，设置应用名称和运行模式（本地模式）
        SparkConf conf = new SparkConf()
         .setAppName("GraphX Example").setMaster("local");
        // 创建 JavaSparkContext 对象，它是 Spark 操作的入口点
        JavaSparkContext sc = new JavaSparkContext(conf);

        // 定义顶点 RDD
        List<Tuple2<Object, String>> vertices = new ArrayList<>();
        vertices.add(new Tuple2<>(1L, "AA"));
        vertices.add(new Tuple2<>(2L, "BB"));
        vertices.add(new Tuple2<>(3L, "CC"));

        JavaPairRDD<Object, String> verticesRDD =
         sc.parallelizePairs(vertices);

        // 定义边 RDD
        List<Edge<String>> edges = new ArrayList<>();
        edges.add(new Edge<>(1L, 2L, "friend"));
        edges.add(new Edge<>(2L, 3L, "follow"));

        JavaRDD<Edge<String>> edgesRDD = sc.parallelize(edges);

        // 使用顶点和边的 RDD 构建图对象
        // 第二和第三个参数是顶点和边的默认属性，这里使用空字符串
        // 第四和第五个参数是顶点和边的存储级别，这里使用内存存储
        // 最后两个参数是类型标签，用于泛型操作
        Graph<String, String> graph = Graph.apply(
                verticesRDD.rdd(),
```

```
                edgesRDD.rdd(),
                "",
                StorageLevel.MEMORY_ONLY(),
                StorageLevel.MEMORY_ONLY(),
                ClassTag$.MODULE$.apply(String.class),
                ClassTag$.MODULE$.apply(String.class)
        );

        // 打印图信息
        System.out.println("Vertices:");
        graph.vertices().toJavaRDD()
         .foreach(v -> System.out.println("ID: " + v._1
         + ", Name: " + v._2));

        System.out.println("Edges:");
        graph.edges().toJavaRDD()
         .foreach(e -> System.out.println("Source: " + e.srcId()
         + ", Destination: "
         + e.dstId()
         + ", Relationship: "
         + e.attr()));

        sc.stop();
    }
}
```

执行上述代码，计算结果如图 5-15 所示。

```
Vertices:
ID: 1, Name: AA
ID: 3, Name: CC
ID: 2, Name: BB
Edges:
Source: 1, Destination: 2, Relationship: friend
Source: 2, Destination: 3, Relationship: follow
```

图 5-15

2）图的遍历

图的遍历操作包括对顶点和边的迭代处理，例如使用 vertices()方法获取所有顶点的 RDD，调用 edges()方法获取所有边的 RDD。这些操作支持复杂的图算法实现，如广度优先搜索（BFS）、深度优先搜索（DFS）等，用于探索和分析图中的连接关系和属性分布。

一个使用深度优先搜索的示例如代码 5-22 所示。

代码 5-22

```
public class GraphXDFSExample {
    public static void main(String[] args) {
     // 初始化 Spark 配置和 JavaSparkContext
```

```
SparkConf conf = new SparkConf()
 .setAppName("GraphX DFS Example").setMaster("local");
JavaSparkContext sc = new JavaSparkContext(conf);

// 定义顶点 RDD
List<Tuple2<Object, String>> vertices = new ArrayList<>();
vertices.add(new Tuple2<>(1L, "AA"));
vertices.add(new Tuple2<>(2L, "BB"));
vertices.add(new Tuple2<>(3L, "CC"));
vertices.add(new Tuple2<>(4L, "DD"));

JavaPairRDD<Object, String> verticesRDD =
 sc.parallelizePairs(vertices);

// 定义边 RDD
List<Edge<String>> edges = new ArrayList<>();
edges.add(new Edge<>(1L, 2L, "friend"));
edges.add(new Edge<>(2L, 3L, "follow"));
edges.add(new Edge<>(3L, 4L, "follow"));
edges.add(new Edge<>(4L, 1L, "follow"));

JavaRDD<Edge<String>> edgesRDD = sc.parallelize(edges);

// 构建图
Graph<String, String> graph = Graph.apply(
      verticesRDD.rdd(),
      edgesRDD.rdd(),
      "",
      StorageLevel.MEMORY_ONLY(),
      StorageLevel.MEMORY_ONLY(),
      ClassTag$.MODULE$.apply(String.class),
      ClassTag$.MODULE$.apply(String.class)
);

// 打印图信息
System.out.println("Vertices:");
graph.vertices().toJavaRDD().foreach(v ->
 System.out.println("ID: " + v._1 + ", Name: " + v._2));

System.out.println("Edges:");
graph.edges().toJavaRDD().foreach(e ->
 System.out.println("Source: " + e.srcId() + ",
 Destination: " + e.dstId() + ",
 Relationship: " + e.attr()));

// 深度优先搜索实现
```

```
        long startVertexId = 1L;
        Set<Long> visited = new HashSet<>();
        Stack<Long> stack = new Stack<>();

        stack.push(startVertexId);

        System.out.println("DFS Traversal:");
        while (!stack.isEmpty()) {          // 只要栈不为空，就继续遍历
            long current = stack.pop();  // 弹出当前顶点
            if (!visited.contains(current)) {       // 如果当前顶点未访问
                visited.add(current);        // 则标记为已访问
                System.out.println("Visited: " + current);

                // 使用 triplets 获取当前顶点的所有邻居
                List<EdgeTriplet<String, String>> triplets =
                  graph.triplets().toJavaRDD().filter(triplet ->
                      triplet.srcId() == current).collect();

                for (EdgeTriplet<String, String> triplet : triplets) {
                    long neighborId = triplet.dstId();      // 获取邻居顶点
                    if (!visited.contains(neighborId)) {  // 如果邻居未访问
                        stack.push(neighborId);              // 则将邻居顶点压栈
                    }
                }
            }
        }

        sc.stop();
    }
}
```

执行上述代码，计算结果如图 5-16 所示。

```
ID: 4, Name: DD
ID: 1, Name: AA
ID: 3, Name: CC
ID: 2, Name: BB
Edges:
Source: 1, Destination: 2, Relationship: friend
Source: 2, Destination: 3, Relationship: follow
Source: 3, Destination: 4, Relationship: follow
Source: 4, Destination: 1, Relationship: follow
DFS Traversal:
Visited: 1
Visited: 2
Visited: 3
Visited: 4
```

图 5-16

5.4.2 Spark GraphX的常用算法与图数据处理

本小节将介绍Spark GraphX的常用算法，并详细阐述如何使用Spark GraphX进行图数据处理。

1. Spark GraphX的常用算法

1）PageRank算法

PageRank算法是一种用于计算网页重要性的算法。在Spark GraphX中，PageRank算法用于计算图中节点的重要性。

PageRank算法的核心思想是，一个节点的重要性取决于与它相连的节点的重要性。具体来说，如果一个节点与多个重要节点相连，那么它本身也应该是重要的。

一个使用PageRank算法的示例如代码5-23所示。

代码5-23

```
public final class JavaPageRank {
    // 正则表达式，用于分割字符串中的空白字符
    private static final Pattern SPACES = Pattern.compile("\\s+");

    // 显示警告信息，提示用户这是一个简单的PageRank实现示例
    static void showWarning() {
        String warning = "WARN: This is a naive implementation of PageRank " +
                "and is given as an example! \n" +
                "Please use the PageRank implementation found in " +
                "org.apache.spark.graphx.lib.PageRank for more conventional
use.";
        System.err.println(warning);
    }

    // 实现Function2接口的内部类，用于计算两个Double值的和
    private static class Sum implements Function2<Double, Double, Double> {
        @Override
        public Double call(Double a, Double b) {
            return a + b;
        }
    }

    public static void main(String[] args) throws Exception {
        // 设置参数默认值
        args = new String[]{"data/mllib/pagerank_data.txt", "10"};
        // 参数个数检查
        if (args.length < 2) {
            System.err.println("Usage:
            JavaPageRank <file> <number_of_iterations>");
            System.exit(1);
```

```
    }

    showWarning();

     // 创建 SparkSession
    SparkSession spark = SparkSession
            .builder()
            .appName("JavaPageRank")
            .master("local")
            .getOrCreate();

    // 读取文本文件并转换为 JavaRDD
    JavaRDD<String> lines = spark.read().textFile(args[0]).javaRDD();

    // 将每一行文本分割并创建链接的键-值对，去重后按照键分组
    JavaPairRDD<String, Iterable<String>> links = lines.mapToPair(s -> {
        String[] parts = SPACES.split(s);
        return new Tuple2<>(parts[0], parts[1]);
    }).distinct().groupByKey().cache();

    // 为每个链接的 URL 初始化 PageRank 值为 1.0
    JavaPairRDD<String, Double> ranks = links.mapValues(rs -> 1.0);

    // 进行 PageRank 算法迭代计算
    for (int current = 0; current < Integer.parseInt(args[1]); current++) {
        // 计算每个 URL 对其他 URL 的 PageRank 贡献
        JavaPairRDD<String, Double> contribs = links.join(ranks).values()
                .flatMapToPair(s -> {
                    int urlCount = Iterables.size(s._1());
                    List<Tuple2<String, Double>> results = new ArrayList<>();
                    for (String n : s._1) {
                        results.add(new Tuple2<>(n, s._2() / urlCount));
                    }
                    return results.iterator();
                });

        // 根据邻居的 PageRank 贡献重新计算 URL 的 PageRank 值
        ranks = contribs.reduceByKey(new Sum()).mapValues(
        sum -> 0.15 + sum * 0.85);
    }

    // 收集所有 URL 的 PageRank 值并打印到控制台
    List<Tuple2<String, Double>> output = ranks.collect();
    for (Tuple2<?, ?> tuple : output) {
        System.out.println(tuple._1() + " has rank: " + tuple._2() + ".");
    }
```

```
        spark.stop();
    }
}
```

执行上述代码，计算结果如图 5-17 所示。

```
4 has rank: 0.7539975652935547.
2 has rank: 0.7539975652935547.
3 has rank: 0.7539975652935547.
1 has rank: 1.7380073041193354.
```

图 5-17

2）连通分量算法

连通分量算法的核心思想是将图中的节点划分为多个连通分量，每个连通分量内的节点都是相互连通的。

一个使用连通分量算法的示例如代码 5-24 所示。

代码 5-24

```
public class JavaConnectedComponentsExample {
    public static void main(String[] args) {
        // 初始化 Spark 配置和 JavaSparkContext
        SparkConf conf = new SparkConf()
        .setAppName("Connected Components Example").setMaster("local");
        JavaSparkContext sc = new JavaSparkContext(conf);

        // 定义顶点 RDD
        List<Tuple2<Object, String>> vertices = new ArrayList<>();
        vertices.add(new Tuple2<>(1L, "AA"));
        vertices.add(new Tuple2<>(2L, "BB"));
        vertices.add(new Tuple2<>(3L, "CC"));
        vertices.add(new Tuple2<>(4L, "DD"));

        JavaPairRDD<Object, String> verticesRDD =
        sc.parallelizePairs(vertices);

        // 定义边 RDD
        List<Edge<String>> edges = new ArrayList<>();
        edges.add(new Edge<>(1L, 2L, "friend"));
        edges.add(new Edge<>(2L, 3L, "follow"));
        edges.add(new Edge<>(3L, 4L, "follow"));
        edges.add(new Edge<>(4L, 1L, "follow"));

        JavaRDD<Edge<String>> edgesRDD = sc.parallelize(edges);
```

```
        // 构建图
        Graph<String, String> graph = Graph.apply(
                verticesRDD.rdd(),
                edgesRDD.rdd(),
                // 顶点的默认属性为空字符串
                "",
                // 顶点的存储级别为只存储在内存中
                StorageLevel.MEMORY_ONLY(),
                // 边的存储级别为只存储在内存中
                StorageLevel.MEMORY_ONLY(),
                // 顶点属性的类标签
                ClassTag$.MODULE$.apply(String.class),
                // 边属性的类标签
                ClassTag$.MODULE$.apply(String.class)
        );

        // 打印图信息
        System.out.println("Vertices:");
        graph.vertices().toJavaRDD().foreach(v ->
         System.out.println("ID: " + v._1 + ", Name: " + v._2));

        System.out.println("Edges:");
        graph.edges().toJavaRDD().foreach(e ->
         System.out.println("Source: " + e.srcId() + ",
         Destination: " + e.dstId() + ",
         Relationship: " + e.attr()));

        // 运行连通性分析算法
        Graph<Object, String> cc = ConnectedComponents.run(
         // 输入图
         graph,
         // 顶点属性的类标签
         ClassTag$.MODULE$.apply(Object.class),
         // 边属性的类标签
         ClassTag$.MODULE$.apply(String.class));

        // 打印连通性分析的结果
        cc.vertices().toJavaRDD().foreach(v ->
         System.out.println("ID: " + v._1 + ", Component ID: " + v._2));

        sc.stop();
    }
}
```

执行上述代码，计算结果如图 5-18 所示。

```
ID: 4, Name: DD
ID: 1, Name: AA
ID: 3, Name: CC
ID: 2, Name: BB
Edges:
Source: 1, Destination: 2, Relationship: friend
Source: 2, Destination: 3, Relationship: follow
Source: 3, Destination: 4, Relationship: follow
Source: 4, Destination: 1, Relationship: follow
ID: 4, Component ID: 1
ID: 1, Component ID: 1
ID: 3, Component ID: 1
ID: 2, Component ID: 1
```

图 5-18

3）三角形计数算法

三角形计数算法的核心思想是统计图中每个节点的邻居节点之间形成的三角形数量，并将所有节点的三角形数量相加。

一个使用三角形计数算法的示例如代码 5-25 所示。

代码 5-25

```
public class JavaTriangleCountExample {
    public static void main(String[] args) {
        // 初始化 Spark 配置和 JavaSparkContext
        SparkConf conf = new SparkConf()
        .setAppName("Triangle Count Example").setMaster("local");
        JavaSparkContext sc = new JavaSparkContext(conf);

        // 定义顶点 RDD
        List<Tuple2<Object, String>> vertices = new ArrayList<>();
        vertices.add(new Tuple2<>(1L, "AA"));
        vertices.add(new Tuple2<>(2L, "BB"));
        vertices.add(new Tuple2<>(3L, "CC"));
        vertices.add(new Tuple2<>(4L, "DD"));

        JavaPairRDD<Object, String> verticesRDD =
        sc.parallelizePairs(vertices);

        // 定义边 RDD
        List<Edge<String>> edges = new ArrayList<>();
        edges.add(new Edge<>(1L, 2L, "friend"));
        edges.add(new Edge<>(2L, 3L, "follow"));
        edges.add(new Edge<>(3L, 4L, "follow"));
        edges.add(new Edge<>(4L, 1L, "follow"));

        JavaRDD<Edge<String>> edgesRDD = sc.parallelize(edges);
```

```
        // 构建图
        Graph<String, String> graph = Graph.apply(
                verticesRDD.rdd(),
                edgesRDD.rdd(),
                // 顶点的默认属性为空字符串
                "",
                // 顶点的存储级别为只存储在内存中
                StorageLevel.MEMORY_ONLY(),
                // 边的存储级别为只存储在内存中
                StorageLevel.MEMORY_ONLY(),
                // 顶点属性的类标签
                ClassTag$.MODULE$.apply(String.class),
                // 边属性的类标签
                ClassTag$.MODULE$.apply(String.class)
        );

        // 打印图信息
        System.out.println("Vertices:");
        graph.vertices().toJavaRDD().foreach(v ->
        System.out.println("ID: " + v._1 + ", Name: " + v._2));

        System.out.println("Edges:");
        graph.edges().toJavaRDD().foreach(e ->
        System.out.println("Source: " + e.srcId() + ",
        Destination: " + e.dstId() + ", Relationship: " + e.attr()));

        // 运行三角形计数算法
        Graph<Object, String> triangleCounts = TriangleCount.run(
        // 输入图
        graph,
        // 顶点属性的类标签
        ClassTag$.MODULE$.apply(Object.class),
        // 边属性的类标签
        ClassTag$.MODULE$.apply(String.class));

        // 打印三角形计数的结果
        triangleCounts.vertices().toJavaRDD().foreach(v ->
        System.out.println("ID: " + v._1 + ", Triangle Count: " + v._2));

        sc.stop();
    }
}
```

执行上述代码，计算结果如图5-19所示。

```
ID: 4, Name: DD
ID: 1, Name: AA
ID: 3, Name: CC
ID: 2, Name: BB
Edges:
Source: 1, Destination: 2, Relationship: friend
Source: 2, Destination: 3, Relationship: follow
Source: 3, Destination: 4, Relationship: follow
Source: 4, Destination: 1, Relationship: follow
ID: 4, Triangle Count: 0
ID: 1, Triangle Count: 0
ID: 3, Triangle Count: 0
ID: 2, Triangle Count: 0
```

图 5-19

2. Spark GraphX 的图数据处理

1）图的加载

在使用 Spark GraphX 进行图计算之前，需要将图数据加载到 Spark 中。Spark GraphX 支持多种图数据格式，主要包括：

- 边列表格式：每行表示一条边，包含源节点 ID、目标节点 ID 和边的属性。
- 节点属性格式：每行表示一个节点，包含节点 ID 和节点的属性。
- 图数据格式：包含节点 RDD 和边 RDD。

2）图的转换

在进行图计算之前，可能需要对图进行一些转换操作，如添加节点属性、添加边属性等。Spark GraphX 提供了丰富的图转换方法，主要包括：

- GraphOps.mapVertices：用于更新节点属性。
- GraphOps.mapEdges：用于更新边属性。
- GraphOps.joinVertices：用于根据节点 ID 关联节点属性。
- GraphOps.outerJoinVertices：用于根据节点 ID 关联节点属性，并处理不存在的节点。

3. Spark GraphX 与其他图计算框架的比较

除了 Spark GraphX，还有其他一些图计算框架，如 GraphLab、Neo4j 等。与这些框架相比，Spark GraphX 具有以下优势：

- 分布式计算：Spark GraphX 基于 Spark 的分布式计算框架，可以处理大规模图数据。
- 丰富的图算法库：Spark GraphX 提供了丰富的图算法库，包括 PageRank、最短路径、连通分量等常用算法。
- 易用性：Spark GraphX 的 API 简单易用，易于上手和开发。

5.5　本 章 小 结

本章主要介绍了 Spark 的高级特性，包括 Spark SQL、Spark Streaming、Spark MLlib、Spark GraphX 等内容，并通过实战案例展示了这些特性在实际应用中的效果，旨在帮助读者全面了解和掌握 Spark 的高级功能。

5.6　习　　题

（1）Spark SQL 主要用于处理什么类型的数据？（　）

A. 结构化数据　　B. 非结构化数据
C. 图像数据　　D. 音频数据

（2）Spark Streaming 主要用于处理什么类型的数据？（　）

A. 静态数据　　B. 流式数据
C. 图像数据　　D. 文本数据

（3）Spark MLlib 主要用于什么领域的数据处理？（　）

A. 机器学习　　B. 数据挖掘
C. 数据清洗　　D. 以上都是

（4）Spark GraphX 主要用于处理什么类型的数据？（　）

A. 图结构数据　　B. 表格数据
C. 文本数据　　D. 音频数据

第6章

大数据安全

随着大数据技术的广泛应用，大数据环境的安全问题变得越来越重要，因此需要采取有效的措施来保护数据的安全。本章将探讨大数据安全的各个方面。

6.1 大数据安全性挑战

大数据安全是当前信息技术领域的重要议题。它不仅关乎数据的机密性、完整性和可用性，还直接影响企业的运营效率和用户的信任度。Hadoop 和 Spark 作为大数据处理的主流工具，其安全特性对于保障大数据安全至关重要。

6.1.1 大数据安全的重要性

随着信息技术的飞速发展，大数据已成为现代社会的核心资源之一。然而，随着数据的不断积累和应用，数据安全问题也日益凸显。本小节将从多个角度深入探讨大数据安全的重要性，并结合案例分析，帮助读者更好地理解这一问题的重要性。

1. 大数据安全的定义

大数据安全是指在大数据的采集、存储、传输、处理以及分析过程中，保护数据免受未经授权的访问、篡改、泄露和破坏，确保数据的完整性、保密性和可用性。它不仅涉及传统的信息安全技术，还包括新的大数据环境下的安全策略与措施。

2. 大数据安全的核心要素

大数据安全涉及多个核心要素，主要包括以下几个方面：

- 数据隐私保护：隐私保护是大数据安全的首要任务，涉及如何在大数据应用中，保障用户个人信息不被泄露或滥用。
- 数据保密性：保密性指的是确保只有授权用户可以访问和处理特定的数据，这需要强有力的加密和访问控制措施。
- 数据完整性：完整性确保数据在存储、传输和处理过程中不被未授权用户篡改，从而维护数据的正确性和可信性。
- 数据可用性：可用性指的是确保授权用户能够在需要时访问数据，避免因攻击或其他问题而导致数据无法访问。
- 合规性管理：合规性管理涉及遵守各类法律法规和行业标准，确保数据处理过程符合相关规定。

3. 大数据安全与传统信息安全的区别

大数据安全与传统信息安全有很多不同之处。传统信息安全关注点主要集中在数据的静态保护上，如防火墙、加密技术等；而大数据安全则需要考虑数据的动态处理，以及在海量数据环境下如何有效地保护数据。这意味着，传统的安全措施在大数据环境下可能需要重新评估和调整。

4. 大数据安全面临的挑战

随着大数据的广泛应用，数据安全问题也越来越突出。以下是大数据安全面临的主要挑战：

- 数据泄露：由于大数据的海量性和多样性，数据泄露的风险显著增加。黑客攻击、内部人员泄密、系统漏洞等都可能导致数据泄露。
- 数据滥用：大数据的价值性使得一些组织或个人可能滥用数据，如侵犯个人隐私，进行不正当竞争等。
- 数据篡改：大数据的高速性使得数据篡改变得更加容易，攻击者可以通过修改数据来误导分析结果，从而达到不可告人的目的。
- 数据丢失：大数据的存储和管理需要大量的资源和复杂的技术，一旦发生故障或灾难，就可能导致数据永久丢失。

5. 大数据安全策略

为了应对大数据安全面临的挑战，可以采取以下策略：

- 数据加密：对存储和传输的数据进行加密处理，确保数据安全。
- 访问控制：实施严格的访问控制策略，确保只有授权用户才能访问数据。
- 数据备份与恢复：定期备份数据，以便在数据丢失后快速恢复。
- 安全审计：定期进行数据安全审计，发现并修复安全漏洞。

6.1.2 Hadoop 与 Spark 安全特性

了解和掌握 Hadoop 与 Spark 的安全特性，对于保障大数据系统的安全至关重要。本小节将从多个角度深入探讨 Hadoop 与 Spark 的安全特性，并结合案例来帮助读者更好地理解和应用这些特性。

1. Hadoop 安全特性

Hadoop 的安全特性主要包括以下几个方面。

1）认证与授权

Hadoop 集群的安全性主要依赖 Kerberos 认证。Kerberos 是一种网络认证协议，旨在提供强大的身份验证服务，确保只有经过认证的用户才能访问集群中的数据和资源。通过 Kerberos，Hadoop 能够防止未授权的用户访问集群。

在 Hadoop 中，Kerberos 认证是配置安全环境的基础。它通过为每个用户分配一个加密的票据来实现认证和授权。用户在访问 Hadoop 集群时，需要使用这个票据来证明自己的身份。

2）数据加密

Hadoop 提供了多种数据加密机制，用于保护存储和传输过程中的数据安全。Hadoop 的加密功能包括静态数据加密和传输层加密。静态数据加密用于保护存储在 HDFS 中的数据，而传输层加密则用于保护数据在网络中传输时的安全性。

- 静态数据加密：Hadoop 的 HDFS 通过加密数据块来保护集群中存储的数据。HDFS 支持两种加密方式：文件加密和目录加密。文件加密采用高级加密标准（AES）对文件内容进行加密，确保文件的机密性；而目录加密则将加密策略应用于整个目录，以便对该目录中的所有文件统一进行加密管理。
- 传输层加密：通过使用 SSL/TLS 协议，Hadoop 可以加密客户端和服务器之间的数据流，有效防止中间人攻击和数据泄露。

3）访问控制

Hadoop 的访问控制机制主要通过访问控制列表（ACL）和基于角色的访问控制（RBAC）来实现。

- ACL：Hadoop 支持在文件和目录级别设置访问控制列表（ACL）。管理员可以定义哪些用户或组具有特定文件或目录的访问权限，并详细指定访问权限，包括读取、写入和执行。
- RBAC：在 Hadoop 中，RBAC 用于简化权限管理。通过将用户分配到特定的角色中，管理员可以为角色分配权限，并将用户添加到角色中，从而简化权限配置和管理。

2. Spark 安全特性

Spark 的安全特性主要包括以下几个方面。

1）认证与授权

Spark 的安全模型与 Hadoop 类似，主要依赖 Kerberos 认证来确保用户身份。然而，Spark 的安全性不仅限于 Kerberos 认证，还包括其他机制来强化安全性。

- Kerberos 认证：Spark 支持 Kerberos 认证，用户可在访问 Spark 集群时使用票据进行身份验证。该机制与 Hadoop 中的 Kerberos 认证一致，确保只有经过认证的用户才能访问 Spark 集群中的数据和资源。
- 身份验证机制：除了 Kerberos，Spark 还支持其他身份验证机制，例如基于 LDAP 的认证。这对于需要与外部系统集成的场景尤其重要。

2）数据加密

Spark 提供了多种加密机制来保护数据安全，包括数据加密和传输加密。

- 数据加密：在处理数据时，Spark 可通过配置加密库实现数据加密。支持使用高级加密标准（AES）对数据进行加密，确护数据在存储和计算过程中的安全性。
- 传输加密：Spark 支持通过 SSL/TLS 协议对数据传输进行加密。这种加密机制确保客户端与 Spark 集群之间的数据传输安全，有效防止中间人攻击和数据泄露。

3）访问控制

Spark 的访问控制机制包括基于角色的访问控制（RBAC）和访问控制列表（ACL）。

- RBAC：Spark 允许管理员通过角色管理用户权限。通过将用户分配到特定角色中，管理员可控制用户对 Spark 资源的访问权限。
- ACL：Spark 支持在不同级别配置 ACL，包括作业、应用程序和数据集。ACL 允许管理员定义哪些用户或组可以访问特定的 Spark 资源和数据。

3. Hadoop 与 Spark 安全特性比较

1）认证与授权

Hadoop 和 Spark 在认证与授权方面都依赖 Kerberos 进行身份验证。然而，Spark 在此基础上支持更多的身份验证机制，例如 LDAP。这使得 Spark 在与外部系统集成时具有更大的灵活性和扩展性。

2）数据加密

Hadoop 和 Spark 都支持数据加密，但侧重点有所不同。Hadoop 在 HDFS 级别提供了更全面的加密选项，包括文件加密和目录加密。相比之下，Spark 主要依赖加密库和传输加密机制来保护数据安全。

3）访问控制

Hadoop 和 Spark 都支持 RBAC 和 ACL。然而，Hadoop 的 ACL 在文件和目录级别提供了更细粒度的权限控制，而 Spark 的 ACL 主要集中在作业、应用程序和数据集级别。

6.2　Hadoop 安全架构

Hadoop 安全架构通过综合多层次的安全机制来保护数据和计算资源。核心安全模型依托于

Kerberos 认证，为集群内的所有用户和服务提供强身份验证。HDFS 通过数据加密和细粒度的访问控制来保护存储数据的安全，确保只有授权用户才能访问敏感信息。同时，YARN 管理的资源调度和任务执行也通过集成的安全机制，防止未授权访问和资源滥用。这种多层次的安全策略共同构建了一个强大的防护体系，有效保障 Hadoop 集群的整体安全性。

6.2.1 Hadoop 安全模型

Hadoop 的安全模型不仅涉及对数据的保护，还包括对计算过程、集群资源和用户行为的全面控制。理解 Hadoop 的安全架构和机制对于确保数据安全和合规至关重要。

1. 身份验证

身份验证是确保只有授权用户才能够访问 Hadoop 集群的第一步。Hadoop 支持多种身份验证机制，主要包括：

- Kerberos：Kerberos 是一种强大的身份验证协议，它使用对称密钥加密和票据来验证用户的身份。Hadoop 使用 Kerberos 来验证用户、服务和组件之间的通信。
- LDAP（轻量级目录访问协议）：LDAP 是一种用于存储和管理用户信息的目录服务。Hadoop 可以使用 LDAP 来验证用户的身份，并将其与 Hadoop 集群中的权限进行映射。
- 自定义身份验证：Hadoop 还支持自定义身份验证机制，允许组织根据自己的需求来实现特定的身份验证逻辑。

在实施身份验证时，应该选择适合其安全需求和环境的机制。Kerberos 通常被认为是最强大的选择，因为它提供了细粒度的身份验证和单点登录功能。

2. 授权

授权是控制用户可以访问哪些资源以及可以执行哪些操作的过程。Hadoop 使用访问控制列表（ACL）和权限来管理授权。

- 访问控制列表（ACL）：ACL 是一种灵活的授权机制，允许管理员为每个用户或用户组指定对特定资源的访问权限。ACL 可以应用于文件、目录、服务和组件级别。
- 权限：Hadoop 使用传统的 UNIX 权限模型来管理文件和目录的访问权限。权限包括读（r）、写（w）和执行（x），可以应用于所有者、组和其他用户。

在实施授权时，应该仔细规划其访问控制策略，并定期审查和更新权限，以确保只有授权用户可以访问敏感数据。

3. 数据加密

数据加密是保护 Hadoop 集群中的数据机密性的重要手段。Hadoop 支持多种数据加密方法，包括：

- 传输层加密：Hadoop 可以使用 SSL/TLS 协议对网络传输的数据进行加密，以防止数据在传输过程中被窃听或篡改。

- 数据存储加密：Hadoop 支持多种加密算法，包括 DES 和 AES，用于对存储数据进行加密和解密操作。

在实施数据加密时，应该选择适当的加密算法和密钥管理策略，并定期更新密钥以确保数据的机密性。

4. 网络安全

网络安全是保护 Hadoop 集群免受网络攻击和未经授权访问的关键。Hadoop 网络安全包括以下方面：

- 防火墙：防火墙可以限制对 Hadoop 集群的网络访问，只允许授权的用户和服务访问集群。
- 网络隔离：Hadoop 集群可以部署在隔离的网络环境中，例如虚拟专用网络（VPN）或专用网络，以减少潜在的安全风险。
- 入侵检测和预防系统（IDPS）：IDPS 可以监控 Hadoop 集群的网络流量，检测和预防潜在的安全威胁，例如拒绝服务攻击或恶意软件。

在实施网络安全时，应该定期审查和更新网络安全策略，并使用适当的工具和技术来保护 Hadoop 集群免受网络攻击。

5. 审计和监控

审计和监控是检测和响应安全事件的关键。Hadoop 支持以下审计和监控功能：

- 审计日志：Hadoop 可以记录用户和服务的操作日志，包括身份验证、授权和数据访问等。这些日志可用于审计和安全分析。
- 监控工具：Hadoop 提供了多种监控工具，例如 Apache Ambari 和 Hadoop Metrics，可以实时监控集群的性能和安全状态。
- 安全信息和事件管理（SIEM）：Hadoop 可以与 SIEM 系统集成，将审计日志和监控数据发送到 SIEM 系统进行集中分析和响应。

在实施审计和监控时，应该确保其 Hadoop 集群生成详细的审计日志，并使用适当的工具和技术来监控和分析这些日志。

6.2.2 HDFS 与 YARN 的安全机制

随着数据的不断增长和对数据安全要求的提高，保护 HDFS 和 YARN 的安全变得至关重要。本小节将深入探讨 HDFS 和 YARN 的安全机制，包括身份验证、授权、数据加密和网络安全等方面，以帮助读者全面了解如何保护 Hadoop 集群的安全。

1. HDFS的安全机制

HDFS能够在大规模的集群环境中提供高吞吐量的数据访问，并且具备高容错能力。其设计目标是通过集群中的多个节点来存储大量的数据文件，这些文件会被分割成较小的数据块并分布到不同的节点上进行存储。HDFS的安全机制包括以下几个方面。

1）数据完整性校验

HDFS为每个数据块生成校验和（checksum），并在读取数据时进行完整性校验。这意味着在读取数据时，如果某个数据块损坏或读取到的数据不符合预期的校验和，HDFS会自动尝试从其他备份中读取该数据块，以确保用户获取的数据是完整和正确的。这一机制不仅保证了数据的完整性，还提升了系统的容错能力。

2）数据冗余与备份

为了防止数据丢失，HDFS采用了数据块的冗余存储机制。每个文件会被分割成多个数据块，这些数据块会被复制到多个DataNode上。通常，HDFS会配置3个副本，并分布在不同的节点上，这样即使某个节点出现故障，数据也不会丢失。此外，HDFS还支持快照（Snapshot）功能，允许管理员在特定时间点对文件系统进行快照备份。

2. YARN的安全机制

YARN负责在集群中管理资源，并将这些资源分配给运行在集群上的各种应用程序。YARN的设计目标是支持多种类型的应用程序，同时最大化资源的利用率。YARN的安全机制包括以下几个方面。

1）用户认证与授权

与HDFS类似，YARN也依赖Kerberos进行用户认证。用户在提交作业时首先需要通过Kerberos认证，以确保他们具有在集群中执行作业的合法权限。YARN的授权机制则主要依赖ACL，通过配置文件，管理员可以设置哪些用户或用户组有权提交作业、查看作业状态以及取消作业等。

2）资源隔离与沙箱机制

在一个共享资源的集群环境中，资源隔离是保证系统安全和稳定的重要机制。YARN通过容器来隔离不同作业的运行环境，每个容器都被分配了特定的资源（如CPU、内存），并且运行在一个受限的沙箱环境中。这种机制确保了一个作业的崩溃不会影响其他作业或整个系统的稳定性。

3）作业监控与日志管理

YARN提供了详细的作业监控和日志管理功能，帮助管理员追踪作业的执行状态和资源使用情况。通过日志分析，管理员可以发现和解决潜在的安全问题。例如，如果一个作业试图非法访问未经授权的资源，日志系统会记录这一行为，供管理员进一步调查。

4）动态资源调度与优先级管理

为了防止资源滥用和确保重要作业优先执行，YARN 支持动态资源调度和优先级管理。管理员可以为不同的作业设置不同的优先级，并根据当前资源的使用情况动态调整资源的分配。这一机制不仅提高了资源利用效率，还保证了关键任务的顺利执行。

3. HDFS 与 YARN 的协同安全机制

1）统一认证与授权

在 Hadoop 集群中，HDFS 和 YARN 通过统一的 Kerberos 认证机制确保了用户身份的合法性。此外，两者共享相同的 ACL 配置文件，使得在 HDFS 中的权限设置能够无缝应用于 YARN 中的作业调度。这种协同机制大大简化了安全管理工作，同时提高了系统的整体安全性。

2）端到端加密

HDFS 和 YARN 共同支持端到端的数据加密，从数据的存储、传输到计算，始终保证数据处于加密状态。这种加密机制确保了即使数据在多个系统组件间传输或处理，也仍然可以防止未经授权的访问和数据泄露。

3）统一日志管理与审计

HDFS 和 YARN 的日志系统可以集成在一起，实现统一的日志管理与审计。通过统一的日志审计，管理员可以对整个系统的安全事件进行全面的追踪和分析。例如，当某个用户在 YARN 中执行了一个需要访问 HDFS 数据的作业时，系统会记录下该用户的所有操作日志，以供后续审计。

4）数据完整性校验

在大规模分布式系统中，数据的完整性是一个重要的安全保障。HDFS 和 YARN 都提供了数据校验功能，确保数据在传输或处理过程中没有被意外篡改或损坏。例如，HDFS 在传输数据块时会生成校验和，并在接收端进行校验，以确保传输的数据与原始数据一致。

6.3 Spark 安全实践

本节将探讨 Spark 的安全配置和应用程序访问控制的最佳实践。首先介绍如何配置 Spark 以确保数据的机密性、完整性和可用性，然后说明如何使用访问控制机制来限制对 Spark 应用程序和数据的访问，从而保护敏感信息的安全。

6.3.1 Spark 的安全配置

作为一种广泛使用的分布式计算框架，Spark 经常用来处理大量敏感数据。如果没有采取适当的安全措施，数据可能面临泄露、篡改或未经授权访问的风险。

Spark 的安全架构主要包括以下几个方面：

- 认证：确保只有经过验证的用户和应用程序才能访问 Spark 集群。
- 授权：控制用户对集群资源和数据的访问权限。
- 数据加密：保护数据在传输和存储过程中的机密性。
- 审计：记录用户操作日志，以便发现潜在的安全威胁。

1. 认证机制

Spark 支持多种认证机制，包括用户认证、Kerberos 认证、LDAP 认证和服务认证等。

1）用户认证

默认情况下，Spark 不提供内置的用户认证功能。为了实现用户认证，通常需要依赖外部系统或框架，如 Kerberos。

2）Kerberos 认证

Kerberos 使用“票据”，允许节点之间的安全通信。通过 Kerberos，Spark 确保只有经过认证的用户才能访问集群。在 spark-env.sh 文件中启用 Kerberos 认证，具体实现如代码 6-1 所示。

代码 6-1

```
export SPARK_SUBMIT_OPTS=
    "-Dspark.yarn.principal=your_principal -Dspark.yarn.keytab=your_keytab_file"
```

3）LDAP 认证

LDAP（轻量级目录访问协议）是一种常见的认证方式，特别适用于企业环境。通过配置 Spark 支持 LDAP，用户可以使用企业的统一身份认证系统。例如，在 spark-defaults.conf 文件中添加以下配置（见代码 6-2）。

代码 6-2

```
spark.authenticate true
spark.authenticate.secret your_secret
spark.authenticate.enableSaslEncryption true
spark.kerberos.keytab your_keytab_file
spark.kerberos.principal your_principal
```

4）服务认证

除了用户认证之外，服务认证同样至关重要。Spark 通过 SSL/TLS 对服务之间的通信进行认证，确保组件之间的数据传输安全可靠。例如，在 spark-defaults.conf 文件中启用 SSL/TLS 认证的配置示例（见代码 6-3）。

代码 6-3

```
spark.ssl.enabled true
spark.ssl.keyStore /path/to/keystore
spark.ssl.keyStorePassword your_password
spark.ssl.keyPassword your_key_password
```

2. 授权机制

1）基于角色的访问控制（RBAC）

Spark 支持基于角色的访问控制，这种授权机制广泛应用于多种场景。通过 RBAC，管理员可以根据用户角色分配不同的访问权限。

在 YARN 模式下，Spark 可以利用 YARN 的访问控制列表来限制用户的操作权限。以下是在 yarn-site.xml 文件中启用 ACL 配置示例（见代码 6-4）。

代码 6-4

```
<property>
    <name>yarn.acl.enable</name>
    <value>true</value>
</property>
```

2）Spark 权限配置

Spark 通过访问控制列表提供多种选项来控制用户对集群资源的访问权限。例如，可以配置谁可以提交作业或访问历史服务器。以下是在 spark-defaults.conf 文件中启用访问控制列表的配置示例（见代码 6-5）。

代码 6-5

```
spark.acls.enable true
spark.admin.acls your_admin_user
```

3. 数据加密

1）传输加密

在网络传输过程中，未加密的数据可能面临中间人攻击或被截获的风险。为保护传输中的数据，Spark 支持传输加密功能。

通过配置 SSL/TLS，Spark 能够对组件间的数据传输进行加密。启用传输加密之前，需要提前生成 SSL 证书，并将其分发到所有节点。生成 SSL 证书后，需要在每个节点的 spark-env.sh 文件中进行配置。具体实现示例如代码 6-6 所示。

代码 6-6

```
export SPARK_SSL_ENABLED=true
export SPARK_SSL_KEYSTORE=/path/to/keystore
export SPARK_SSL_KEYSTORE_PASSWORD=your_password
export SPARK_SSL_KEY_PASSWORD=your_key_password
```

在 spark-defaults.conf 文件中启用 SSL，具体配置如代码 6-7 所示。

代码 6-7

```
spark.ssl.enabled true
spark.ssl.keyStore /path/to/keystore
```

```
spark.ssl.keyStorePassword your_password
spark.ssl.keyPassword your_key_password
```

2）数据存储加密

除了传输加密外，Spark 还支持数据存储加密。通过数据存储加密，可以确保数据即使被盗取，也无法被轻易读取。

如果 Spark 使用 HDFS 作为存储系统，可以利用 HDFS 的加密功能来保护数据。HDFS 提供了加密区域的概念，允许在文件系统中创建加密存储区域。

配置 HDFS 加密区的示例如代码 6-8 所示。

代码 6-8

```
hdfs crypto -createZone -keyName your_key_name -path /your/encrypted/path
```

4. 网络安全

网络安全是保护 Spark 集群免受网络攻击的重要手段。在 Spark 中，网络安全可以通过以下方式实现：

- 防火墙：防火墙是一种用于控制网络流量的设备或软件。在 Spark 中，防火墙可用于限制对 Spark 集群的访问，并阻止未经授权的访问。
- 网络隔离：网络隔离是一种将不同网络隔离开来的技术。在 Spark 中，网络隔离可将 Spark 集群与其他网络隔离，从而减少潜在的安全风险。

5. 安全审计

安全审计是用于监控和记录对 Spark 集群访问的重要手段。通过安全审计，管理员可以及时发现并响应潜在的安全事件。

在 Spark 中，安全审计可以通过以下方式实现：

- 日志记录：Spark 生成各种日志文件，包括访问日志、错误日志等。通过配置适当的日志记录工具，如 Logstash，可以将这些日志集中收集到日志服务器进行分析和监控。
- 监控工具：使用监控工具，如 Prometheus 或 Grafana，可以实时监控 Spark 集群的性能和安全指标，例如 CPU 使用率、内存占用、网络流量等。通过设置合适的警报规则，管理员可以在发生潜在安全事件时及时收到通知。

通过采用身份验证、授权管理、数据加密和网络安全等机制，以及安全审计和监控工具，可以有效地保障 Spark 集群的安全。

6.3.2 Spark 应用程序的访问控制

本小节将详细介绍 Spark 应用程序的访问控制机制，包括身份认证、权限管理、安全配置等内容，并提供相应的 Java 实例代码，帮助读者快速理解和应用这些知识点。

1. 身份认证

身份认证是访问控制的基础，用于验证用户的身份和权限。在 Spark 中，身份认证可以通过多种方式实现，包括 Kerberos、LDAP、服务认证等。

1）Kerberos 身份认证

在 Spark 中，可以通过配置 Kerberos 来实现身份认证，具体操作如下：

步骤 01 在集群的所有节点上安装 Kerberos，并配置 KDC（Key Distribution Center）。

步骤 02 在 Spark 的配置文件中添加配置项，具体配置如代码 6-9 所示。

代码 6-9

```
spark.yarn.kerberos.enabled=true
spark.yarn.keytab=/path/to/keytab
spark.yarn.principal=username@REALM
```

其中，spark.yarn.kerberos.enabled 表示启用 Kerberos 身份认证，spark.yarn.keytab 指定 keytab 文件的路径，spark.yarn.principal 指定用户 principal。

步骤 03 在运行 Spark 应用程序时，先使用 kinit 命令获取票据，再使用 spark-submit 命令提交应用程序。

2）LDAP 身份认证

在 Spark 中，可以通过配置 LDAP 来实现身份认证，具体操作如下：

步骤 01 在集群的所有节点上安装 LDAP，并配置 LDAP 服务器。

步骤 02 在 Spark 的配置文件中添加相关配置项，具体配置如代码 6-10 所示。

代码 6-10

```
spark.yarn.ldap.url=ldap://ldap.example.com:389
spark.yarn.ldap.user.dn=cn={0},ou=users,dc=example,dc=com
spark.yarn.ldap.password=password
```

其中，spark.yarn.ldap.url 指定 LDAP 服务器的 URL，spark.yarn.ldap.user.dn 指定用户的 DN（Distinguished Name），spark.yarn.ldap.password 指定用户的密码。

步骤 03 在运行 Spark 应用程序时，需要使用 spark-submit 命令提交应用程序，并在命令中指定用户名和密码。

3）服务认证

除了 Kerberos 和 LDAP 之外，Spark 还支持服务认证。我们可以通过实现安全接口来自定义服务认证的逻辑，例如实现 org.apache.spark.deploy.security.HadoopDelegationTokenManager 接口。

一个简单的自定义服务认证的实现示例如代码 6-11 所示。

代码 6-11

```
public class CustomTokenManager
    implements HadoopDelegationTokenManager {

    /**
     * 检查是否需要票据
     * @return 返回 true 表示需要票据，否则返回 false
     */
    @Override
    public boolean isTokenRequired() {
        return true;
    }

    /**
     * 获取授权票据
     * @param conf Spark 的配置信息
     * @return 返回一个包含票据的字符串数组
     * @throws IOException 如果发生 I/O 异常
     */
    @Override
    public String[] getDelegationTokens(SparkConf conf)
     throws IOException {
        // 获取配置中的用户名和密码
        String username = conf.get("spark.yarn.user.name");
        String password = conf.get("spark.yarn.user.password");

        // 验证用户名和密码是否正确
        if (username.equals("admin") && password.equals("password")) {
            // 如果用户名和密码正确，返回包含票据的数组
            return new String[]{"token"};
        } else {
            // 如果用户名或密码错误，抛出认证失败的异常
            throw new IOException("Authentication failed");
        }
    }

    /**
     * 取消票据
     * @param tokens 需要取消的票据数组
     * @throws IOException 如果发生 I/O 异常
     */
    @Override
    public void cancelDelegationTokens(String[] tokens)
     throws IOException {
        // 这里应该实现取消票据的逻辑，当前实现为空
    }
```

```
    /**
     * 更新票据
     * @param tokens 需要更新的票据数组
     * @throws IOException 如果发生 I/O 异常
     */
    @Override
    public void renewDelegationTokens(String[] tokens)
     throws IOException {
        // 这里应该实现更新票据的逻辑，当前实现为空
    }
}
```

在上述示例中，实现了一个简单的自定义身份认证，通过验证用户名和密码来获取票据。在实际应用中，可以根据需要实现更复杂的身份认证逻辑。

2. 权限管理

权限管理是访问控制的核心，用于控制用户对数据和资源的访问权限。在 Spark 中，权限管理可以通过多种方式实现，包括文件系统权限、数据库权限、自定义权限等。

1）文件系统权限

文件系统权限是最基本的权限管理方式，它通过控制用户对文件和目录的访问权限来保护数据的安全。在 Spark 中，可以通过配置文件系统权限来实现权限管理。具体操作如下：

步骤 01 在集群的文件系统中，为不同的用户和组设置不同的权限。例如，可以为普通用户设置只读权限，为管理员设置读写权限。

步骤 02 在 Spark 的配置文件中添加相关配置项，具体配置如代码 6-12 所示。

代码 6-12

```
spark.hadoop.fs.permissions.umask-mode=022
```

其中，spark.hadoop.fs.permissions.umask-mode 指定文件系统的 umask 值，用于控制文件和目录的默认权限。

步骤 03 在运行 Spark 应用程序时，需要使用具有相应权限的用户来提交应用程序。

2）自定义权限

除了文件系统权限之外，Spark 还支持自定义权限。我们可以通过实现接口来自定义权限检查逻辑，例如 org.apache.spark.sql.catalyst.optimizer.OptimizerRule 接口。

一个简单的自定义权限的实现示例如代码 6-13 所示。

代码 6-13

```
public class CustomPermissionRule extends OptimizerRule {

    @Override
```

```
    public LogicalPlan apply(LogicalPlan plan) {
        // 获取当前用户
        User user = User.getCurrent();

        // 检查用户是否具有访问权限
        if (!hasPermission(user, plan)) {
            throw new AnalysisException("Permission denied");
        }

        return plan;
    }

    private boolean hasPermission(User user, LogicalPlan plan) {
        // 根据用户和计划检查权限
        // 示例中总是返回 true，实际应用中需要根据具体情况实现权限检查逻辑
        return true;
    }
}
```

在上述示例中，实现了一个简单的自定义权限检查规则，它通过检查用户是否具有访问权限来决定是否允许执行查询。在实际应用中，可以根据需要实现更复杂的权限检查逻辑。

3. 安全配置

安全配置是访问控制的保障，用于确保 Spark 应用程序在运行过程中的安全性和稳定性。在 Spark 中，可以通过多种方式进行安全配置，包括加密通信、数据加密、日志审计等。

1）加密通信

加密通信通过加密网络通信来保护数据的安全。在 Spark 中，可以通过配置加密通信来实现安全配置，具体操作如下：

步骤01 在集群的所有节点上配置 SSL，包括安装证书、配置密钥库等。

步骤02 在 Spark 的配置文件中添加配置项，具体配置如代码 6-14 所示。

代码 6-14

```
spark.ssl.enabled=true
spark.ssl.keyStore=/path/to/keystore
spark.ssl.keyStorePassword=password
spark.ssl.trustStore=/path/to/truststore
spark.ssl.trustStorePassword=password
```

其中，spark.ssl.enabled 表示启用 SSL 加密，spark.ssl.keyStore 指定密钥库的路径，spark.ssl.keyStorePassword 指定密钥库的密码，spark.ssl.trustStore 指定信任库的路径，spark.ssl.trustStorePassword 指定信任库的密码。

步骤03 在运行 Spark 应用程序时，需要使用 spark-submit 命令提交应用程序，并在命令中指定 SSL

相关的参数。

2）数据加密

数据加密通过加密数据来保护数据的安全。在 Spark 中，可以通过配置数据加密来实现安全配置，具体操作如下：

步骤01 在集群的所有节点上配置加密算法，包括安装加密算法库、配置加密算法等。

步骤02 在 Spark 的配置文件中添加配置项，具体配置如代码 6-15 所示。

代码 6-15

```
spark.io.encryption.enabled=true
spark.io.encryption.keySize=128
spark.io.encryption.keygen.algorithm=AES
```

其中，spark.io.encryption.enabled 表示启用数据加密，spark.io.encryption.keySize 指定密钥的大小，spark.io.encryption.keygen.algorithm 指定密钥生成算法。

步骤03 在运行 Spark 应用程序时，需要使用 spark-submit 命令提交应用程序，并在命令中指定数据加密相关的参数。

4. 日志审计

日志审计通过记录和审计日志来监控和保护系统的安全。在 Spark 中，可以通过配置日志审计来实现安全配置，具体操作如下：

步骤01 在集群的所有节点上配置日志，包括安装日志收集器、配置日志格式等。

步骤02 在 Spark 的配置文件中添加配置项，具体配置如代码 6-16 所示。

代码 6-16

```
spark.eventLog.enabled=true
spark.eventLog.dir=hdfs://cluster1/user/spark/eventlog
spark.history.fs.logDirectory=hdfs://cluster1/user/spark/history
```

其中，spark.eventLog.enabled 表示启用事件日志，spark.eventLog.dir 指定事件日志的存储路径，spark.history.fs.logDirectory 指定历史服务器日志的存储路径。

步骤03 在运行 Spark 应用程序时，需要使用 spark-submit 命令提交应用程序，并在命令中指定日志审计相关的参数。

为了帮助读者更好地理解 Spark 应用程序的访问控制，下面提供了一个简单的 Java 示例代码，演示如何使用 Kerberos 身份认证和文件系统权限来保护 Spark 应用程序的安全。具体实现如代码 6-17 所示。

代码 6-17

```
public class SparkAccessControlExample {
```

```
    public static void main(String[] args) {
        // 配置 Spark
        SparkConf conf = new SparkConf()
                .setAppName("SparkAccessControlExample")
                .setMaster("yarn")
                .set("spark.yarn.kerberos.enabled", "true")
                .set("spark.yarn.keytab", "/path/to/keytab")
                .set("spark.yarn.principal", "username@REALM")
                .set("spark.hadoop.fs.permissions.umask-mode", "022");

        // 创建 Spark 上下文
        JavaSparkContext sc = new JavaSparkContext(conf);

        // 加载数据
        JavaRDD<String> data =
         sc.textFile("hdfs://cluster1/user/spark/data.txt");

        // 处理数据
        JavaRDD<Integer> counts = data.map(new Function<String, Integer>() {
            @Override
            public Integer call(String s) throws Exception {
                return s.length();
            }
        });

        // 保存结果
        counts.saveAsTextFile("hdfs://cluster1/user/spark/result.txt");

        // 关闭 Spark 上下文
        sc.stop();
    }
}
```

6.4 数据加密与隐私保护

Hadoop 和 Spark 作为大数据处理的主流技术，提供了丰富的数据处理功能，但同时也需要解决数据加密和隐私保护的问题。本节将首先介绍数据加密和隐私保护的基本概念，然后详细介绍 Hadoop 和 Spark 中的数据加密与隐私保护技术。

1. 数据加密与隐私保护概述

数据加密是指将数据转换为不可读的形式，以防止未经授权的访问。数据隐私保护则是指保护个人或组织的敏感信息不被泄露或滥用。在 Hadoop 和 Spark 中，数据加密和隐私保护可以通过多种方式实现，包括数据存储加密、数据传输加密和数据处理过程中的隐私保护。

2. Hadoop 中的数据加密与隐私保护

在 Hadoop 中，数据加密和隐私保护可以通过以下方式实现。

1）数据存储加密

Hadoop 支持对存储在 HDFS 中的数据进行加密。通过使用 Hadoop 的透明数据加密（TDE）功能，可以对 HDFS 中的文件和目录进行加密。TDE 使用对称加密算法对数据进行加密，并通过密钥管理器管理加密密钥。

使用 Hadoop TDE 进行数据存储加密的示例如代码 6-18 所示。

代码 6-18

```
// 创建一个新的 Hadoop 配置对象
Configuration conf = new Configuration();

// 设置密钥管理服务器的 URL
conf.set("hadoop.security.key.provider.path",
    "kms://http@localhost:16000/kms");

// 设置加密使用的编解码类
conf.set("hadoop.security.crypto.codec.classes",
    "org.apache.hadoop.crypto.JceAesCtrCryptoCodec");

// 设置加密使用的 Java 加密扩展(JCE)提供者
conf.set("hadoop.security.crypto.jce.provider", "BC");

// 设置加密操作的缓冲区大小
conf.set("hadoop.security.crypto.buffer.size", "1024");

// 设置加密使用的密码套件，这里使用 AES 的 CTR 模式
conf.set("hadoop.security.crypto.cipher.suite",
    "AES/CTR/NoPadding");

// 设置加密密钥的位长度
conf.set("hadoop.security.crypto.key.bitlength", "128");

// 定义输入路径，指向需要加密的数据文件
Path inputPath = new Path("/user/hive/warehouse/mytable");

// 定义输出路径，指向加密后的数据将被存储的位置
Path outputPath = new Path("/user/hive/warehouse/mytable_encrypted");
```

```
// 根据配置获取文件系统对象
FileSystem fs = FileSystem.get(conf);

// 在输出路径创建目录
fs.mkdirs(outputPath);

// 设置输出路径的权限为 700，即只有所有者可以读、写和执行
fs.setPermission(outputPath, new FsPermission("700"));

// 根据配置获取加密编解码器实例
CryptoCodec codec = CryptoCodec.getInstance(conf);

// 创建加密输入流，用于读取原始数据
CryptoInputStream cis = codec.createInputStream(fs.open(inputPath),
    new CryptoConfiguration(conf));

// 创建加密输出流，用于写入加密后的数据
CryptoOutputStream cos = codec.createOutputStream(
    fs.create(new Path(outputPath, "part-00000")),
        new CryptoConfiguration(conf));

// 使用 IOUtils 工具类将数据从加密输入流复制到加密输出流，完成加密过程
IOUtils.copyBytes(cis, cos, conf, true);
```

2）数据传输加密

通过使用 Hadoop 的 SSL/TLS 协议，可以对 Hadoop 集群中的数据传输进行加密。SSL/TLS 协议使用公钥加密算法对数据进行加密，并使用证书来验证通信双方的身份。

使用 Hadoop SSL/TLS 进行数据传输加密的示例如代码 6-19 所示。

代码 6-19

```
// 创建一个新的 Hadoop 配置对象
Configuration conf = new Configuration();

// 启用 SSL 加密
conf.set("hadoop.ssl.enabled", "true");

// 要求客户端提供证书进行 SSL 通信
conf.set("hadoop.ssl.require.client.cert", "true");

// 设置密钥库的路径
conf.set("hadoop.ssl.keystore.location",
    "/path/to/keystore");

// 设置密钥库的密码
```

```
conf.set("hadoop.ssl.keystore.password",
    "keystore_password");

// 设置信任库的路径
conf.set("hadoop.ssl.truststore.location",
    "/path/to/truststore");

// 设置信任库的密码
conf.set("hadoop.ssl.truststore.password",
    "truststore_password");

// 定义输入路径，指向需要加密的数据文件
Path inputPath = new Path("/user/hive/warehouse/mytable");

// 定义输出路径，指向加密后的数据将被存储的位置
Path outputPath = new Path("/user/hive/warehouse/mytable_encrypted");

// 根据配置获取文件系统对象
FileSystem fs = FileSystem.get(conf);

// 在文件系统中创建输出目录
fs.mkdirs(outputPath);

// 设置输出目录的权限，只有所有者有访问权限
fs.setPermission(outputPath, new FsPermission("700"));

// 获取加密编解码器实例
CryptoCodec codec = CryptoCodec.getInstance(conf);

// 使用编解码器创建加密输入流，用于读取原始数据
CryptoInputStream cis = codec.createInputStream(
    fs.open(inputPath), new CryptoConfiguration(conf));

// 使用编解码器创建加密输出流，用于写入加密后的数据
CryptoOutputStream cos = codec.createOutputStream(
    fs.create(new Path(outputPath, "part-00000")),
        new CryptoConfiguration(conf));

// 将数据从输入流复制到输出流，完成加密过程
IOUtils.copyBytes(cis, cos, conf, true);
```

3）数据处理过程中的隐私保护

在 Hadoop 中，可以通过使用安全的计算模型和算法来保护数据处理过程中的隐私。例如，可以使用差分隐私技术来保护查询结果的隐私，或采用动态加密技术来保护数据处理过程中的

隐私。

使用差分隐私技术进行数据处理过程中的隐私保护的示例如代码 6-20 所示。

代码 6-20

```
// 创建一个新的 Hadoop 配置对象
Configuration conf = new Configuration();

// 设置密钥管理服务(KMS)的 URL
conf.set("hadoop.security.key.provider.path",
"kms://http@localhost:16000/kms");

// 设置加密编解码器类
conf.set("hadoop.security.crypto.codec.classes",
"org.apache.hadoop.crypto.JceAesCtrCryptoCodec");

// 设置 Java 加密扩展(JCE)提供者
conf.set("hadoop.security.crypto.jce.provider", "BC");

// 设置加密操作的缓冲区大小
conf.set("hadoop.security.crypto.buffer.size", "1024");

// 设置加密使用的密码套件
conf.set("hadoop.security.crypto.cipher.suite", "AES/CTR/NoPadding");

// 设置加密密钥的位长度
conf.set("hadoop.security.crypto.key.bitlength", "128");

// 定义输入路径，指向原始数据文件
Path inputPath = new Path("/user/hive/warehouse/mytable");

// 定义输出路径，指向加密后的数据存储位置
Path outputPath = new Path("/user/hive/warehouse/mytable_encrypted");

// 根据配置获取文件系统对象
FileSystem fs = FileSystem.get(conf);

// 在文件系统中创建输出目录
fs.mkdirs(outputPath);

// 设置输出目录的权限，只有所有者有访问权限
fs.setPermission(outputPath, new FsPermission("700"));

// 获取加密编解码器实例
CryptoCodec codec = CryptoCodec.getInstance(conf);

// 使用编解码器创建加密输入流，读取原始数据
```

```
CryptoInputStream cis = codec.createInputStream(
fs.open(inputPath), new CryptoConfiguration(conf));

// 使用编解码器创建加密输出流，写入加密后的数据
CryptoOutputStream cos = codec.createOutputStream(
fs.create(new Path(outputPath, "part-00000")), new CryptoConfiguration(conf));

// 假设 DifferentialPrivacy 类是一个用于差分隐私的类
DifferentialPrivacy dp = new DifferentialPrivacy(conf);

// 设置差分隐私预算 epsilon
double epsilon = 1.0;

// 设置差分隐私概率 delta
double delta = 0.001;

// 执行差分隐私查询，返回结果数组
double[] result = dp.query(cis, cos, epsilon, delta);

// 输出查询结果
System.out.println("Query result: " + Arrays.toString(result));
```

3. Spark 中的数据加密与隐私保护

在 Spark 中，数据加密和隐私保护可以通过以下方式实现：

1）数据存储加密

Spark 支持对存储在 HDFS、S3 等文件系统中的数据进行加密。通过使用 Spark 的加密文件系统（CFS）功能，可以对文件系统中的数据进行加密。CFS 使用对称加密算法对数据进行加密，并通过密钥管理器来管理加密密钥。

使用 Spark CFS 进行数据存储加密的示例如代码 6-21 所示。

代码 6-21

```
// 创建一个 Spark 配置对象，并设置应用程序名称和使用本地所有可用的线程作为执行器
SparkConf conf = new SparkConf()
    .setAppName("DataEncryption")
    .setMaster("local[*]");

// 设置 Hadoop 密钥管理服务(KMS)的 URL
conf.set("spark.hadoop.hadoop.security.key.provider.path",
    "kms://http@localhost:16000/kms");

// 设置加密编解码器类
conf.set("spark.hadoop.hadoop.security.crypto.codec.classes",
    "org.apache.hadoop.crypto.JceAesCtrCryptoCodec");
```

```
// 设置 Java 加密扩展(JCE)提供者
conf.set("spark.hadoop.hadoop.security.crypto.jce.provider", "BC");

// 设置加密操作的缓冲区大小
conf.set("spark.hadoop.hadoop.security.crypto.buffer.size", "1024");

// 设置加密使用的密码套件
conf.set("spark.hadoop.hadoop.security.crypto.cipher.suite",
    "AES/CTR/NoPadding");

// 设置加密密钥的位长度
conf.set("spark.hadoop.hadoop.security.crypto.key.bitlength", "128");

// 使用配置创建 JavaSparkContext 对象，它是 Spark 操作的入口点
JavaSparkContext sc = new JavaSparkContext(conf);

// 定义输入和输出路径
Path inputPath = new Path("/user/hive/warehouse/mytable");
Path outputPath = new Path("/user/hive/warehouse/mytable_encrypted");

// 根据 SparkContext 获取 Hadoop 文件系统对象
FileSystem fs = FileSystem.get(sc.hadoopConfiguration());

// 在文件系统中创建输出目录
fs.mkdirs(outputPath);

// 设置输出目录的权限，只有所有者有访问权限
fs.setPermission(outputPath, new FsPermission("700"));

// 获取加密编解码器实例
CryptoCodec codec = CryptoCodec.getInstance(sc.hadoopConfiguration());

// 使用编解码器创建加密输入流，用于读取原始数据
CryptoInputStream cis = codec.createInputStream(fs.open(inputPath),
    new CryptoConfiguration(sc.hadoopConfiguration()));

// 使用编解码器创建加密输出流，用于写入加密后的数据
CryptoOutputStream cos = codec.createOutputStream(
    fs.create(new Path(outputPath, "part-00000")),
    new CryptoConfiguration(sc.hadoopConfiguration()));

// 从输入路径读取文本文件，并创建一个 JavaRDD
JavaRDD<String> data = sc.textFile(inputPath.toString());

// 将 JavaRDD 中的数据以文本文件的形式保存到输出路径
data.saveAsTextFile(outputPath.toString());
```

2）数据传输加密

通过使用 Spark 的 SSL/TLS 协议，可以对 Spark 集群中的数据传输进行加密。

使用 Spark SSL/TLS 进行数据传输加密的示例如代码 6-22 所示。

代码 6-22

```
// 创建 Spark 配置对象，并设置应用程序名称和使用本地所有可用的线程作为执行器
SparkConf conf = new SparkConf()
    .setAppName("DataEncryption")
    .setMaster("local[*]");

// 启用 Spark 的 SSL 加密功能
conf.set("spark.ssl.enabled", "true");

// 要求客户端提供证书进行 SSL 通信
conf.set("spark.ssl.require.client.cert", "true");

// 设置密钥库的路径
conf.set("spark.ssl.keystore.location", "/path/to/keystore");

// 设置密钥库的密码
conf.set("spark.ssl.keystore.password", "keystore_password");

// 设置信任库的路径
conf.set("spark.ssl.truststore.location", "/path/to/truststore");

// 设置信任库的密码
conf.set("spark.ssl.truststore.password", "truststore_password");

// 使用配置创建 JavaSparkContext 对象，它是 Spark 操作的入口点
JavaSparkContext sc = new JavaSparkContext(conf);

// 定义输入和输出路径
Path inputPath = new Path("/user/hive/warehouse/mytable");
Path outputPath = new Path("/user/hive/warehouse/mytable_encrypted");

// 根据 SparkContext 获取 Hadoop 文件系统对象
FileSystem fs = FileSystem.get(sc.hadoopConfiguration());

// 在文件系统中创建输出目录
fs.mkdirs(outputPath);

// 设置输出目录的权限，只有所有者有访问权限
fs.setPermission(outputPath, new FsPermission("700"));

// 获取加密编解码器实例
```

```
CryptoCodec codec = CryptoCodec.getInstance(sc.hadoopConfiguration());

// 使用编解码器创建加密输入流，用于读取原始数据
CryptoInputStream cis = codec.createInputStream(fs.open(inputPath),
    new CryptoConfiguration(sc.hadoopConfiguration()));

// 使用编解码器创建加密输出流，用于写入加密后的数据
CryptoOutputStream cos = codec.createOutputStream(
    fs.create(new Path(outputPath, "part-00000")),
    new CryptoConfiguration(sc.hadoopConfiguration()));

// 从输入路径读取文本文件，并创建一个 JavaRDD
JavaRDD<String> data = sc.textFile(inputPath.toString());

// 将 JavaRDD 中的数据以文本文件的形式保存到输出路径
// 注意：这里并没有使用加密输出流 cos，而是直接保存文本文件
data.saveAsTextFile(outputPath.toString());
```

3）数据处理过程中的隐私保护

与Hadoop一样，Spark也通过使用安全的计算模型和算法来保护数据处理过程中的隐私。在Spark中使用差分隐私技术进行数据处理过程中的隐私保护的示例如代码6-23所示。

代码 6-23

```
// 创建 Spark 配置对象，设置应用程序名称和本地模式运行
SparkConf conf = new SparkConf()
    .setAppName("DataEncryption")
    .setMaster("local[*]");

// 设置 Hadoop 密钥管理服务(KMS)的 URL
conf.set("spark.hadoop.hadoop.security.key.provider.path",
    "kms://http@localhost:16000/kms");

// 设置加密编解码器类
conf.set("spark.hadoop.hadoop.security.crypto.codec.classes",
    "org.apache.hadoop.crypto.JceAesCtrCryptoCodec");

// 设置 Java 加密扩展(JCE)提供者
conf.set("spark.hadoop.hadoop.security.crypto.jce.provider", "BC");

// 设置加密操作的缓冲区大小
conf.set("spark.hadoop.hadoop.security.crypto.buffer.size", "1024");

// 设置加密使用的密码套件
conf.set("spark.hadoop.hadoop.security.crypto.cipher.suite",
    "AES/CTR/NoPadding");
```

```
// 设置加密密钥的位长度
conf.set("spark.hadoop.hadoop.security.crypto.key.bitlength", "128");

// 使用配置创建 JavaSparkContext 对象，它是 Spark 操作的入口点
JavaSparkContext sc = new JavaSparkContext(conf);

// 定义输入和输出路径
Path inputPath = new Path("/user/hive/warehouse/mytable");
Path outputPath = new Path("/user/hive/warehouse/mytable_encrypted");

// 根据 SparkContext 获取 Hadoop 文件系统对象
FileSystem fs = FileSystem.get(sc.hadoopConfiguration());

// 在文件系统中创建输出目录
fs.mkdirs(outputPath);

// 设置输出目录的权限，只有所有者有访问权限
fs.setPermission(outputPath, new FsPermission("700"));

// 获取加密编解码器实例
CryptoCodec codec = CryptoCodec.getInstance(sc.hadoopConfiguration());

// 使用编解码器创建加密输入流，用于读取原始数据
CryptoInputStream cis = codec.createInputStream(fs.open(inputPath),
    new CryptoConfiguration(sc.hadoopConfiguration()));

// 使用编解码器创建加密输出流，用于写入加密后的数据
CryptoOutputStream cos = codec.createOutputStream(
    fs.create(new Path(outputPath, "part-00000")),
    new CryptoConfiguration(sc.hadoopConfiguration()));

// 在 Spark 中不直接支持差分隐私技术
// 以下代码假设 DifferentialPrivacy 类和 query 方法存在，并且能够与 cis 和 cos 流进行交互
DifferentialPrivacy dp = new DifferentialPrivacy(conf);
double epsilon = 1.0; // 差分隐私预算
double delta = 0.001; // 差分隐私概率
// 这里需要根据实际实现调整
double[] result = dp.query(cis, cos, epsilon, delta);

// 输出查询结果
System.out.println("Query result: " + Arrays.toString(result));
```

通过使用 Hadoop 和 Spark 中的数据加密与隐私保护技术，可以有效保护数据的安全性和隐私。

6.5 身份认证与授权

本节将探讨 Hadoop 和 Spark 中的身份认证与授权机制，并介绍基于角色的访问控制（RBAC），以确保只有授权用户能够访问敏感数据和执行关键操作。

基于角色的访问控制通过将用户分配到不同的角色，并根据角色定义权限，从而实现对系统资源的访问控制。RBAC 具有灵活、可扩展和易于管理的特点，被广泛应用于各种信息系统中。

1. RBAC 的基本原理

RBAC 是一种基于角色的访问控制模型，它将用户、角色和权限三者联系在一起。用户是指系统中的个体，角色是指一组具有相同权限的用户集合，权限是指对系统资源的访问许可。RBAC 的基本原理如下：

- 用户与角色的关联：用户被分配到不同的角色，一个用户可以属于多个角色。
- 角色与权限的关联：角色被赋予不同的权限，一个角色可以拥有多个权限。
- 权限与资源的关联：权限被映射到系统资源上，只有具有相应权限的用户才能访问特定的资源。

通过这种方式，RBAC 实现了对系统资源的细粒度访问控制，具有相应权限的用户才能访问特定的资源，从而保护数据的安全。

2. Hadoop 中的 RBAC 实现

Hadoop 中的 RBAC 实现主要包括以下几个步骤：

（1）定义角色：管理员根据组织结构和业务需求定义不同的角色，并为每个角色分配相应的权限。

（2）创建用户：管理员为系统中的每个用户创建账号，并根据用户的职责和权限需求将用户分配到不同的角色中。

（3）配置 ACL：管理员根据角色的权限需求，为不同的资源对象配置 ACL，指定哪些角色可以访问哪些资源。

（4）执行授权：当用户访问系统资源时，系统会根据用户的角色和资源的 ACL 进行授权检查。如果用户的角色具有访问该资源的权限，则允许访问；否则，拒绝访问。

下面是一个简单的 Java 代码示例，演示如何在 Hadoop 中配置基于 RBAC 的授权，具体实现如代码 6-24 所示。

代码 6-24

```
// 创建一个文件系统对象
FileSystem fs = FileSystem.get(conf);

// 定义一个角色和权限
```

```
String roleName = "data_analyst";
FsPermission permission = new FsPermission(FsAction.READ_EXECUTE,
    FsAction.NONE, FsAction.NONE);

// 为文件设置 ACL，指定角色的权限
fs.setAcl(new Path("/data/reports"), EnumSet.of(AclEntryType.USER),
    EnumSet.of(AclEntryScope.ACCESS), roleName, permission);
```

在这个示例中，首先创建了一个文件系统对象，并定义了一个名为 data_analyst 的角色。然后，使用 setAcl 方法为文件“/data/reports”设置了 ACL，指定了 data_analyst 角色的权限为读和执行。这样，只有属于 data_analyst 角色的用户才能访问这个文件。

3. Spark 中的 RBAC 实现

Spark 中的 RBAC 实现步骤与 Hadoop 中的 RBAC 实现步骤基本一致，不同之处在于第 3 步，Hadoop 是配置 ACL，而 Spark 是配置权限：在 Spark 中，管理员根据角色的权限需求，为不同的数据库、表或列配置权限，指定哪些角色可以访问哪些数据。

下面是一个简单的 Java 代码示例，演示如何在 Spark SQL 中配置基于 RBAC 的授权，具体实现如代码 6-25 所示。

代码 6-25

```
// 创建一个 SparkSession 对象
SparkSession spark = SparkSession.builder().appName("MyApp").getOrCreate();

// 定义一个角色和权限
String roleName = "data_scientist";
Privilege[] privileges = { Privilege.SELECT, Privilege.UPDATE };

// 为表设置权限，指定角色的权限
spark.sql("GRANT " + Arrays.toString(privileges)
    + " ON TABLE my_table TO ROLE " + roleName);
```

在这个示例中，首先创建了一个 SparkSession 对象，并定义了一个名为 data_scientist 的角色。然后，使用 sql 方法为表 my_table 设置了权限，指定了 data_scientist 角色的权限为选择和更新。这样，只有属于 data_scientist 角色的用户才能访问这张表。

4. RBAC 的优势与挑战

RBAC 作为一种常用的访问控制模型，具有以下优势：

- 灵活性：RBAC 可以根据组织结构和业务需求的变化进行灵活调整，以适应不同的应用场景。
- 可扩展性：RBAC 可以通过添加新的角色和权限来扩展系统的访问控制能力，以满足不断增长的业务需求。
- 易管理性：RBAC 通过将用户分配到不同的角色，并根据角色定义权限，简化了访问

控制的管理复杂性。

- 安全性：RBAC 通过限制用户对系统资源的访问权限，确保数据安全，防止了未经授权的访问和操作。

然而，RBAC 也面临以下挑战：

- 角色定义的复杂性：RBAC 需要管理员根据组织结构和业务需求定义不同的角色，并为其分配相应的权限，这个过程可能较为复杂，需要仔细考虑各种因素。
- 权限管理的复杂性：RBAC 需要管理员为不同的资源对象配置权限，并确保权限设置正确，这个过程可能较为烦琐，容易出现错误或遗漏。
- 性能影响：RBAC 需要在用户访问系统资源时进行授权检查，这可能增加系统的响应时间和计算开销。

6.6 本章小结

本章主要介绍了 Hadoop 和 Spark 大数据安全，包括大数据安全性挑战、Hadoop 安全架构、Spark 安全实践、数据加密与隐私保护、身份认证与授权等内容，并通过实际案例展示了这些特性在实际应用中的效果，从而帮助读者全面了解和掌握大数据环境的安全保护方法。

6.7 习题

（1）大数据安全性挑战主要包括哪些方面？（ ）

A. 数据泄露风险　　B. 数据篡改风险

C. 数据丢失风险　　D. 以上都是

（2）在 Hadoop 安全架构中，通常用于身份验证的协议是什么？（ ）

A. SSL　　B. Kerberos　　C. OAuth　　D. SAML

（3）在 Spark 安全实践中，如何保护数据在传输过程中的安全性？（ ）

A. 使用加密算法对数据进行加密　　B. 使用访问控制列表限制访问权限

C. 使用安全传输协议（如 TLS）　　D. 以上都是

（4）在数据加密与隐私保护中，常用的加密算法有哪些？（ ）

A. AES　　B. RSA　　C. DES　　D. 以上都是

（5）在身份认证与授权中，授权是指什么？（ ）

A. 验证用户身份的过程　　B. 根据用户身份授予其相应权限的过程

C. 确保数据在传输过程中的安全性　　D. 对数据进行加密和解密的过程

第 3 篇　进　　阶

本篇将详细介绍 Hadoop 和 Spark 的进阶知识，涵盖从数据采集与清洗到存储与管理，再到数据分析与挖掘的全流程。通过学习本篇，读者将掌握使用 Hadoop 和 Spark 进行大规模数据处理的技术，深入理解实时数据处理的关键技术和应用场景，从而全面提升在大数据领域的实战能力。

- 第 7 章　数据采集与清洗
- 第 8 章　数据存储与管理
- 第 9 章　数据分析与挖掘
- 第 10 章　实时数据处理

第7章

数据采集与清洗

本章将介绍如何高效地采集多种数据源，以及Hadoop与Spark在数据采集中的具体应用及优化技巧。此外，还将系统讲解数据清洗的基本概念、策略及其在Hadoop和Spark中的实现方式。通过对比Hadoop和Spark在数据处理过程中的异同，帮助读者掌握如何结合使用Hadoop和Spark来构建高效的数据处理解决方案。

7.1 Hadoop数据采集

本节将介绍Hadoop环境下的数据源与采集工具，帮助读者理解如何从多种来源高效获取数据。内容涵盖常见的数据源类型及相应采集工具的选择与配置。此外，还将通过实际案例详细解析Hadoop的数据采集流程，帮助读者掌握在大数据环境中高效、准确地进行数据采集的方法。

7.1.1 数据源与采集工具

Hadoop作为大数据处理的核心技术之一，其数据采集的方式和工具多种多样。本小节将系统介绍数据源的类型、Hadoop数据采集的工具及其选择依据。

1. 数据源

在大数据处理的背景下，数据源的多样性和复杂性对数据采集提出了很高的要求。不同数据源类型决定了相应的采集工具和策略，理解数据源的分类是进行数据采集的第一步。数据源通常分为以下4类。

1）结构化数据源

结构化数据源是指具有固定格式和模式的数据，通常以关系数据库（如 MySQL、PostgreSQL）或数据仓库（如 Hive）的形式存在。这类数据源的数据以表格形式存储，具有清晰的行、列结构，适合直接进行 ETL 处理。

2）半结构化数据源

半结构化数据源介于结构化和非结构化数据源之间，常见格式包括 JSON、XML 和 CSV。这类数据具有一定的结构性，但不如传统关系数据库严格。例如，JSON 数据的层级结构在描述复杂数据对象时非常有效，但在处理时可能需要对其结构进行解析和转换。

3）非结构化数据源

非结构化数据源是指没有固定格式的数据，如文本、图像、视频、日志文件等。这类数据源的处理难度较大，因为它们没有预定义模式，往往需要先进行数据整理和预处理。例如，文本数据分析可能需要使用自然语言处理（NLP）技术，而图像数据处理则可能需要使用图像识别技术。

4）流数据源

流数据源（如 Apache Kafka）是一种特殊的数据源，是指实时生成的数据流，如物联网设备数据、用户行为日志、金融交易数据等。流数据源需要实时处理和分析，通常使用流处理框架（如 Apache Flink）进行数据采集和处理。

2. 数据采集工具

根据不同的数据源，Hadoop 提供了多种数据采集工具。这些工具各自有其独特的功能和应用场景，选择合适的工具是高效进行数据采集的关键。

1）Apache Sqoop

Apache Sqoop 是一个用于在 Hadoop 和关系数据库之间传输数据的工具。它能够将结构化数据从关系数据库导入 Hadoop 的 HDFS 中，或将处理后的数据从 HDFS 导回关系数据库。Sqoop 支持主流的关系数据库，如 MySQL、PostgreSQL 和 Oracle 等。Sqoop 的具体功能如表 7-1 所示。

表 7-1 Sqoop 的功能

功 能	说 明
数据导入	将数据从关系数据库导入 HDFS
数据导出	将数据从 HDFS 导出到关系数据库
增量导入	支持增量数据导入，减少数据重复

2）Apache Flume

Apache Flume 是一款分布式、可靠的日志采集工具，专门用于收集、聚合和传输大量的日志数据。Flume 支持实时收集流数据，并将其传输到存储系统（如 HDFS 和 HBase）。Flume 的灵活性使其能够处理多种类型的数据源和数据格式。Flume 的主要功能如表 7-2 所示。

表 7-2　Flume 的功能

功　能	说　明
日志采集	实时收集和传输日志数据
数据流处理	支持简单的数据流处理，如过滤和格式转换
多种数据源支持	可从文件、网络等多种数据源中收集数据

3）Apache Kafka

Apache Kafka 是一种高吞吐量、分布式消息队列系统，广泛应用于流数据的实时采集。Kafka 能够处理大量的实时数据流，并提供高可用性和数据持久性。与 Hadoop 生态系统中的其他组件（如 Spark 和 Flink）无缝集成，可实现实时数据处理和分析。Kafka 的主要功能如表 7-3 所示。

表 7-3　Kafka 的功能

功　能	说　明
高吞吐量	能够处理大量的数据流
分布式架构	提供高可用性和容错能力
实时数据处理	与流处理框架集成，支持实时数据分析

4）Apache Nifi

Apache Nifi 是一款用于自动化数据流的工具，用于分布式系统中数据的采集、处理和传输。Nifi 提供了直观的用户界面，允许用户通过拖曳操作的方式定义数据流，适用于各种数据源之间的数据传输和转换。Nifi 的主要功能如表 7-4 所示。

表 7-4　Nifi 的功能

功　能	说　明
可视化数据流设计	提供直观的用户界面进行数据流设计
多种数据源支持	支持从不同类型的数据源采集数据
数据流控制	支持数据优先级、流速控制和数据审计

5）Apache Chukwa

Apache Chukwa 是 Hadoop 生态系统中的一个专用数据收集系统，特别适合监控数据的采集。它基于 HDFS 和 MapReduce，能够实时采集分布式系统的监控数据并将其存储到 HDFS 中。Chukwa 的主要功能如表 7-5 所示。

表 7-5　Chukwa 的功能

功　能	说　明
监控数据采集	实时收集和存储分布式系统的监控数据
集成 HDFS	直接将采集的数据存储到 HDFS 中
基于 MapReduce	支持对监控数据的批处理分析

7.1.2　Hadoop 数据采集流程与案例

数据采集流程在大数据项目中扮演着至关重要的角色。本小节将详细介绍 Hadoop 数据采集的完整流程，并通过实际案例深入剖析 Hadoop 数据采集的最佳实践，帮助读者掌握在大规模数据处理中如何构建高效的采集流程，从而支持后续的数据存储、处理和分析工作。

1. 数据采集流程概述

在大数据处理过程中，数据采集是基础环节之一，数据采集的质量直接关系到后续数据的存储、处理及分析效果。Hadoop 数据采集流程包括从数据源识别到数据清洗的全过程，主要包括以下步骤：

（1）数据源识别与分析。
（2）选择合适的采集工具。
（3）配置采集工具并实施数据采集。
（4）数据存储与管理。
（5）数据清洗与转换。

2. 数据源识别与分析

数据源的识别与分析是数据采集流程的起点，决定了采集的方向和策略。不同类型的数据源及其特性需要采用相应的采集方式。

针对不同数据源的特点，需要明确数据采集的目标和要求，表 7-6 总结了常见的数据源类型、特点及采集挑战。

表 7-6　数据源分析

数据源类型	数据源示例	特　　点	采集挑战
结构化数据源	MySQL 数据库	结构清晰、格式统一	数据量大，可能需要增量采集
半结构化数据源	JSON 日志文件	部分结构化，有层次关系	解析复杂，数据格式不统一
非结构化数据源	图像、文本	无固定结构，格式多样	需要大量预处理，如 OCR、NLP
流数据源	实时日志	数据持续生成，实时性强	需要高吞吐量和低延迟处理

3. 选择合适的采集工具

根据数据源的特点，选择合适的 Hadoop 数据采集工具是关键。不同工具适用于不同的数据源类型和采集需求，它们的优劣分析如表 7-7 所示。

表 7-7　选择合适的采集工具

工　　具	适用数据源	优势	劣势
Sqoop	结构化数据	易于使用，支持增量导入	仅适用于关系数据库
Flume	半结构化、非结构化数据	实时采集，支持日志聚合	配置复杂，性能受限
Kafka	流数据	高吞吐量，支持分布式	需要实时处理框架支持
Nifi	各类数据源	灵活、可视化配置	学习曲线较高

4. 配置采集工具并实施数据采集

确定合适的采集工具后，需完成工具的配置并实施实际的数据采集。配置过程需要综合考虑数据源的连接方式、采集策略、数据格式和存储路径等因素。

1）配置 Sqoop

Sqoop 的配置主要涉及以下 3 个方面：与数据库的连接、数据导入策略的选择以及存储格式和路径的设定。

- 与数据库的连接：通过 JDBC 连接字符串配置数据库连接。需提供数据库的 URL、用户名和密码等信息。
- 数据导入策略的选择：支持全量导入或增量导入。增量导入通常基于主键或时间戳，可以有效避免重复数据。
- 存储格式和路径的设定：支持将数据导入 HDFS、HBase 或 Hive，并兼容多种文件格式，如 CSV 和 Parquet。

Sqoop 的具体配置内容如代码 7-1 所示。

代码 7-1

```
sqoop import --connect jdbc:mysql://localhost/dbname \
--username user --password pass \
--table tablename --target-dir /user/hadoop/tablename \
--incremental append --check-column id --last-value 1000
```

2）配置 Flume

Flume 的配置由 Source、Channel 和 Sink 三部分组成，每部分都需根据数据源和目标存储系统的特点进行定制。

- Source：定义数据源类型，如文件、网络等。可配置监控的日志目录、网络端口等参数。
- Channel：负责数据传输的中间缓冲区，常见通道类型包括内存通道（Memory Channel）和文件通道（File Channel）。
- Sink：定义数据的目标存储系统，如 HDFS、HBase 或 Kafka。需配置目标系统的连接信息及存储路径。

Flume 的具体配置内容如代码 7-2 所示。

代码 7-2

```
agent.sources = source1
agent.channels = channel1
agent.sinks = sink1

agent.sources.source1.type = exec
agent.sources.source1.command = tail -F /var/log/app.log
```

```
agent.channels.channel1.type = memory
agent.channels.channel1.capacity = 10000

agent.sinks.sink1.type = hdfs
agent.sinks.sink1.hdfs.path = /user/hadoop/logs/
```

5. 数据存储与管理

将数据采集到 Hadoop 后，合理地存储和管理这些数据至关重要。数据的存储格式、分区策略以及管理方式将直接影响后续数据处理的效率。

1）数据存储格式

根据应用场景选择合适的数据存储格式：

- Text/CSV：易于理解和处理，但存储和查询效率较低，适用于小规模数据。
- Avro：支持数据的动态模式变化，适合半结构化数据场景。
- Parquet：列式存储格式，针对大数据集的高效查询需求，具有显著优势。
- ORC：Hadoop 生态系统中的另一种列式存储格式，具有更优的压缩和查询性能。

2）数据分区策略

合理的分区策略能够显著提高数据查询和处理效率。常见分区策略包括：

- 按时间分区：将数据按日、月、年分区存储，适用于时间序列数据。
- 按数据特性分区：如按地理位置、类别等特性进行分区，适合多维度查询的场景。

3）数据管理

数据管理包括数据的存储路径规划、版本控制和生命周期管理。

- 存储路径规划：按照业务需求设计合理的 HDFS 目录结构，便于数据管理和访问。
- 版本控制：对数据进行版本管理，确保数据的可追溯性和一致性。
- 生命周期管理：对不再需要的数据进行归档或删除，以节约存储资源。

6. 数据清洗与转换

在大数据处理的实践中，数据清洗和转换是确保数据质量的关键步骤。

1）数据清洗

数据清洗包括去重、缺失值处理、异常值检测等。常用的方法有：

- 去重：对重复数据进行过滤，确保数据的唯一性。
- 缺失值处理：可以选择删除含有缺失值的记录，或使用均值、中位数等填补缺失值。
- 异常值检测：使用统计方法或机器学习模型识别和处理异常值。

2）数据转换

数据转换包括数据格式转换、数据类型转换、数据归一化等。

- 格式转换：如将 CSV 格式数据转换为 Parquet 格式，以提高查询效率。
- 类型转换：将数据类型统一，如将字符串类型的日期转换为标准日期类型。
- 数据归一化：对数值型数据进行标准化处理，以提高分析模型的稳定性。

常用的转换工具有 MapReduce 和 Spark。

7. 实际案例分析

下面通过一个实际案例来分析 Hadoop 数据采集流程。

1）案例背景

假设有一个大型的电子商务平台，每天产生大量的用户行为日志、交易记录、商品信息等数据。这些数据需要实时采集并存储到 Hadoop 中，以便进行用户行为分析、交易分析和商品推荐等。

2）数据源与采集需求

- 用户行为日志：每天产生数十吉字节的 JSON 格式日志，包含用户的浏览、点击、搜索行为。
- 交易记录：存储在 MySQL 数据库中，每天有数百万条新记录，需进行增量导入。
- 商品信息：包括商品的描述、图片等，数据量较大且格式不统一。

3）采集工具配置与实施

- 用户行为日志：使用 Flume 将用户行为日志实时采集到 HDFS，配置文件如代码 7-2 所示，按小时分区存储。
- 交易记录：使用 Sqoop 的定时任务每小时执行一次增量导入，配置如代码 7-1 所示。
- 商品信息：使用 Nifi 进行非结构化数据的采集与处理，将图片存储到 HDFS，将文本数据进行分词处理后存储为 Parquet 格式。

4）数据存储与管理

- 用户行为日志：存储为 JSON 格式，每天一个目录，便于后续的时间序列分析。
- 交易记录：存储为 Parquet 格式，并按月分区，以提高查询效率。
- 商品信息：图片和文本数据分开存储，图片按商品 ID 分目录，文本数据按类别存储。

5）数据清洗与转换

- 用户行为日志：对日志中的噪声数据进行清洗，如去除无效的点击记录，格式统一为标准的 JSON。
- 交易记录：对重复的交易记录进行去重，对异常的交易金额进行标记和处理。
- 商品信息：对文本数据进行分词和向量化处理，为后续的推荐系统提供输入。

6）数据分析与应用

通过以上的数据采集流程，电子商务平台的数据被有效地存储和管理，支持了多种数据分析应用：

- 用户行为分析：基于清洗后的行为日志数据，使用 Spark 进行用户画像的构建和行为预测。
- 交易分析：基于交易记录，进行销售趋势分析和客户价值分析。
- 商品推荐：基于商品信息和用户行为，构建个性化推荐系统，提高用户体验和销售转化率。

数据源和采集工具的选择是数据分析过程中至关重要的一步。通过了解数据源的分类和特点，选择合适的采集工具，并遵循科学的数据采集流程，我们可以获取高质量、有价值的数据，为决策提供有力的支持。

7.2 Spark 数据采集

本节将深入探讨 Spark 在大数据环境中的数据源接入方式、采集实践与优化策略。内容涵盖如何高效接入多种数据源，实现批量与实时模式下的数据采集，以及通过优化采集流程提升 Spark 的数据处理性能，从而为大数据分析提供强有力的支持。

7.2.1 Spark 数据源接入方式

数据源接入是 Spark 应用中至关重要的一部分，不同的数据源接入方式影响着数据的读取、写入和处理效率。本小节将深入探讨 Spark 的数据源接入方式，帮助读者全面了解如何高效地将数据源接入 Spark，以实现最优的数据处理效果。

1. Spark 数据源

数据源的接入是 Spark 数据处理的第一步，决定了后续数据处理的效率和效果。

1）数据源类型

Spark 支持的数据源类型与 Hadoop 保持一致。

2）数据源接入的重要性

数据源的接入方式不仅影响数据获取的速度，还决定了数据处理的并行度和容错性。合理配置数据源接入可以显著提升 Spark 作业的整体性能。

3）Spark 的统一数据接入 API

Spark 提供了多种 API 和工具来支持不同类型数据源的接入，主要包括：

- DataFrame API：用于处理结构化和半结构化数据。
- RDD API：用于处理非结构化数据和流数据。
- Spark SQL：用于从 SQL 数据源查询数据。

- Spark Streaming：用于处理实时流数据。

2. 结构化数据源的接入

Spark 提供了丰富的 API 来方便地接入结构化数据源。

1）接入关系数据库

Spark 可以通过 JDBC 接口链接各种关系数据库，常用数据库包括 MySQL、PostgreSQL、Oracle 等。

使用 JDBC 从 MySQL 读取数据的示例如代码 7-3 所示。

代码 7-3

```
import org.apache.spark.sql.Dataset;
import org.apache.spark.sql.Row;
import org.apache.spark.sql.SparkSession;
import org.apache.spark.sql.jdbc.JdbcDialects;

public class JdbcReadExample {
    public static void main(String[] args) {
        // 创建 SparkSession 对象
        SparkSession spark = SparkSession.builder()
                .appName("JDBC Read Example")
                .master("local[*]")  // 使用本地所有可用的线程
                .getOrCreate();

        // 配置 JDBC 连接的 URL、驱动类、表名、用户名和密码
        String url = "jdbc:mysql://localhost:3306/dbname";
        // MySQL 8.0 及以上版本驱动类名变更
        String driver = "com.mysql.cj.jdbc.Driver";
        String dbtable = "tablename";
        String user = "username";
        String password = "password";

        // 使用 SparkSession 的 load 方法读取 JDBC 数据
        Dataset<Row> jdbcDF = spark.read()
                .format("jdbc")
                .option("url", url)
                .option("driver", driver)
                .option("dbtable", dbtable)
                .option("user", user)
                .option("password", password)
                .load();

        // 显示数据（可选）
        jdbcDF.show();
```

```
        // 停止 SparkSession
        spark.stop();
    }
}
```

2）使用 JDBC 写入数据

通过 JDBC，Spark 也可以将处理后的数据写回到关系数据库，具体实现如代码 7-4 所示。

代码 7-4

```
import org.apache.spark.api.java.JavaRDD;
import org.apache.spark.api.java.JavaSparkContext;
import org.apache.spark.sql.Dataset;
import org.apache.spark.sql.Row;
import org.apache.spark.sql.RowFactory;
import org.apache.spark.sql.SparkSession;
import org.smartloli.spark.book.learn.chapt4.entity.Person;

public class JdbcWriteExample {
    public static void main(String[] args) {
        // 创建 SparkSession 对象
        SparkSession spark = SparkSession.builder()
                .appName("JDBC Write Example")
                .master("local[*]")   // 使用本地所有可用的线程
                .getOrCreate();

        // 创建 JavaSparkContext
        JavaSparkContext sc = new JavaSparkContext(spark.sparkContext());

        // 创建一个包含 Person 对象的 JavaRDD
        JavaRDD<Person> peopleRDD = sc.parallelize(
                Arrays.asList(
                        new Person("Alice", 25),
                        new Person("Bob", 30),
                        new Person("Charlie", 35)
                )
        );

        // 将 Person 对象的 JavaRDD 转换为 Row 对象的 JavaRDD
        JavaRDD<Row> rowRDD = peopleRDD.map(person ->
                RowFactory.create(person.getName(), person.getAge())
        );

        // 定义 DataFrame 的列名
        String[] columnNames = new String[] {"name", "age"};

        // 将 Row 对象的 JavaRDD 转换为 DataFrame
```

```
        Dataset<Row> jdbcDF = spark.createDataFrame(rowRDD, Row.class);

        // 配置 JDBC 连接的 URL、驱动类、表名、用户名和密码
        String url = "jdbc:mysql://localhost:3306/dbname";
        // 注意 MySQL 8.0 及以上版本驱动类名变更
        String driver = "com.mysql.cj.jdbc.Driver";
        String dbtable = "tablename";
        String user = "username";
        String password = "password";

        // 将 DataFrame 写入 JDBC 数据库
        jdbcDF.write()
                .format("jdbc")
                .option("url", url)
                .option("driver", driver)
                .option("dbtable", dbtable)
                .option("user", user)
                .option("password", password)
                .save();

        // 停止 SparkSession
        spark.stop();
    }
}
```

3）优化 JDBC 数据源接入

在大数据环境中，从关系数据库读取大规模数据时，需注意以下优化策略：

- 分区读取：通过指定 partitionColumn、lowerBound、upperBound 和 numPartitions 参数，读取大表分区，提高并行度。
- 批量操作：配置批量读取大小（fetchSize）和批量写入大小（batchsize），减少数据库连接次数。

通过配置分区选项以读取数据，具体实现如代码 7-5 所示。

代码 7-5

```
import org.apache.spark.sql.Dataset;
import org.apache.spark.sql.Row;
import org.apache.spark.sql.SparkSession;

public class JdbcReadWithPartitioningExample {
    public static void main(String[] args) {
        // 创建 SparkSession 对象
        SparkSession spark = SparkSession.builder()
                .appName("JDBC Read with Partitioning Example")
```

```
                .master("local[*]")    // 使用本地所有可用的线程
                .getOrCreate();

        // 配置 JDBC 连接的 URL、驱动类、表名、用户名和密码
        String url = "jdbc:mysql://localhost:3306/dbname";
        // 注意 MySQL 8.0 及以上版本驱动类名变更
        String driver = "com.mysql.cj.jdbc.Driver";
        String dbtable = "tablename";
        String user = "username";
        String password = "password";

        // 配置分区读取选项
        String partitionColumn = "id";           // 分区列
        String lowerBound = "1";                 // 分区的最小值
        String upperBound = "1000";              // 分区的最大值
        String numPartitions = "10";             // 分区的数量

        // 使用 SparkSession 的 read 方法读取 JDBC 数据，并进行分区
        Dataset<Row> jdbcDF = spark.read()
                .format("jdbc")
                .option("url", url)
                .option("driver", driver)
                .option("dbtable", dbtable)
                .option("user", user)
                .option("password", password)
                .option("partitionColumn", partitionColumn)
                .option("lowerBound", lowerBound)
                .option("upperBound", upperBound)
                .option("numPartitions", numPartitions)
                .load();

        // 显示数据（可选）
        jdbcDF.show();

        // 停止 SparkSession
        spark.stop();
    }
}
```

4）接入 HDFS 文件系统

Spark 能够直接从 HDFS 中读取和写入数据。Spark 读取 CSV 文件的示例如代码 7-6 所示。

代码 7-6

```
import org.apache.spark.sql.Dataset;
import org.apache.spark.sql.Row;
import org.apache.spark.sql.SparkSession;
```

```
import org.apache.spark.sql.functions;

public class ReadCsvExample {
    public static void main(String[] args) {
        // 创建SparkSession对象
        SparkSession spark = SparkSession.builder()
                .appName("Read CSV Example")
                .master("local[*]")    // 使用本地所有可用的线程
                .getOrCreate();

        // 配置CSV文件路径，包含头部信息
        // CSV文件的HDFS路径
        String path = "hdfs://cluster1/path/to/csvfile.csv";

        // 使用SparkSession的read方法读取CSV文件
        Dataset<Row> csvDF = spark.read()
                .option("header", "true")      // 指定CSV文件包含头部信息
                .csv(path);            // 加载CSV文件

        // 显示读取的数据（可选）
        csvDF.show();

        // 停止SparkSession
        spark.stop();
    }
}
```

3. 半结构化数据源的接入

Spark支持直接从半结构化数据源中读取数据，并将其转换为DataFrame进行分析。

假设有一个嵌套JSON结构的日志文件，我们需要提取其中的用户行为数据。日志的具体内容如文本7-1所示。

文本7-1

```
{
  "userId": "12345678",
  "events": [
    {"type": "click", "timestamp": "2024-08-13T12:34:56"},
    {"type": "purchase", "timestamp": "2024-08-13T12:35:00", "amount": 99.99}
  ]
}
```

我们可以使用Spark处理JSON文件，提取并分析用户的点击和购买行为。具体实现如代码7-7所示。

代码 7-7

```
import org.apache.spark.sql.*;

public class ReadJsonAndFlattenExample {
    public static void main(String[] args) {
        // 创建 SparkSession 对象
        SparkSession spark = SparkSession.builder()
                .appName("Read JSON and Flatten Example")
                .master("local[*]")   // 使用本地所有可用的线程
                .getOrCreate();

        // 指定 JSON 文件的 HDFS 路径
        String path = "hdfs://namenode:9000/spark/data/to/logs.json";

        // 调用 SparkSession 的 read 方法读取 JSON 文件
        Dataset<Row> jsonDF = spark.read().option("multiline",
true).json(path);

        // 使用 explode 函数将数组类型的列展开成多行
        // 假设 JSON 文件中的"events"字段是一个数组
        Column eventColumn = functions.explode(functions.col("events"));

        // 增加新列"event"，并将"events"数组展开
        Dataset<Row> flattenedDF = jsonDF.withColumn("event", eventColumn)
                .select("userId", "event.type", "event.timestamp",
"event.amount");

        // 显示处理后的数据（可选）
        flattenedDF.show();

        // 停止 SparkSession
        spark.stop();
    }
}
```

执行上述代码后，处理结果如图 7-1 所示。

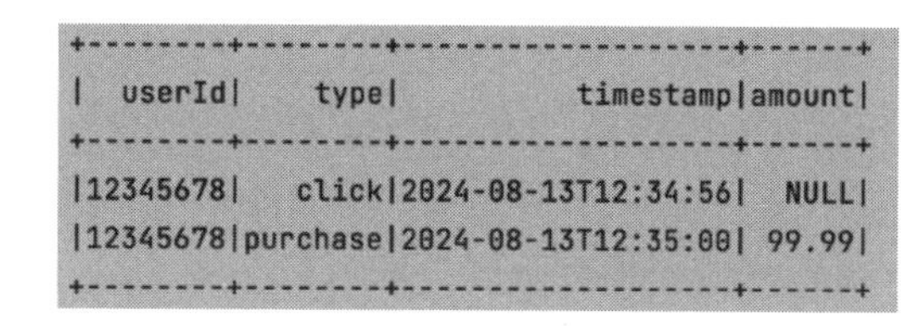

userId	type	timestamp	amount
12345678	click	2024-08-13T12:34:56	NULL
12345678	purchase	2024-08-13T12:35:00	99.99

图 7-1

4. 流数据源的接入

Spark Streaming 和 Structured Streaming 为处理流数据提供了强大的支持。代码 7-8 所示是

一个从 Kafka 读取流数据并输出到控制台的示例。

代码 7-8

```
import org.apache.spark.sql.Dataset;
import org.apache.spark.sql.Row;
import org.apache.spark.sql.SparkSession;
import org.apache.spark.sql.streaming.StreamingQuery;

public class KafkaStreamExample {
    public static void main(String[] args) throws Exception {
        // 创建 SparkSession 对象，并启用 Streaming
        SparkSession spark = SparkSession.builder()
                .appName("Kafka Stream Example")
                .master("local[*]")   // 使用本地所有可用的线程
                .getOrCreate();

        // 配置 Kafka 连接选项
        String bootstrapServers = "localhost:9092"; // Kafka 集群的地址
        String topicName = "topicName"; // 要订阅的 Kafka 主题名称
        String groupId = "groupId";       // Kafka 消费者组 ID

        // 使用 SparkSession 的 readStream 方法读取 Kafka 数据流
        Dataset<Row> kafkaDF = spark
                .readStream()
                .format("kafka")  // 指定数据源格式为 Kafka
                // 设置 Kafka 集群地址
                .option("kafka.bootstrap.servers", bootstrapServers)
                // 设置要订阅的 Kafka 主题
                .option("subscribe", topicName)
                // 如果不设置，会自动创建唯一的消费者组 ID
                .option("kafka.group.id", groupId)
                .load();

        // 从 DataFrame 中选择需要的列，例如只选择"value"列
        Dataset<Row> selectDF = kafkaDF.select("value");

        // 启动 StreamingQuery，将数据输出到控制台
        StreamingQuery query = selectDF.writeStream()
                .outputMode("append") // 设置输出模式为 append，即只输出新增数据
                .format("console")   // 设置输出格式为控制台
                .start(); // 启动流处理

        // 等待流处理完成（这里使用无限制等待，实际应用中应根据需要设置适当的超时时间或终止
条件）
        query.awaitTermination();
```

```
        // 停止 SparkSession
        spark.stop();
    }
}
```

7.2.2　Spark 数据采集的实践与优化

本小节将深入探讨 Spark 数据采集的实践与优化策略，通过具体案例分析，帮助读者全面理解如何在实际项目中利用 Spark 实现高效的数据采集和处理。

1. Spark 数据采集概述

数据采集是大数据处理的基础环节，决定了后续数据分析与挖掘的质量。Spark 凭借其分布式处理能力和丰富的 API，可以高效采集和处理多种数据源。

1）Spark 数据采集的作用

Spark 数据采集的主要作用包括：

- 数据整合：从多种来源提取数据并进行整合和预处理。
- 实时采集：支持流数据的实时采集和处理。
- 分布式处理：利用集群资源提高数据采集和处理的并行度。

2）常见的数据采集场景

Spark 数据采集在以下场景中得到了广泛应用：

- 批处理：批量采集结构化和半结构化数据源的数据，例如从 HDFS、关系数据库和 NoSQL 数据库中读取大规模数据。
- 流处理：从实时数据源中持续采集数据，如 Kafka、Flume 等实时数据流的采集与处理。
- 混合处理：同时处理批量数据和实时数据，实现大数据平台的统一数据处理。

2. 数据采集的实践案例

下面通过一个实际案例展示 Spark 数据采集的实现过程。

1）案例背景

某电商平台需要从 HDFS 采集用户行为数据，并将其清洗后转换为结构化数据，再存储到关系数据库中。

2）实现步骤

案例的主要实现步骤如下：

（1）数据读取：从 HDFS 读取用户行为日志。

（2）数据清洗：过滤无效数据并补全缺失字段。

（3）数据转换：将数据转换为结构化表格式。

（4）数据存储：通过 JDBC 将清洗后的数据写入 MySQL 数据库。

具体实现如代码 7-9 所示。

代码 7-9

```
import org.apache.spark.sql.Dataset;
import org.apache.spark.sql.Row;
import org.apache.spark.sql.SparkSession;
import org.apache.spark.sql.functions;

public class JsonToJdbcExample {
    public static void main(String[] args) {
        // 创建 SparkSession 对象
        SparkSession spark = SparkSession.builder()
                .appName("JSON to JDBC Example")
                .master("local[*]")    // 本地测试用 local 模式
                .getOrCreate();

        // 指定 JSON 文件的 HDFS 路径
        String jsonPath = "hdfs://cluster1/spark/data/to/user_behavior.json";

        // 读取 JSON 文件
        Dataset<Row> rawDF = spark.read().json(jsonPath);

        // 过滤出 action 字段非空的记录
        Dataset<Row> cleanedDF =
         rawDF.filter(functions.col("action").isNotNull());

        // 配置 JDBC 连接的 URL、表名、用户名和密码
        String jdbcUrl = "jdbc:mysql://localhost:3306/ecommerce";
        String dbtable = "user_behavior";
        String user = "username";          // 替换为实际用户名
        String password = "password";      // 替换为实际密码

        // 将清洗后的数据写入 JDBC 数据源
        cleanedDF.write()
                .format("jdbc")                  // 指定写入方式为 JDBC
                .option("url", jdbcUrl)
                .option("dbtable", dbtable)
                .option("user", user)
                .option("password", password)
                .save();

        // 停止 SparkSession
        spark.stop();
    }
}
```

3. Spark 数据采集的性能优化

随着数据规模的增长和实时处理需求的提升，Spark 数据采集的性能优化变得至关重要。以下是一些常见的优化策略。

1）分区数的配置

合理配置分区数能够充分利用集群资源，提高数据处理的并行度。代码 7-10 将展示如何实现分区数的配置。

代码 7-10

```
import org.apache.spark.sql.Dataset;
import org.apache.spark.sql.Row;
import org.apache.spark.sql.SparkSession;

public class CsvRepartitionExample {
    public static void main(String[] args) {
        // 创建 SparkSession 对象
        SparkSession spark = SparkSession.builder()
                .appName("CSV Repartition Example")
                .master("local[*]")   // 本次测试使用 local 模式
                .getOrCreate();

        // 指定 CSV 文件的 HDFS 路径
        String csvPath = "hdfs://cluster1/spark/data/to/csvfile.csv";

        // 读取 CSV 文件，并设置 header 为 true，以使用 CSV 文件中的 header 作为列名
        Dataset<Row> df = spark.read()
                .option("header", "true")
                .csv(csvPath);

        // 重新分区，将数据集分成 10 个分区
        df = df.repartition(10);

        // 此处可以进行其他 DataFrame 操作，例如显示数据、转换等
        df.show();

        // 停止 SparkSession
        spark.stop();
    }
}
```

2）数据倾斜的处理

在处理大规模数据时，数据倾斜是常见的性能瓶颈。以下是两种常见的应对方法：

- 随机分区：通过添加随机数列来打散数据，以减轻数据倾斜问题。
- 增加分区数：通过增加分区数量，降低单个任务的负载。

具体实现如代码7-11所示。

代码 7-11

```
import org.apache.spark.sql.Dataset;
import org.apache.spark.sql.Row;
import org.apache.spark.sql.SparkSession;
import org.apache.spark.sql.functions;

public class CsvWithRandomRepartitionExample {
    public static void main(String[] args) {
        // 创建SparkSession对象
        SparkSession spark = SparkSession.builder()
                .appName("CSV with Random Repartition Example")
                .master("local[*]")   // 本次测试使用local模式
                .getOrCreate();

        // 指定CSV文件的HDFS路径
        String csvPath = "hdfs://cluster1/spark/data/to/csvfile.csv";

        // 读取CSV文件，并设置header为true，以使用CSV文件中的header作为列名
        Dataset<Row> df = spark.read()
                .option("header", "true")
                .csv(csvPath);

        // 添加一个随机数列
        df = df.withColumn("random", functions.rand());

        // 根据随机数列进行数据的重新分区，将数据分成10个分区
        df = df.repartition(10, functions.col("random"));

        // 此处可以进行其他DataFrame操作，例如显示数据、转换等
        df.show();

        // 停止SparkSession
        spark.stop();
    }
}
```

通过合理的配置与优化，Spark 能够高效处理复杂的数据采集任务，为大数据分析与应用奠定基础。在面对复杂的数据源与海量数据时，灵活运用分区配置与数据倾斜处理等技术手段，可以显著提升系统的性能和稳定性。

7.3　Hadoop 数据清洗

数据清洗是数据分析和处理的关键步骤，旨在识别并修正数据中的错误和不一致性。结合数据清洗的基本概念与策略，本节将展示如何在分布式环境中执行数据过滤、转换和去重等操作，从而确保数据的准确性和一致性。无论是处理结构化数据还是非结构化数据，Hadoop 的 MapReduce 框架都提供了强大的工具来应对海量数据的清洗挑战。

7.3.1　数据清洗的基本概念与策略

在大数据系统应用中，数据清洗是数据分析和处理流程中的一个至关重要的步骤。数据的准确性和一致性直接影响分析结果的质量，而数据清洗正是确保这些关键要素的基础。

1. 数据清洗的定义

数据清洗，也称数据净化，是指通过一系列技术手段处理数据中的错误、不完整、不一致以及噪声等问题，以提高数据质量。数据清洗的最终目标是为数据分析、机器学习等任务提供准确、完整和一致的数据集。

2. 数据清洗的必要性

未经过清洗的数据可能包含大量错误和不一致性，这些问题会导致分析结果失真，甚至影响决策质量。因此，数据清洗尤为重要。其主要意义包括：

- 提高数据质量：清洗后的数据更准确、可靠，有助于支撑后续的数据分析和机器学习任务。
- 减少数据冗余：通过清洗过程消除重复数据，优化数据存储和处理效率。
- 提升分析精度：通过消除数据中的异常和噪声，确保分析结果的精确性。

3. 数据清洗的策略与方法

在实际的数据清洗过程中，常见的问题主要包括缺失值、重复数据、不一致性、异常值和噪声数据。这些问题可能来源于多个数据源的整合、数据录入错误或采集过程中产生的误差。常见问题类型如表 7-8 所示。

表 7-8　数据问题

问题类型	说　　明	示　　例
缺失值	数据集中某些字段为空或缺失	某些记录的“年龄”字段为空
重复数据	数据集中包含相同的记录	多次导入同一批数据导致的重复
不一致性	同一字段在不同记录中格式或表达方式不同	日期格式“01/01/2024”与“2024-01-01”
异常值	明显不符合常理的数据值	工资字段中出现极高或极低的值
噪声数据	数据集中无意义或不符合分析需求的离散数据	用户行为日志中的无效点击记录

在数据清洗过程中，可以根据数据问题的类型采用以下策略：

（1）缺失值处理策略：

- 删除法：删除包含缺失值的记录或字段。
- 填充法：使用全局常量、均值、中位数或其他逻辑值填充缺失值。
- 插值法：通过预测模型或插值方法填补缺失数据。

（2）重复数据处理：

- 去重：识别并删除重复记录，通常使用唯一标识符（如 ID）进行去重。
- 合并：对于部分重复的数据记录，采取合并策略，保留重要字段。

（3）不一致性处理策略：

- 格式统一：统一数据格式，如日期、货币、文本的格式化。
- 数据标准化：将数据字段标准化，如缩写扩展、单位换算等。

（4）异常值处理策略：

- 删除法：删除明显异常的值。
- 修正法：通过统计方法或机器学习模型修正异常值。
- 标记法：将异常值标记为特殊数据类别，供后续分析参考。

（5）噪声数据处理策略：

- 平滑法：通过移动平均、回归分析等方法平滑噪声。
- 过滤法：使用过滤器或分类算法剔除噪声数据。
- 聚类法：通过聚类分析识别并移除离群点。

数据清洗仍然面临着诸多挑战，例如数据规模的快速增长，清洗规则的复杂性和动态性等。随着人工智能和机器学习技术的不断发展，数据清洗将变得更加智能化和自动化，为数据处理带来更高的效率和准确性。

7.3.2 使用 MapReduce 进行数据清洗

数据清洗是数据处理和分析的基础步骤，尤其在大数据环境中，清洗质量直接影响后续数据分析的准确性和价值。MapReduce 作为 Hadoop 生态系统的核心计算框架，因其强大的分布式计算能力，成为处理大规模数据清洗任务的理想选择。

1. MapReduce 在数据清洗中的应用

Hadoop 的 MapReduce 框架能够将大规模数据处理任务分解成小块，并在多台服务器上并行执行，从而显著提升数据清洗的效率。MapReduce 特别适用于以下数据清洗任务：

- 数据去重：MapReduce 能够快速识别并删除大规模数据中的重复记录。

- 数据格式转换：将不同格式的数据标准化，统一成一个标准格式。
- 异常值检测：利用 MapReduce 的并行计算能力，可以高效检测并处理异常值。

2. MapReduce 进行数据清洗的流程

1）数据加载

在进行数据清洗之前，首先需要将数据加载到 HDFS 中。具体实现如命令 7-1 所示。

命令 7-1

```
hadoop fs -put /appcom/hdfs/data.csv /user/hadoop/input/data.csv
```

此命令将本地文件上传到 HDFS 中，为后续的 MapReduce 任务提供输入数据。

2）Map 阶段：数据预处理

在 Map 阶段，数据将被分割并转换为键-值对格式，以便于后续的 Reduce 处理。假设我们需要对一份用户行为日志进行清洗，其内容如文本 7-2 所示。

文本 7-2

```
123, click, 2024-08-01 12:34:56
123, click, 2024-08-01 12:34:56
456, purchase, 2024-08-01 12:35:10
```

在所提供的文本中，第一列标识了用户的 ID，第二列记录了用户的具体行为，第三列标注了数据收集的具体时间。

Map 函数的作用是生成键-值对，以便于去重和统计。Map 函数的 Java 代码示例如代码 7-12 所示。

代码 7-12

```
import org.apache.hadoop.io.IntWritable;
import org.apache.hadoop.io.Text;
import org.apache.hadoop.mapreduce.Mapper;

import java.io.IOException;

// 声明一个继承自 Mapper 的类，用于数据清洗
public class DataCleanMapper extends Mapper<Object, Text, Text, IntWritable>
{
    // 定义一个静态的 IntWritable 对象，值为 1
    private final static IntWritable one = new IntWritable(1);
    // 定义一个 Text 对象，用于存储用户行为信息
    private Text userAction = new Text();

    // 定义 map 方法，是 MapReduce 编程模型的核心
    public void map(Object key, Text value, Context context)
```

```
    throws IOException, InterruptedException {
    // 将输入的 Text 对象转换为字符串，并以逗号为分隔符分割字符串
        String[] fields = value.toString().split(",");
        // 判断分割后的数组长度是否为 3，即是否包含用户 ID、行为和时间戳
        if (fields.length == 3) {
            String userId = fields[0];          // 获取用户 ID
            String action = fields[1];          // 获取用户行为
            String timestamp = fields[2];       // 获取时间戳
            // 将用户 ID、行为和时间戳连接成一个字符串，存储到 userAction 对象中
            userAction.set(userId + "_" + action + "_" + timestamp);
            // 将 userAction 作为输出的 key，one 作为 value，写入上下文对象 context 中
            context.write(userAction, one);
        }
    }
}
```

执行上述代码，该 Map 函数会将输入数据转换为键-值对，具体内容如文本 7-3 所示。

文本 7-3

```
(123_click_2024-08-01 12:34:56, 1)
(123_click_2024-08-01 12:34:56, 1)
(456_purchase_2024-08-01 12:35:10, 1)
```

3）Shuffle 与排序

Map 任务的输出会被自动分组和排序，并传递给相应的 Reduce 任务。MapReduce 框架会根据键对 Map 输出的键-值对进行排序，并确保同一键的所有值被传递到同一个 Reduce 任务中。

4）Reduce 阶段：数据聚合

在 Reduce 阶段，输入的键-值对将被聚合，以完成最终的数据清洗任务。Reduce 函数的 Java 代码示例如代码 7-13 所示。

代码 7-13

```
import org.apache.hadoop.io.IntWritable;
import org.apache.hadoop.io.Text;
import org.apache.hadoop.mapreduce.Reducer;

import java.io.IOException;

// 声明一个继承自 Reducer 的类，用于数据清洗的 Reduce 阶段
public class DataCleanReducer
     extends Reducer<Text, IntWritable, Text, IntWritable> {
    // 定义 reduce 方法，是 MapReduce 编程模型的核心
    public void reduce(Text key, Iterable<IntWritable> values, Context context)
     throws IOException, InterruptedException {
     // 初始化计数器
```

```
        int sum = 0;
        // 遍历 Map 阶段传递给 Reduce 的值集合
        for (IntWritable val : values) {
         // 将 IntWritable 对象的值累加到计数器 sum 中
            sum += val.get();
        }
        // 将 key 和累加后的 sum 作为输出，写入上下文对象 context 中
        context.write(key, new IntWritable(sum));
    }
}
```

该 Reduce 函数会对相同键的值进行汇总，例如，对于(123_click_2024-08-01 12:34:56)这个键，它会计算出现的次数，具体内容如文本 7-4 所示。

文本 7-4

```
(123_click_2024-08-01 12:34:56, 2)
(456_purchase_2024-08-01 12:35:10, 1)
```

5）数据输出

Reduce 任务的输出会被保存到 HDFS 中，并可以供后续分析使用。将输出结果保存到本地的命令如命令 7-2 所示。

命令 7-2

```
hadoop fs -get /user/hadoop/output/part-r-00000 /appcom/hdfs/local/output.csv
```

3. MapReduce 数据清洗的优势与挑战

1）MapReduce 的优势

- 扩展性强：MapReduce 能够轻松扩展至数千台节点，处理 PB 级别的大数据。
- 容错性高：在处理任务过程中，若某个节点出现故障，MapReduce 能够自动重新分配任务，确保任务完成。
- 简化复杂任务：MapReduce 的编程模型通过简单的 Map 和 Reduce 函数，极大简化了复杂数据处理任务的实现。

2）MapReduce 面临的挑战

- 实时性不足：MapReduce 更适合批处理任务，而非实时处理。
- 开发复杂性：尽管 MapReduce 模型本身较为简单，但实际应用中，开发高效的 MapReduce 任务可能需要较高的技术和经验。
- 调试与优化难度：在大规模分布式环境中，调试和优化 MapReduce 任务可能需要深入理解 Hadoop 架构和底层原理。

通过 MapReduce，用户能够高效处理大规模数据中的各种清洗任务，从而提升数据质量，为后续分析和决策提供坚实的基础。针对某些实时性要求高或任务较为复杂的场景，可能需要

结合其他技术手段进行优化。

7.4 Hadoop 与 Spark 数据处理对比

Hadoop 和 Spark 是两种广泛使用的大数据处理框架，它们在数据处理方面既有相似之处，也有明显差异。本节将对 Hadoop 和 Spark 在数据处理上的异同进行详细比较，包括数据处理模型、数据存储、数据处理速度、数据处理规模、数据处理类型以及编程语言支持等多个方面。通过对比分析，读者将能够更好地理解 Hadoop 和 Spark 的特点和适用场景，从而在实际应用中做出更明智的选择。

1. 数据处理模型

Hadoop 和 Spark 在数据处理模型上存在明显差异。Hadoop 采用的是 MapReduce 模型，它将数据处理任务分为 Map 和 Reduce 两个阶段：Map 阶段负责将输入数据转换为键-值对形式，并进行初步处理；Reduce 阶段对 Map 阶段输出的键-值对进行进一步处理，得到最终结果。这种模型适用于大规模数据的批处理，对于实时数据处理和迭代计算则显得力不从心。

Spark 采用了 RDD（Resilient Distributed Dataset，弹性分布式数据集）模型，它将数据表示为分布在多个节点上的只读数据集。RDD 支持多种数据处理操作，包括 Map、Filter、Join 等，并且支持数据的容错和并行处理。与 Hadoop 相比，Spark 的数据处理模型更加灵活，适用于各种类型的数据处理任务，包括批处理、流处理和交互式查询等。

2. 数据存储

Hadoop 和 Spark 都支持多种数据存储方式，包括 HDFS、HBase、Hive 等。其中，HDFS 是 Hadoop 的默认文件系统，具有高可靠性、高吞吐量和可扩展性等特点，适用于大规模数据的存储和管理；HBase 是一种分布式的列存储数据库，适用于海量数据的实时随机读写；Hive 是一种基于 Hadoop 的数据仓库工具，提供了类似 SQL 的查询语言，用于对大规模数据进行分析和查询。

Spark 也支持多种数据存储方式，包括 HDFS、HBase、Hive 等。此外，Spark 还支持其他一些数据存储方式，如 Cassandra、MongoDB 等。与 Hadoop 相比，Spark 的数据存储方式更加多样化，可以根据实际需求选择合适的数据存储方式。

3. 数据处理速度

Hadoop 和 Spark 在数据处理速度上也存在明显差异。由于 Hadoop 采用的是 MapReduce 模型，它需要将数据划分为多个块，并进行多次传输和处理，因此数据处理速度相对较慢，尤其是在处理大规模数据时，Hadoop 的性能会受到较大影响。

相比之下，Spark 的数据处理速度更快。因为 Spark 采用了 RDD 模型，它可以将数据缓存在内存中，避免了数据的多次传输和处理。此外，Spark 还支持数据的并行处理和分布式计算，进一步提高了数据处理速度，尤其是在处理实时数据和迭代计算时，Spark 的性能优势更加明显。

4. 数据处理规模

Hadoop 和 Spark 在数据处理规模上也有所不同。Hadoop 适用于大规模数据的批处理，可以处理 PB 级别的数据。Hadoop 采用分布式存储和计算模型，将数据分布在多个节点上进行处理，从而提高了数据处理的可扩展性和容错性。

Spark 也适用于大规模数据的处理，并且可以处理的数据规模更大。Spark 采用内存计算模型，将数据缓存在内存中进行处理，从而提高了数据处理的速度和效率。此外，Spark 还支持数据的动态扩展，可以根据实际需求增加或减少计算资源，进一步提高了数据处理的可扩展性。

5. 数据处理类型

Hadoop 和 Spark 在数据处理类型上也有所不同。Hadoop 主要适用于大规模数据的批处理，如日志分析、数据仓库等。由于 Hadoop 采用了 MapReduce 模型，因此它更适合处理结构化数据和非结构化数据的批处理任务。

Spark 适用于各种类型的数据处理任务，包括批处理、流处理和交互式查询等。由于 Spark 采用了 RDD 模型，它可以将数据表示为分布在多个节点上的只读数据集，从而支持各种类型的数据处理操作。此外，Spark 还提供了丰富的数据处理 API 和工具，如 Spark SQL、Spark Streaming 等，进一步提高了数据处理的灵活性和效率。

6. 编程语言支持

Hadoop 和 Spark 都支持多种编程语言，包括 Java、Scala、Python 等。其中，Java 是 Hadoop 的默认编程语言，也是 Hadoop 生态系统中广泛使用的编程语言。Scala 是 Spark 的默认编程语言，也是 Spark 生态系统中广泛使用的编程语言。Python 是 Hadoop 和 Spark 都支持的编程语言，它具有简单易用、语法灵活等特点，适用于各种类型的数据处理任务。

通过对比分析 Hadoop 和 Spark 在数据处理上的异同，可以得出以下结论：

- Hadoop 适用于大规模数据的批处理，采用 MapReduce 模型，数据处理速度相对较慢，但具有高可靠性和可扩展性。
- Spark 适用于各种类型的数据处理任务，包括批处理、流处理和交互式查询等，采用 RDD 模型，数据处理速度更快，并且支持数据的内存计算和分布式计算。
- Hadoop 和 Spark 都支持多种数据存储方式和编程语言，可以根据实际需求选择合适的数据存储方式和编程语言。

在实际应用中，我们应该根据具体的需求和场景选择合适的大数据处理框架，以提高数据处理的效率和灵活性。

7.5 本章小结

本章重点阐述了Hadoop与Spark在数据采集和清洗方面的应用，涵盖了数据采集的来源与方法、数据预处理的重要性以及清洗流程的设计与优化。通过案例分析，本章详细介绍了Hadoop的分布式存储与MapReduce在海量数据清洗中的优势，以及Spark基于内存计算的高效性。通过学习本章内容，读者将能够理解并掌握大数据处理中数据采集与清洗的关键技术。

7.6 习　　题

（1）在数据采集阶段，Hadoop主要使用的分布式文件系统是（　　）。

A. HDFS　　B. HBase

C. Hive　　D. YARN

（2）在数据清洗过程中，Spark的（　　）操作可以用于去除数据集中的重复记录。

A. distinct()　　B. filter()

C. map()　　D. reduceByKey()

（3）在Hadoop的MapReduce编程模型中，（　　）阶段负责对数据进行初步处理，生成键-值对。

A. Map　　B. Reduce

C. Shuffle　　D. Combine

（4）Spark中用于对数据进行实时处理的组件是（　　）。

A. Spark Core　　B. Spark SQL

C. Spark Streaming　　D. MLlib

（5）Spark的哪个组件用于结构化数据的处理和分析？（　　）

A. Spark Core　　B. Spark SQL

C. Spark Streaming　　D. MLlib

第 8 章

数据存储与管理

对于大数据处理而言，数据存储与管理至关重要。有效的数据存储与管理策略不仅可以优化数据访问和性能，还能确保数据安全，并降低存储成本。本章将介绍大数据存储架构、存储格式与压缩、数据分区与分桶以及数据仓库设计等内容，帮助读者全面掌握大数据存储和管理的关键技术。

8.1　大数据存储架构

本节介绍了大数据存储架构的演变历程，从传统集中式存储到现代分布式存储，展示了技术发展的脉络与趋势。通过解析各类存储架构的优缺点，帮助读者理解不同应用场景下的存储需求。本节还将提供存储选择指南，从性能、成本和扩展性等关键因素出发，指导读者在多样化的大数据环境中选择最合适的存储方案。

8.1.1　存储架构的演变

大数据存储架构随着数据量的爆炸式增长和技术进步而不断演变。从传统的关系数据库到现代的分布式存储系统，大数据存储架构经历了一系列变革，以满足不断增长的数据存储和管理需求。

1. 早期的垂直扩展架构

在早期的大数据存储架构中，垂直扩展（Scale Up）是一种常见方式。通过增加单个服务器的硬件资源（如 CPU、内存和存储容量）来提高系统处理能力和存储容量。然而，这种方式存在以下局限性：

- 单个服务器硬件资源有限，无法无限扩展。
- 垂直扩展成本较高，需要购买高性能硬件设备。
- 灵活性较差，无法根据需求动态调整。

2. 水平扩展架构的出现

为克服垂直扩展的局限性，水平扩展（Scale Out）架构应运而生。该架构通过增加服务器节点提高系统处理能力和存储容量。每个服务器节点都负责存储和处理一部分数据，并通过网络进行通信和协作。水平扩展架构具有以下优点：

- 无限扩展：只需增加服务器节点即可扩展系统规模。
- 成本较低：利用现有硬件设备即可满足需求。
- 灵活性较高：可根据需求动态调整规模。

3. 分布式文件系统和 NoSQL 数据库的兴起

随着水平扩展架构的出现，分布式文件系统和 NoSQL 数据库逐渐成为大数据存储的主流技术。

- 分布式文件系统：如 Hadoop HDFS 和 Google File System，通过将数据分布到多个服务器节点，实现高可用性和可扩展性。
- NoSQL 数据库：如 MongoDB 和 Cassandra，提供灵活的数据模型和强大的水平扩展能力。

这些技术使得大数据存储和管理更加高效和可靠。

4. 从传统数仓到智能数仓的演变

在分布式文件系统和 NoSQL 数据库推动大数据存储高效发展的同时，数据分析的需求也逐渐超越了传统的批处理统计。尽管分布式存储有效解决了海量数据的存储问题，但在处理复杂的结构化数据分析以及支持业务决策方面，传统的数据仓库技术仍然具有不可或缺的重要性。

随着新时代对实时性和智能化的要求不断提升，AI 智能数据仓库应运而生。通过将传统数据仓库与 AI 大模型深度融合，智能数据仓库不仅显著提升了数据处理效率，还能够自动挖掘数据中的深层洞察。这一技术变革实现了从传统数据仓库以离线统计为主，到实时智能分析的全面升级。

第一代：离线统计分析技术架构

第一代数据存储架构主要聚焦于离线数据的统计和分析。它的核心基于 Hadoop 生态系统，采用 HDFS 作为存储层，并利用 MapReduce 进行数据处理。这种架构适用于大规模数据的批处理，但实时性较差。数据通过 ETL 过程加载到数据仓库，再进行分析和报告生成。

第二代：Lambda 架构

为了解决第一代架构的实时性上的局限性，Lambda 架构引入了流处理层。该架构结合了批处理和流处理的优势，使用 Hadoop 完成批处理，并使用 Storm 或 Spark Streaming 实现实时流处理。Lambda 架构可以同时处理历史数据和实时数据，但相对复杂，需要维护两个独立的处理层，增加了系统管理的难度。

第三代：Kappa 架构

Kappa 架构是对 Lambda 架构的简化，它移除了批处理层，仅保留流处理层。所有数据均通过流处理系统进行处理，包括历史数据和实时数据。这种架构适用于对实时性要求较高的场景，但对流处理系统的能力要求较高，适合具备强大流处理能力的环境。

第四代：基于 MPP 的实时数仓架构

第四代架构采用大规模并行处理（Massively Parallel Processor，MPP）技术，构建了支持实时数据处理的数据仓库（简称数仓）架构。它以 ClickHouse、Doris 等 MPP 数据库管理系统为核心，可以同时处理大规模数据和实时数据。这种架构非常适用于需要快速数据分析和实时查询的场景。

第五代：基于数据湖的实时数仓架构

第五代架构将数据湖和实时数据仓库相结合，实现了统一的数据管理和实时分析能力。它使用 Hadoop 或 Spark 作为计算引擎，并结合数据湖存储系统（如 Iceberg、Hudi、Delta Lake）进行数据存储和管理。这种架构适用于需要灵活的数据管理和高效实时分析的场景。

第六代：基于 ChatGPT AI 大模型的智能数仓架构

第六代架构引入了人工智能和机器学习技术，为数据分析和预测提供了智能化能力。通过集成 ChatGPT 等 AI 大模型，该架构能够实现高级的数据洞察和预测功能，并结合大数据技术进行数据存储和管理。这种架构适用于需要深度数据分析与预测的场景，如推荐系统、风险评估等。

8.1.2　存储架构选择指南

本小节将详细介绍存储架构的六代演变过程。通过深入了解这些架构的特点和优势，读者可以更清晰地把握理解数据存储和管理的发展趋势，并根据自身需求选择最适合的存储架构。

1. 离线统计分析技术架构

在大数据技术架构的演变历程中，第一代架构（见图 8-1）作为离线统计分析的基石，扮演着至关重要的角色。它奠定了后续多代架构的基础，并展示了大数据处理的基本原理和方法。下面将深入剖析第一代大数据技术架构的两大核心组成部分：数据源的离线导入和以 Hadoop、Spark 技术派系为主的离线计算引擎。

在第一代架构中，数据源通过离线方式采集并导入离线数据仓库。这一过程通常涉及 ETL（抽取、转换、加载）操作，其中数据从不同的源头被抽取，经过必要的转换以满足分析需求，最后加载到数据仓库中。这种离线导入的方式适用于数据量较大且对实时性要求不高的场景。

通过将数据批量导入数据仓库中，实现对海量数据的高效管理和分析。

图 8-1

数据处理是第一代架构中的关键环节，Hadoop 和 Spark 技术派系提供了强大的离线计算引擎来支持这一过程。其中，MapReduce 作为 Hadoop 生态系统的核心组件，采用分布式计算编程模型，将数据处理任务分解为 Map 和 Reduce 两个阶段，从而实现并行处理与计算效率的提升。Hive 则是基于 Hadoop 的一个数据仓库工具，它提供了类 SQL 的查询语言（HiveQL），便于数据分析与统计。此外，Spark 作为另一个重要的大数据处理框架，它的 Spark SQL 模块也提供了丰富的数据处理和分析功能，并在性能方面相较于 MapReduce 和 Hive 有显著提升。

结合离线导入的数据源和强大的离线计算引擎，第一代大数据技术架构实现了对大规模数据的高效离线统计分析。

2. Lambda 架构

随着大数据应用的蓬勃发展，用户对系统实时性的需求日益增长。为了满足这一需求，第二代大数据技术架构——Lambda 架构应运而生（见图 8-2）。该架构不仅延续了第一代离线统计分析技术架构的成熟与稳定，还引入了实时计算的链路，实现了数据处理的实时性。

在 Lambda 架构中，数据源经历了一次重要的变革。为了支持实时计算，数据源被改造成流式形式，即通过消息队列实现数据的持续传输，为实时计算提供源源不断的数据输入。

实时计算作为 Lambda 架构的核心组成部分，负责订阅消息队列中的数据流，并进行增量计算。它直接计算出所需的实时指标，并将结果推送至下游数据服务。这种计算方式相较于第一代架构中的离线计算，具有更高的实时性和效率。

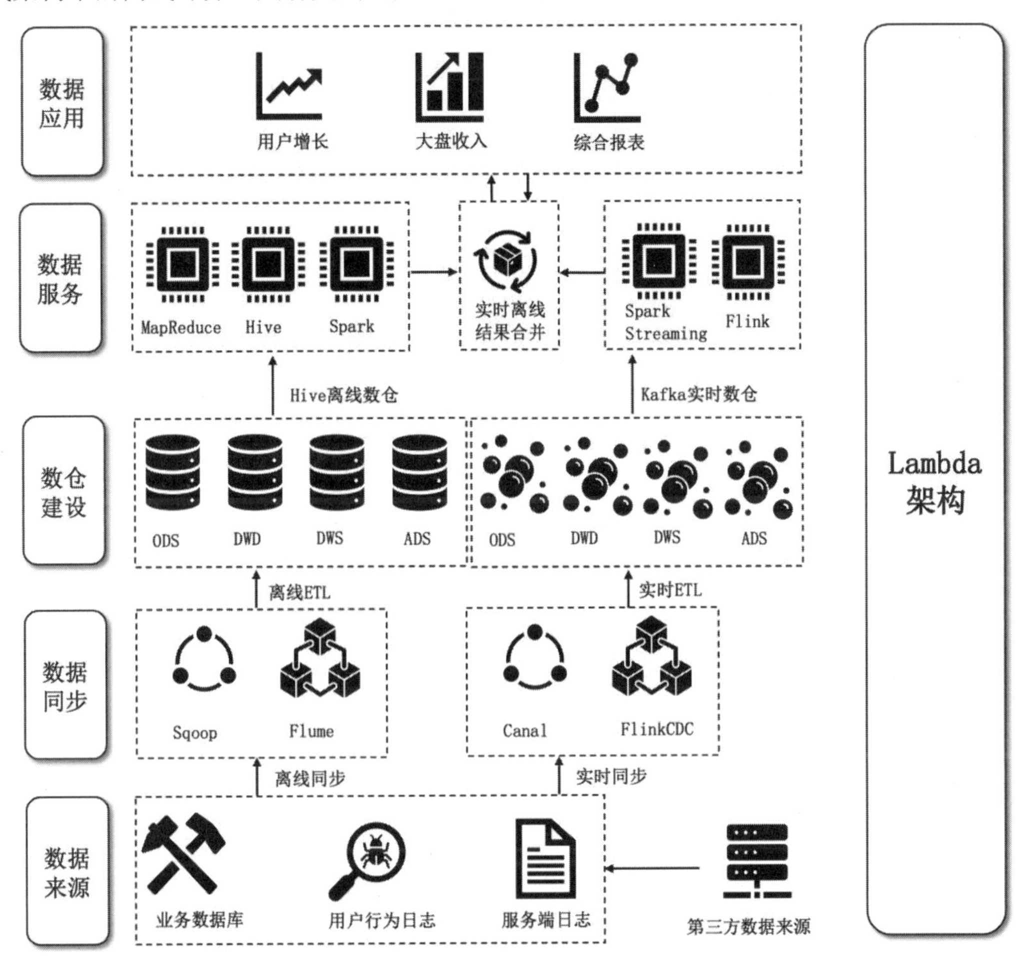

图 8-2

然而，Lambda 架构并没有完全摒弃离线计算。在数据服务层，它通过合并离线计算与实时计算的结果，确保了数据的一致性和完整性。此机制使得用户能够同时获取到历史数据的统计分析结果和实时数据的计算结果。

通过引入实时计算的链路和对数据源的流式改造，Lambda 架构成功地将实时计算与离线计算融合在一起，既满足了用户对系统实时性的需求，又保留了离线计算的可靠性和稳定性。

3. Kappa 架构

在数据处理领域，随着技术的进步和需求的演进，第三代大数据技术架构——Kappa 架构（见图 8-3）应运而生，标志着流处理技术的成熟，并为解决 Lambda 架构带来的复杂性提供了全新的思路。

Lambda 架构在满足实时性需求的同时，也带来了开发和运维的复杂性。它需要维护两套独立的处理系统：一套用于批处理，另一套用于流处理。这种架构设计的背景是早期流处理引擎不完善，导致流处理的结果只能作为临时的、近似的参考值。

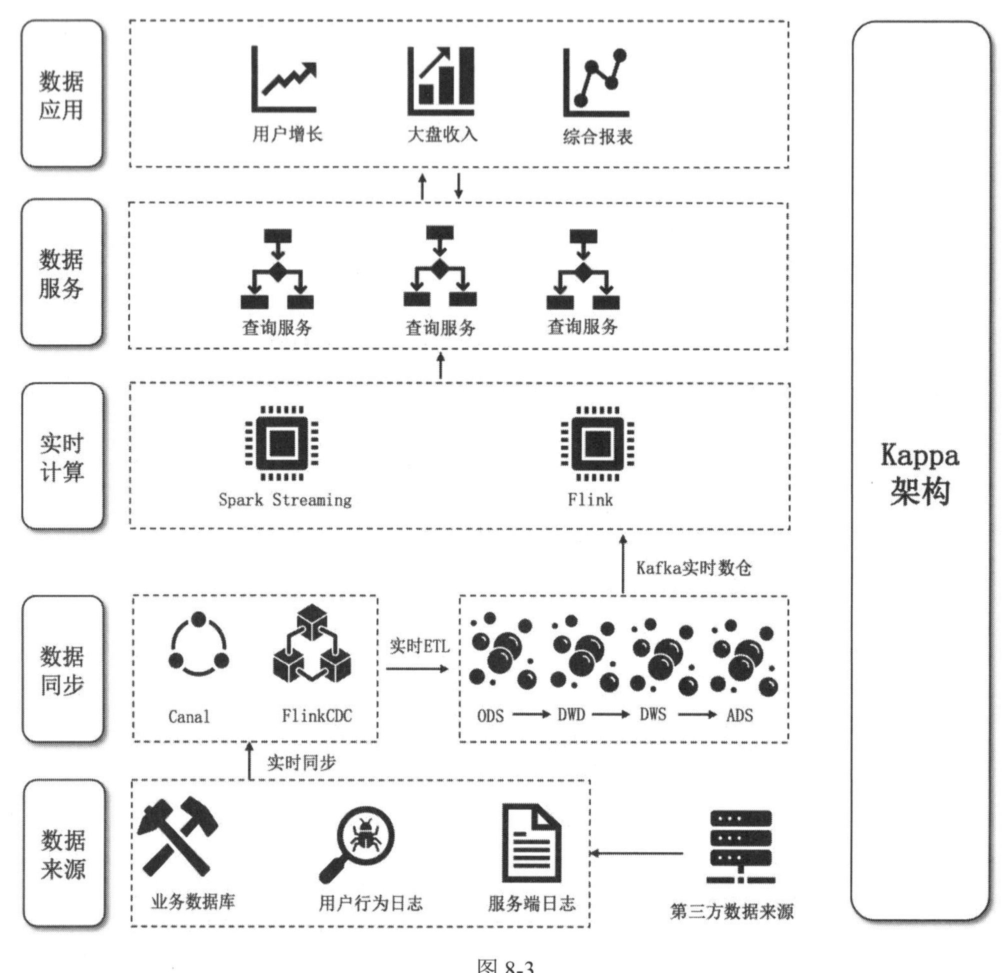

图 8-3

然而，随着 Spark Streaming、Flink 等先进流处理引擎的出现，流处理技术得到了显著提升。这些引擎具备强大的流处理能力，能够实时且准确地处理数据流，使得流处理结果成为最终可靠的输出，从而无须依赖批处理系统。

Kappa 架构的核心思想是通过单一的流处理系统处理所有数据，包括历史数据和实时数据。它摒弃了 Lambda 架构中的批处理部分，简化了架构设计，降低了开发和运维的复杂性。

在 Kappa 架构中，数据流通过消息队列进行传输和交互。系统可以根据指标的复杂度，选择是否对数据流进行分层处理。然而，通常情况下，Kappa 架构并不分层，因为它依赖流处理引擎的强大能力来完成所有数据处理任务。

4. 基于 MPP 的实时数仓架构

随着企业对数据分析需求的日益增长，第四代大数据技术架构——基于 MPP（大规模并行处理）的实时数仓架构应运而生，如图 8-4 所示。这一架构的出现，旨在满足日益复杂的 OLAP

（在线分析处理）需求，并提供更高的性能和效率。

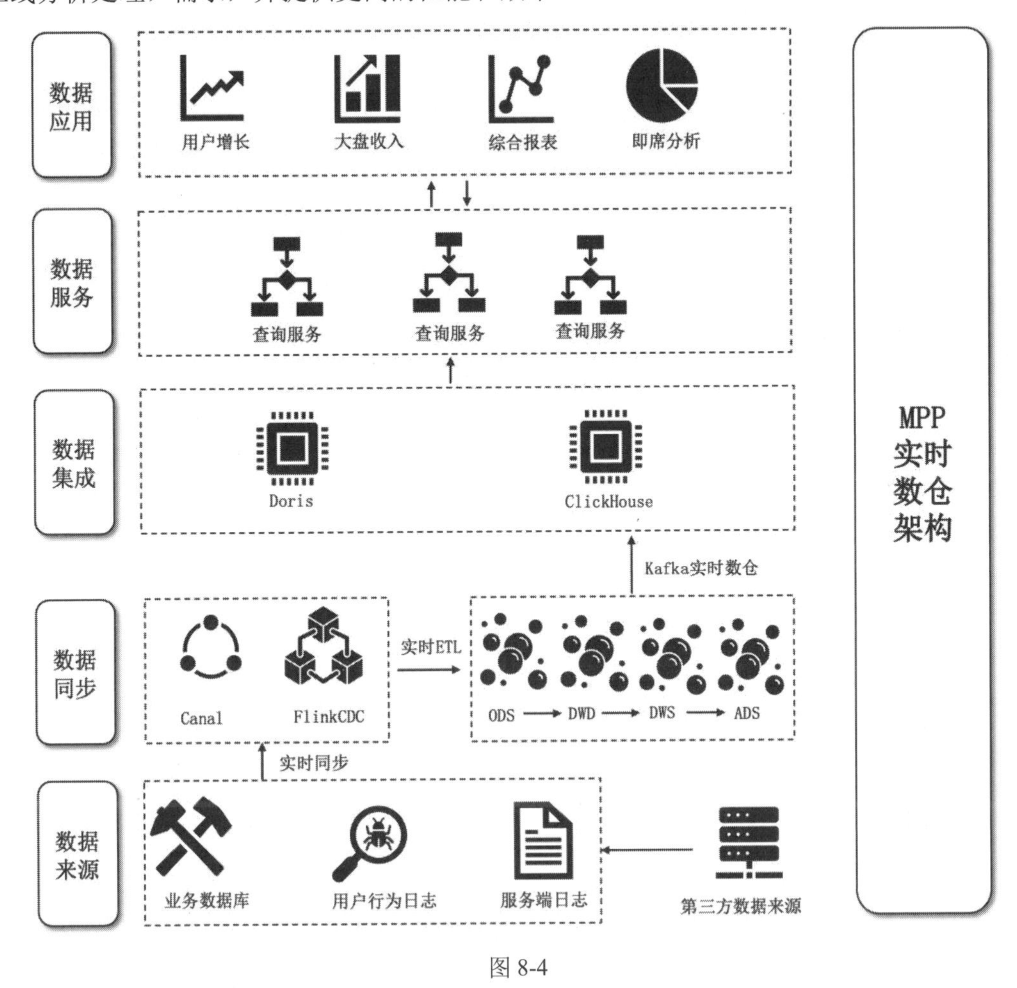

图 8-4

在第四代架构中，高性能的 MPP 数据库（如 ClickHouse 和 Doris 等）得到了快速发展。这些数据库利用 MPP 技术，实现了数据的分布式存储和并行处理，从而提供了出色的查询性能和扩展能力。

以 Doris 的实时数仓架构为例，它具有以下特点：

- 报表分析：Doris 能够支持面向用户或客户的高并发报表分析。这意味着用户可以实时地、高效地访问和分析数据，以支持业务决策。
- 即席查询：针对分析师的自助分析需求，Doris 提供了灵活的即席查询功能。分析师可以根据需要自由地查询数据，而无须预先定义查询模式。这要求系统具有较高的吞吐能力，以应对各种复杂的查询请求。
- 统一数仓构建：Doris 提供了一个统一的平台，用于构建和管理数据仓库。它简化了大数据软件栈的部署和管理，使企业可以更方便地进行数据仓库的建设和维护。

基于 MPP 的实时数仓架构的出现，为企业提供了更强大的数据分析能力。它不仅满足了企业对实时数据分析的需求，还提供了更高的性能和灵活性。

5. 基于数据湖的实时数仓架构

随着大数据技术的不断发展，第五代大数据技术架构——基于数据湖的实时数仓架构（见图 8-5）逐渐崭露头角，其中尤以 Flink+Iceberg 的应用最为广泛。这一架构的出现，旨在解决传统数仓架构在实时性、灵活性和扩展性等方面的局限性，为企业提供更高效、更可靠的数据存储和分析解决方案。

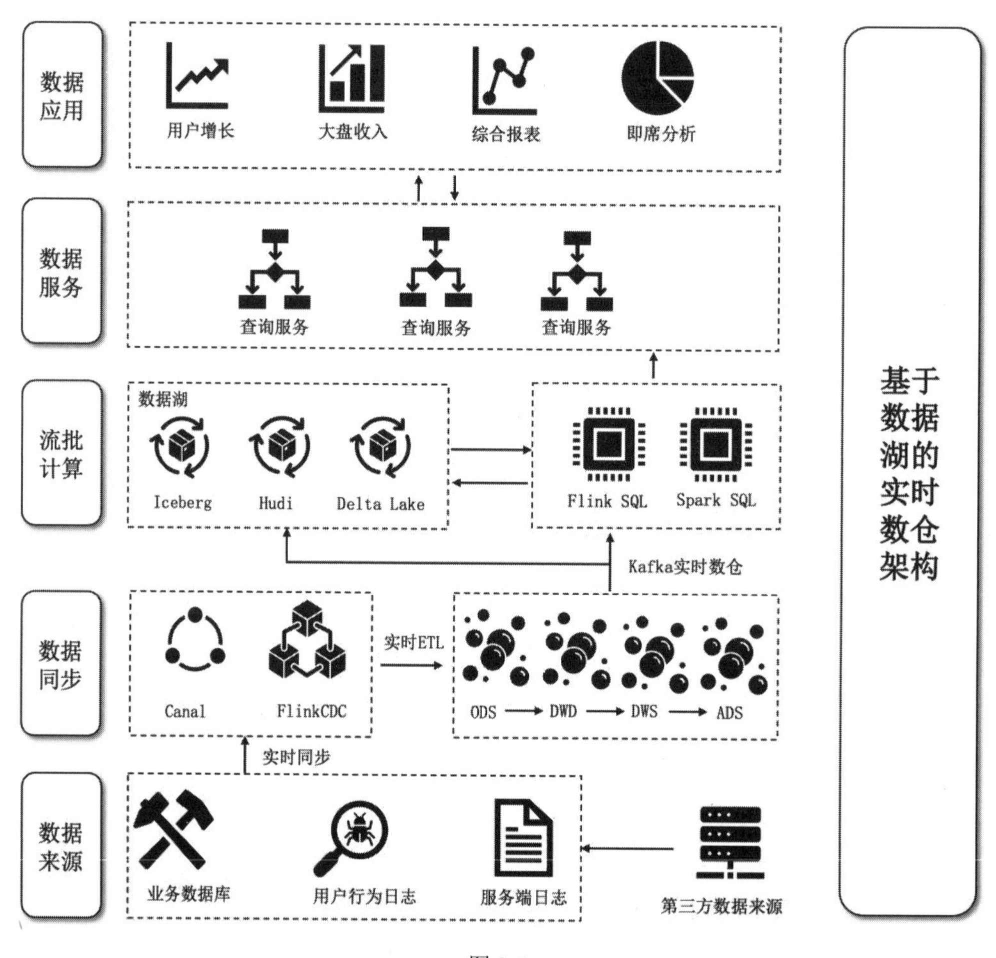

图 8-5

首先，基于数据湖的实时数仓架构支持 ACID（原子性、一致性、隔离性和持久性）事务和 Schema 变更。这意味着在数据湖中存储的数据可以保证一致性和完整性，同时在数据结构发生变化时，如增减分区或字段，系统能够高效地进行调整，而无须重新加载数据。

其次，该架构实现了统一存储的准实时数仓。通过将数据统一存储在数据湖中（如 Iceberg、Hudi 或 Delta Lake），实现了湖仓一体的架构。这种架构不仅可以存储大规模、多样化的数据，还能同时支持流式和批量数据的读写操作，从而实现批流一体的数据处理模式。由于采用了一致性的数据模型和存储格式，这种架构可以有效避免数据不一致或脏读等问题。

此外，基于数据湖的实时数仓架构还支持高效的 Upsert 操作。Upsert 是一种同时具备更新（Update）和插入（Insert）功能的操作，可以在数据发生变更时，根据主键或唯一标识进行数据的更新或插入。这种操作在实时数据处理场景中非常常见，可以保证数据的实时性和准确性。

综上所述，基于数据湖的实时数仓架构凭借其支持 ACID 事务和 Schema 变更、统一存储的准实时数仓以及高效的 Upsert 操作等特性，成为第五代大数据技术架构的主流选择。它不仅能够满足企业对实时数据分析的需求，还具备出色的灵活性和扩展性，为企业的数据管理和分析提供了全新的解决方案。

6. 基于 ChatGPT AI 大模型的智能数仓架构

随着人工智能（AI）技术的飞速发展，第六代大数据技术架构——基于 ChatGPT AI 大模型的智能数仓架构（见图 8-6）正逐渐成为数据分析领域的新趋势。这一架构的提出，旨在将 AI 技术与大数据技术深度融合，为企业提供更智能、更高效的数据分析解决方案。

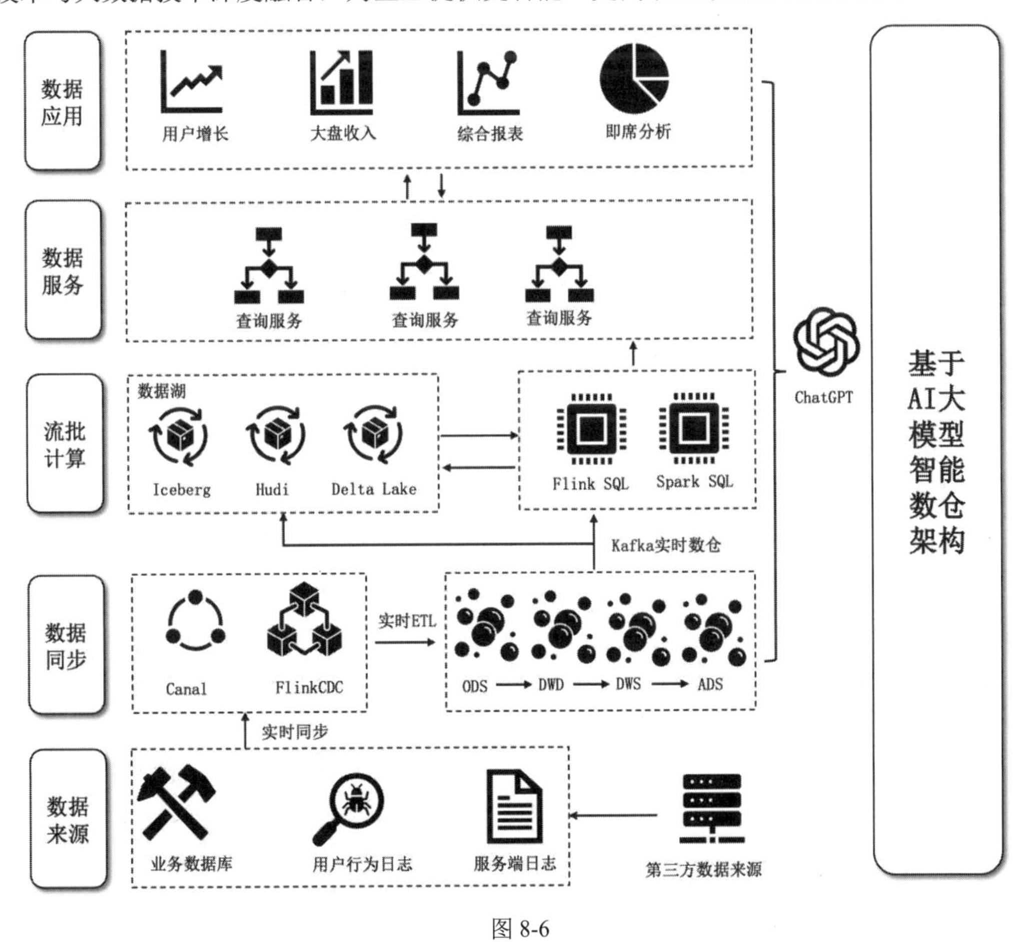

图 8-6

首先，基于 ChatGPT AI 大模型的智能数仓架构利用了 ChatGPT 在自然语言处理和知识推理方面的强大能力。通过将 ChatGPT 集成到数据仓库中，用户可以使用自然语言与系统进行交互，提出各种数据分析需求。系统会根据用户的提问，自动从数据仓库中提取相关数据，并利用ChatGPT的推理能力生成准确的分析结果。这种方式极大地降低了数据分析的门槛，使得非技术背景的用户也能够轻松地进行数据分析。

其次，基于ChatGPT AI大模型的智能数仓架构还具备强大的自动化数据处理能力。通过将数据预处理、特征工程、模型训练等过程自动化，系统可以自动地从原始数据中提取有价值的信息，并构建出适合的分析模型。这种自动化的数据处理能力，不仅提高了数据分析的效率，还减少了人为因素对分析结果的影响，从而提高了分析结果的准确性。

最后，基于ChatGPT AI大模型的智能数仓架构还具备良好的可扩展性和灵活性。随着企业数据量的不断增长和业务需求的不断变化，系统可以方便地进行扩展和调整，以适应新的需求。同时，由于采用了模块化的设计，系统的各个组件可以方便地进行替换和升级，从而保证了系统的长期可用性和稳定性。

8.2 存储格式与压缩

本节深入探讨Hadoop和Spark生态系统中的存储格式与压缩算法。首先，将通过对比不同的存储格式，如SequenceFile、Avro、Parquet和ORC，分析它们在数据存储效率和处理性能方面的差异。然后，将研究各种压缩算法，如GZIP、BZIP2、LZO和SNAPPY等，以了解它们对数据压缩率和I/O性能的影响。通过综合考虑存储格式和压缩算法，可以优化大数据存储的性能，并实现更高效的数据处理和分析。

8.2.1 数据格式比较

随着数据量的爆炸式增长，选择合适的数据存储格式变得越来越重要。存储格式不仅影响数据的压缩率和存储占用空间，还直接影响数据处理的速度和性能。不同的数据格式各有其优缺点，适用于不同的使用场景和需求。

1. 文本格式

文本格式是最常见的数据格式之一，包括CSV、JSON等。这些格式具有简单、易读的特点，适用于数据的交换和共享。然而，文本格式的存储效率较低，处理速度较慢，不适合大规模数据的存储和处理。

- CSV格式：CSV格式使用逗号或其他分隔符将数据字段分隔开，具有简单、易读的特点，适用于数据的导入和导出。然而，CSV格式不支持数据类型的声明，无法表示复杂的数据结构。
- JSON格式：JSON格式使用键-值对表示数据，具有可读性好、易于解析的特点。JSON格式支持多种数据类型，包括数组、对象等，适用于表示复杂的数据结构。然而，JSON格式的存储效率较低，处理速度较慢。

2. 序列化格式

序列化格式将数据对象转换为字节序列，以便于存储和传输。常见的序列化格式包括 Avro、Protobuf 等。这些格式具有高效的存储和传输性能，适用于大规模数据的存储和处理。

- Avro 格式：Avro 具有自我描述性、跨语言支持等特点。Avro 使用模式来定义数据结构，支持动态模式演化，即在不改变数据的情况下添加或删除字段。
- Protobuf 格式：Protobuf 使用 IDL（接口定义语言）来定义数据结构，支持多种编程语言。Protobuf 的存储效率较高，处理速度较快，适用于对性能要求较高的场景。

3. 列式存储格式

列式存储格式将数据按列存储，适用于大规模数据的分析和查询。常见的列式存储格式包括 Parquet、ORC 等。这些格式具有高效的压缩和编码算法，能够提高数据的存储效率和查询性能。

- Parquet 和 ORC 格式：支持多种数据类型，包括结构化数据和非结构化数据。其存储效率较高，查询性能较好，适用于大规模数据的分析和查询。

4. 键-值对格式

键-值对格式使用键-值对来表示数据，常见的键-值对格式包括 SequenceFile 等。

- SequenceFile 格式：SequenceFile 是 Hadoop 中的一种键-值对存储格式，具有简单、易用的特点。然而，SequenceFile 的存储效率较低，不适合大规模数据的存储和处理。

5. 选择策略

在选择大数据格式时，需要考虑多个因素，包括存储效率、处理速度、查询性能、可读性等。常见大数据格式的对比如表 8-1 所示。

表 8-1 常见大数据格式的对比

数据格式	存储效率	处理速度	查询性能	可 读 性	适用场景
CSV	低	慢	差	好	数据交换、共享
JSON	低	慢	差	好	数据交换、共享
Avro	高	快	一般	一般	大规模数据存储、处理
Protobuf	高	快	一般	差	大规模数据存储、处理
Parquet	高	快	好	差	大规模数据分析、查询
ORC	高	快	好	差	大规模数据分析、查询
SequenceFile	一般	快	一般	差	数据查找、更新

对不同数据格式维度的说明如下：

- 存储效率：指数据格式在存储数据时的空间利用率。存储效率越高，相同数据量所需的存储空间越小。
- 处理速度：指数据格式在数据加载、解析、转换等处理过程中的速度。处理速度越快，数据处理的效率越高。

- 查询性能：指数据格式在数据查询时的性能，包括查询速度和查询结果的准确性。
- 可读性：指数据格式的易读性和易理解性。可读性越好，数据的查看和修改越方便。
- 适用场景：指数据格式适合的应用场景，包括数据交换、共享、存储、处理、分析等。

在实际应用中，应根据具体的需求和场景选择合适的数据格式。如果需要进行数据交换和共享，可以选择可读性好的文本格式；如果需要进行大规模数据存储和处理，可以选择存储效率高、处理速度快的序列化格式或列式存储格式；如果需要进行数据查找和更新，可以选择处理速度快的键-值对格式。

8.2.2 压缩算法分析

在大数据领域中，数据压缩是提高存储和传输效率的关键技术。本小节将对4种常见的大数据压缩算法（GZIP、BZIP2、LZO和SNAPPY）进行深入分析，探讨这些算法的原理、特点和适用场景，并通过案例和图表来说明它们的性能和效果。我们还将比较这些算法在压缩比、速度和资源占用等方面的差异，以帮助读者根据实际需求选择合适的压缩算法。

1. GZIP压缩算法

GZIP压缩算法具有以下特点：

- 优点：压缩效率高，Hadoop系统原生支持，支持Hadoop Native库。
- 缺点：不支持文件切分。
- 适合场景：适用于文件大小在128MB以内，且不需要切分数据块的情况。

2. BZIP2压缩算法

BZIP2压缩算法具有以下特点：

- 优点：支持文件切分，具有比GZIP更高的压缩效率，Hadoop系统原生支持，Linux操作系统自带bzip2命令。
- 缺点：压缩/解压缩速度慢，不支持Native库。
- 适合场景：适用于对压缩/解压缩速度要求不高，但需要较高压缩效率的场景，如备份历史数据；也适用于输出文件较大，需要减少磁盘存储需求且后续对处理后数据使用频率较低的场景。

3. SNAPPY压缩算法

SNAPPY压缩算法具有以下特点：

- 优点：压缩/解压缩速度快，支持Hadoop Native库。
- 缺点：不支持文件切分，压缩效率比GZIP低，需要编译安装，Linux操作系统没有对应的命令。

- 适合场景：适用于 MapReduce 作业（Job）的 Map 阶段输入数据量较大的情况，可用于 Map 阶段到 Reduce 阶段之间的中间数据压缩；也适用于多个作业之间的依赖，可作为 MapReduce 任务的输出和另一个 MapReduce 任务的输入。

4. LZO 压缩算法

LZO 压缩算法具有以下特点：

- 优点：压缩/解压缩速度快，支持文件切分，支持 Hadoop Native 库，Linux 操作系统下可安装 lzop 命令。
- 缺点：压缩效率比 GZIP 低，需要编译安装，特殊文件处理需求（如建立索引）会增加操作复杂度。
- 适合场景：适用于较大的文本文件压缩后容量仍然较大的情况；单个文件越大，LZO 压缩算法的优势越明显。

5. 性能对比

在评估压缩算法性能时，我们考虑以下因素：压缩效率、CPU 消耗、压缩和解压缩速度，以及是否支持文件切分。具体评测结果如表 8-2 所示。

表 8-2　压缩算法的性能对比

压缩算法	压缩效率	CPU 消耗	压缩速度	解压缩速度	是否支持文件切分
GZIP	1.30	较高	33.18M/s	129.54M/s	否
BZIP2	1.45	较高	7.35M/s	17.08M/s	是
SNAPPY	1.08	较低	151.19M/s	350.59M/s	否
LZO	1.06	较低	167.34M/s	342.12M/s	是（需要建立索引）

根据实际压测结果，可以得出以下结论：

- BZIP2 和 GZIP：这两种算法提供了较高的压缩效率，但对 CPU 资源的消耗也相对较高。BZIP2 的压缩效率比 GZIP 更高，但会增加读取和写入时的性能消耗。因此，在处理能力有限或希望减少 CPU 使用的场景下，可能需要权衡其适用性。
- SNAPPY 和 LZO：这两种算法在压缩效率上相近，但 CPU 消耗相对较低，尤其是与 GZIP 相比。它们在压缩速度和解压缩效率方面表现优异，适用于处理能力有限或希望减少 CPU 使用的场景。

在选择压缩算法时，应综合考虑具体的业务场景和需求，以实现性能的最佳平衡。

8.3　数据分区与分桶

本节将探讨 Hadoop 和 Spark 的数据分区与分桶策略。首先，将介绍 Hadoop 和 Spark 中数据分区的概念，并探讨如何根据业务需求选择合适的分区策略。接着，我们将讨论分桶优化技术，包括如何在Hadoop和Spark中实现分桶，以及分桶对性能的影响。通过合理的数据分区和分桶策略，可以显著提高大数据处理的效率和性能。

8.3.1 数据分区

数据分区是大数据处理中至关重要的一环，它决定了数据在集群中的分布方式，进而影响到数据处理的效率和性能。Hadoop和Spark作为两种主流的大数据处理框架，都提供了丰富的数据分区策略。

1. Hadoop数据分区策略

在Hadoop中，数据分区主要通过以下两种方式实现：

- 基于键的数据分区。
- 基于文件的数据分区。

下面将详细介绍这两种数据分区策略。

1）基于键的数据分区

基于键的数据分区是Hadoop中最常用的数据分区方式。它通过对数据按照键进行哈希或范围划分，将具有相同键的数据分到同一个分区中。这样可以保证相同键的数据在同一个节点上进行处理，从而提高了数据处理的局部性，减少了网络传输。

Hadoop提供了多种基于键的数据分区器，其中最常用的是HashPartitioner。它根据数据的键进行哈希运算，将哈希值与分区数进行取模运算，得到数据所在的分区。这种方式简单高效，适用于数据量较大且键分布均匀的场景。

下面通过一个案例来说明基于键的数据分区的应用。假设我们有一组用户的购买记录数据，每个记录包含用户ID、商品ID和购买时间等信息。我们希望根据用户ID进行数据分区，将相同用户的购买记录分到同一个分区中。

首先，需要在MapReduce程序中指定使用基于键的数据分区器，并设置分区数。例如，数据分区器使用HashPartitioner，并设置分区数为10，具体实现如代码8-1所示。

代码 8-1

```
job.setPartitionerClass(HashPartitioner.class);
job.setNumReduceTasks(10);
```

然后，在Map函数中将用户ID作为键输出，具体实现如代码8-2所示。

代码 8-2

```
map(Object key, Text value, Context context) {
  String[] tokens = value.toString().split("\t");
  String userID = tokens[0];
  context.write(new Text(userID), new Text(value.toString()));
```

```
}
```

这样，在 Reduce 阶段，具有相同用户 ID 的数据将被分到同一个分区中进行处理，完整实现如代码 8-3 所示。

代码 8-3

```
public class SimpleMapReduce {

    // 定义 Map 函数的 Mapper 类，用于处理输入数据并输出中间结果
    public static class SimpleMapper extends Mapper<Object, Text, Text, Text>
{
        @Override
        protected void map(Object key, Text value, Context context)
         throws IOException, InterruptedException {
            // 将输入的 Text 值转换为字符串，并以制表符为分隔符进行分割
            String[] tokens = value.toString().split("\t");
            // 提取分割后数组的第一个元素作为用户 ID
            String userID = tokens[0];
            // 将用户 ID 作为中间结果的键，原始的 Text 值作为中间结果的值，写入上下文
            context.write(new Text(userID), new Text(value.toString()));
        }
    }

    // 定义 Reduce 函数的 Reducer 类，用于处理 Mapper 输出的所有中间结果
    public static class SimpleReducer extends Reducer<Text, Text, Text, Text>
{
        @Override
        protected void reduce(Text key, Iterable<Text> values, Context context)
         throws IOException, InterruptedException {
            // 对于每个键（用户 ID），迭代其对应的所有值
            for (Text val : values) {
                // 这里可以添加具体的处理逻辑，例如统计每个用户 ID 出现的次数
                // 将处理后的键-值对写入最终的输出中
                context.write(key, val);
            }
        }
    }

    public static void main(String[] args) throws Exception {
        // 创建 Hadoop 配置对象
        Configuration conf = new Configuration();
        // 获取 Job 对象，用于配置 MapReduce 作业
        Job job = Job.getInstance(conf, "Simple MapReduce");

        // 设置当前作业的类
        job.setJarByClass(SimpleMapReduce.class);
```

```
        // 设置Mapper类
        job.setMapperClass(SimpleMapper.class);
        // 设置Reducer类
        job.setReducerClass(SimpleReducer.class);

        // 设置分区器，这里使用 Hadoop 默认的 HashPartitioner
        job.setPartitionerClass(HashPartitioner.class);
        // 设置 Reduce 任务的数量
        job.setNumReduceTasks(10);

        // 设置作业输出的键值类型
        job.setOutputKeyClass(Text.class);
        job.setOutputValueClass(Text.class);

        // 设置作业的输入路径
        FileInputFormat.addInputPath(job, new Path(args[0]));
        // 设置作业的输出路径
        FileOutputFormat.setOutputPath(job, new Path(args[1]));

        // 运行作业，等待作业完成，并返回作业是否成功完成的状态码
        System.exit(job.waitForCompletion(true) ? 0 : 1);
    }
}
```

2）基于文件的数据分区

基于文件的数据分区是根据数据的文件路径进行分区，将位于相同路径下的数据分到同一个分区中。这种方式适用于数据量较小且数据已经按照一定规则进行组织和存储的场景。

在Hadoop中，提供了InputFormat接口来实现基于文件的数据分区。InputFormat负责将输入数据切分为多个InputSplit，每个InputSplit对应一个分区。Hadoop提供了多种InputFormat实现类，如TextInputFormat、SequenceFileInputFormat等。

下面通过一个示例来说明基于文件的数据分区的应用。假设有一组日志文件，每个文件包含不同用户的访问记录。我们希望根据文件路径进行数据分区，将相同路径下的数据分到同一个分区中。

首先，在MapReduce程序中需要指定使用基于文件的数据分区器，并设置输入路径。例如，使用TextInputFormat作为数据分区器，并将输入路径设置为“/user/logs/2024-08-01”，具体实现如代码8-4所示。

代码 8-4

```
job.setInputFormatClass(TextInputFormat.class);
FileInputFormat.setInputPaths(job, new Path("/user/logs/2024-08-01"));
```

接下里，在Map函数中，根据文件路径进行数据处理，具体实现如代码8-5所示。

代码 8-5

```
map(Object key, Text value, Context context) {
  String filePath = ((FileSplit) context.getInputSplit()).getPath().
toString();
  // 根据文件路径进行数据处理
}
```

在 MapReduce 任务执行时，位于相同路径下的数据将被分到同一个分区中进行处理。完整的实现如代码 8-6 所示。

代码 8-6

```
public class PathBasedMapReduce {

    // 定义 Mapper 类
    public static class PathMapper extends Mapper<Object, Text, Text, Text> {
        @Override
        protected void map(Object key, Text value, Context context)
         throws IOException, InterruptedException {
            // 获取输入分割对象
            Object inputSplit = context.getInputSplit();
            if (inputSplit instanceof FileSplit) {
                // 将输入分割转换为 FileSplit
                FileSplit fileSplit = (FileSplit) inputSplit;
                // 获取文件路径
                String filePath = fileSplit.getPath().toString();

                // 根据文件路径进行数据处理，例如，可以根据实际需求进行过滤或处理
                // 例如，如果文件路径包含 "error",
                // 则可能表示这是一个错误日志文件，可以选择不处理或特殊处理
                if (!filePath.contains("error")) {
                    context.write(value, new Text("Processed from: " + filePath));
                }
            }
        }
    }

    public static void main(String[] args) throws Exception {
        // 创建 Hadoop 配置对象
        Configuration conf = new Configuration();
        // 获取 Job 对象，用于配置 MapReduce 作业
        Job job = Job.getInstance(conf, "Path Based MapReduce");

        // 设置 Mapper 类
        job.setMapperClass(PathMapper.class);
        // 设置输入格式类为 TextInputFormat
```

```
        job.setInputFormatClass(TextInputFormat.class);
        // 设置作业的输入路径
        FileInputFormat.setInputPaths(job, new Path("/user/logs/2024-08-01"));

        // 可以根据需要设置其他配置，例如 Reducer 类、输出格式等，根据需要添加
        System.exit(job.waitForCompletion(true) ? 0 : 1);
    }
}
```

2. Spark数据分区策略

在Spark中，数据分区主要通过以下两种方式实现：

- 基于哈希的数据分区。
- 基于范围的数据分区。

下面将详细介绍这两种数据分区策略。

1）基于哈希的数据分区

基于哈希的数据分区是Spark中最常用的数据分区方式。它通过计算数据的哈希值，将具有相同哈希值的数据分配到同一个分区中。这样可以确保具有相同哈希值的数据在同一个节点上进行处理。

在Java中，可以使用HashPartitioner和repartitionAndSortWithinPartitions方法来实现基于哈希的数据分区效果。具体实现如代码8-7所示。

代码8-7

```
public class SparkHashPartitionExample {
    public static void main(String[] args) {
        SparkConf conf = new SparkConf()
                .setAppName("JavaPartitionExample")
                .setMaster("local[*]");   // 使用本地所有可用的线程
        JavaSparkContext sc = new JavaSparkContext(conf);

        // 创建一个 JavaPairRDD，包含键-值对
        List<Tuple2<String, Integer>> data = Arrays.asList(
                new Tuple2<>("a", 1),
                new Tuple2<>("b", 2),
                new Tuple2<>("c", 3),
                new Tuple2<>("a", 4),
                new Tuple2<>("b", 5),
                new Tuple2<>("c", 6)
        );
        JavaPairRDD<String, Integer> rdd = sc.parallelizePairs(data);

        // 自定义 HashPartitioner
        Partitioner hashPartitioner = new Partitioner() {
```

```
            @Override
            public int numPartitions() {
                return 2;      // 设置分区数为 2
            }

            @Override
            public int getPartition(Object key) {
                // 按照键的 hashCode 进行分区
                return (key.hashCode() & Integer.MAX_VALUE) % numPartitions();
            }
        };

        // 对 RDD 进行分区
        JavaPairRDD<String, Integer> partitionedRdd
         = rdd.partitionBy(hashPartitioner);

        // 查看每个分区的数据
        List<List<Tuple2<String, Integer>>> partitions
         = partitionedRdd.glom().collect();
        for (int i = 0; i < partitions.size(); i++) {
            System.out.println("Partition " + i + ": " + partitions.get(i));
        }

        // 执行完所有操作后，停止 SparkContext
        sc.stop();
    }
}
```

执行上述代码，结果如图 8-7 所示。

```
Partition 0: [(b,2), (b,5)]
Partition 1: [(a,1), (c,3), (a,4), (c,6)]
```

图 8-7

在这个例子中，我们将一个包含 6 个元素的 RDD 按照哈希值进行分区，并指定分区数为 2。Spark 会根据哈希函数计算每个元素的哈希值，并将具有相同哈希值的元素分配到同一个分区中。

2）基于范围的数据分区

基于范围的数据分区是将数据按照指定的取值范围分配到不同的分区中。这种方式适用于数据量较大且数据取值范围较大的场景。Spark 提供了 rangePartitions 方法来实现基于范围的数据分区，具体实现如代码 8-8 所示。

代码 8-8

```
public class SparkRangePartitionExample {
    public static void main(String[] args) {
```

```
        SparkConf conf = new SparkConf()
                .setAppName("JavaRangePartitionExample")
                .setMaster("local[*]");   // 使用本地所有可用的线程;
        JavaSparkContext sc = new JavaSparkContext(conf);

        // 创建 JavaPairRDD
        List<Tuple2<Integer, String>> data = Arrays.asList(
                new Tuple2<>(1, "a"),
                new Tuple2<>(2, "b"),
                new Tuple2<>(3, "c"),
                new Tuple2<>(4, "a"),
                new Tuple2<>(5, "b"),
                new Tuple2<>(6, "c")
        );

        JavaPairRDD<Integer, String> rdd = sc.parallelizePairs(data);

        // 自定义分区器（例如：RangePartitioner 的替代实现）
        Partitioner partitioner = new Partitioner() {
            @Override
            public int numPartitions() {
                return 2;     // 设定分区数为 2
            }

            @Override
            public int getPartition(Object key) {
                int k = (int) key;
                return k % numPartitions();   // 简单的按键分区逻辑
            }
        };

        // 对 RDD 进行分区
        JavaPairRDD<Integer, String> partitionedRdd
         = rdd.partitionBy(partitioner);

        // 查看每个分区的数据
        List<List<Tuple2<Integer, String>>> partitions
         = partitionedRdd.glom().collect();
        for (int i = 0; i < partitions.size(); i++) {
            System.out.println("Partition " + i + ": " + partitions.get(i));
        }

        sc.close();
    }
}
```

执行上述代码，结果如图 8-8 所示。

```
Partition 0: [(2,b), (4,a), (6,c)]
Partition 1: [(1,a), (3,c), (5,b)]
```

图 8-8

在这个例子中，我们将一个包含 6 个元素的 RDD 按照取值范围进行分区，并指定分区数为 2。Spark 将根据模运算符计算每个元素的取值范围，并将位于相同取值范围内的元素分配到同一个分区。

3. 数据分区策略的选择

在实际应用中，选择合适的数据分区策略对于提高数据处理的效率和性能至关重要。下面将介绍选择数据分区策略的基本原则和关键考虑因素。

1）数据量和集群规模

数据量和集群规模是选择数据分区策略时需要优先考虑的因素。如果数据量较小，可选择较少的分区数以减少分区管理和数据调度的开销；如果数据量较大，可选择更多的分区数以提升数据处理的并行度。同时，集群规模同样会影响数据分区策略的选择。对于规模较大的集群，采用更多分区能更充分地利用计算资源；而在小规模集成中，分区过多可能导致调度和通信开销增加。

2）数据分布

数据分布是指数据在集群中的具体分布情况。如果数据分布不均匀，可能导致部分节点负载过重，而其他节点负载较轻。因此，在选择数据分区策略时，需要充分考虑数据的分布特点。例如，对于较为均匀的数据分布，可以选择基于哈希的数据分区策略；而对于不均匀的数据分布，可以选择基于范围的数据分区策略，从而平衡各节点的负载。

3）数据处理需求

数据处理需求是指对数据进行处理的具体要求，例如数据的聚合、排序等。不同的数据处理需求可能需要采用不同的数据分区策略。例如，如果需要对数据进行全局排序，可以选择基于范围的数据分区策略；如果需要对数据进行局部聚合，可以选择基于哈希的数据分区策略。

4. 数据分区策略的应用场景

数据分区策略在实际应用中具有广泛的应用场景。下面将介绍一些常见的应用场景。

1）数据分析

在数据分析场景中，数据分区策略可以显著提高数据处理的效率和性能。例如，在对大规模数据进行统计分析时，可以采用基于哈希的数据分区策略，将数据按照哈希值进行分区，从而提高数据处理的并行度；在对数据进行关联分析时，可以采用基于范围的数据分区策略，将数据按照取值范围进行分区，从而提高数据关联操作的效率。

2）数据挖掘

在数据挖掘场景中，数据分区策略有助于提升数据挖掘算法的效率和准确性。例如，在使用聚类算法对大规模数据进行聚类时，可以采用基于哈希的数据分区策略，将数据按照哈希值进行分区，以提高聚类算法的效率；在使用分类算法对数据进行分类时，可以采用基于范围的数据分区策略，将数据按照取值范围进行分区，以提高分类算法的准确性。

3）数据流处理

在数据流处理场景中，数据分区策略可以提高数据处理的实时性和可靠性。例如，在使用 Spark Streaming 处理大规模数据流时，可以采用基于哈希的数据分区策略，将数据按照哈希值进行分区，以提高数据处理的实时性；在使用 Flink 对数据流进行处理时，可以采用基于范围的数据分区策略，将数据按照取值范围进行分区，以提高数据处理的可靠性。

8.3.2 数据分桶

数据分桶是大数据处理中常见的一种优化手段，其核心思想是将大数据集按照某个特定字段的值进行划分，使得每个桶内的数据具备相似的特征。通过这种方式，可以显著提升数据查询的效率，特别是在关联操作和聚合操作中，从而减少计算资源的消耗。

1. 基于哈希的数据分桶

基于哈希的数据分桶是 Spark 中常用的数据分桶方式。它通过将数据按照哈希值进行划分，将具有相同哈希值的数据分到同一个桶中。这样可以保证相同哈希值的数据在同一个节点上进行处理，从而提高了数据处理的局部性，减少了网络传输。具体实现如代码 8-9 所示。

代码 8-9

```
public class SparkBucketingExample {
    public static void main(String[] args) {
        // 创建 SparkSession
        SparkSession spark = SparkSession.builder()
                .appName("Spark Bucketing Example")
                .master("local[*]")  // 使用本地环境
                .getOrCreate();

        // 定义 CSV 文件的 Schema
        StructType schema = new StructType()
                .add("userid", DataTypes.StringType)
                .add("amount", DataTypes.DoubleType)
                .add("date", DataTypes.StringType);

        // 生产环境替换为 HDFS 路径
         String csvPath = "data/users.csv";
        // 读取本地 CSV 文件
        Dataset<Row> df = spark.read()
                .option("header", "true")           // 文件包含头部
                .schema(schema)                     // 指定 Schema
```

```
                .csv(csvPath);                              // 指定数据文件路径

        // 将数据按照 userid 字段进行分桶，并保存为分桶表
        df.write()
                .bucketBy(4, "userid")                      // 将数据按 userid 分为 4 个桶
                .sortBy("date")                             // 按照 date 字段进行排序
                .mode(SaveMode.Overwrite)                   // 如果表已存在，则覆盖
                .saveAsTable("user_bucketed_table");

        // 读取并显示分桶后的数据（可选）
        Dataset<Row> bucketedDf = spark.read()
          .table("user_bucketed_table");
        bucketedDf.show();

        // 关闭 SparkSession
        spark.stop();
    }
}
```

执行上述代码，结果如图 8-9 所示。

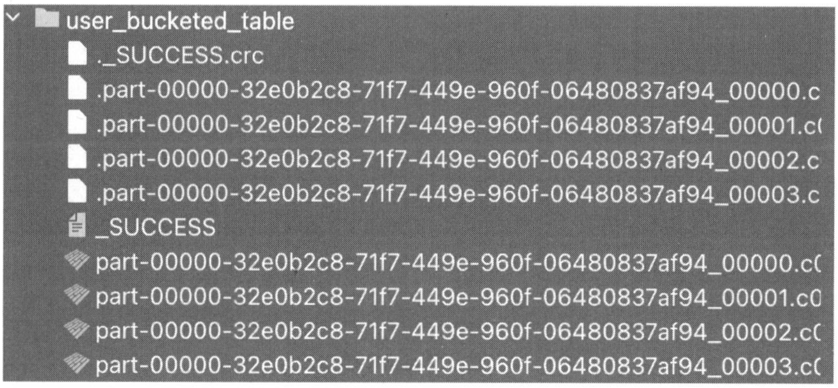

```
user_bucketed_table
    ._SUCCESS.crc
    .part-00000-32e0b2c8-71f7-449e-960f-06480837af94_00000.c
    .part-00000-32e0b2c8-71f7-449e-960f-06480837af94_00001.c(
    .part-00000-32e0b2c8-71f7-449e-960f-06480837af94_00002.c
    .part-00000-32e0b2c8-71f7-449e-960f-06480837af94_00003.c
    _SUCCESS
    part-00000-32e0b2c8-71f7-449e-960f-06480837af94_00000.c(
    part-00000-32e0b2c8-71f7-449e-960f-06480837af94_00001.c0
    part-00000-32e0b2c8-71f7-449e-960f-06480837af94_00002.c(
    part-00000-32e0b2c8-71f7-449e-960f-06480837af94_00003.c(
```

图 8-9

2. 基于范围的数据分桶

基于范围的数据分桶是根据数据的取值范围进行分桶，将数据按照特定的取值范围分配到不同的桶中。这种方式适用于数据量较大且数据的取值范围较广的场景。具体实现如代码 8-10 所示。

代码 8-10

```
public class SparkRangeBucketingExample {
    public static void main(String[] args) {
        // 创建 SparkSession
        SparkSession spark = SparkSession.builder()
                .appName("Spark Range Bucketing Example")
```

```
        .master("local[*]")  // 使用本地环境
        .getOrCreate();

// 定义 CSV 文件的 Schema
StructType schema = new StructType()
        .add("userid", DataTypes.StringType)
        .add("amount", DataTypes.DoubleType)
        .add("date", DataTypes.StringType);

// 读取本地 CSV 文件
Dataset<Row> df = spark.read()
        .option("header", "true")          // 文件包含头部
        .schema(schema)                    // 指定 Schema
        .csv("data/users.csv");            // 指定数据文件路径

// 显示读取的数据
// df.show();

// 定义范围分桶的函数
UserDefinedFunction rangeBucketing =
 functions.udf((Double amount) -> {
    if (amount < 20) return "bucket_1";
    else if (amount < 40) return "bucket_2";
    else if (amount < 60) return "bucket_3";
    else if (amount < 80) return "bucket_4";
    else return "bucket_5";
}, DataTypes.StringType);

// 添加一个新的列用于表示范围分桶
Dataset<Row> bucketedDf = df.withColumn("bucket",
 rangeBucketing.apply(functions.col("amount")));

// 显示分桶后的数据
bucketedDf.show();

// 将数据保存为分桶表
bucketedDf.write()
        .format("parquet")                 // 使用 Parquet 格式存储数据
        .mode(SaveMode.Overwrite)          // 如果表已存在，则覆盖
        .save("data/user_bucketed_table");

// 读取并显示分桶后的数据（可选）
Dataset<Row> savedDf = spark.read()
  .format("parquet").load("data/user_bucketed_table");
```

```
        savedDf.show();

        // 关闭 SparkSession
        spark.stop();
    }
}
```

执行上述代码，结果如图 8-10 所示。

```
+------+------------------+----------+--------+
|userid|            amount|      date|  bucket|
+------+------------------+----------+--------+
| user1|14.452579931743726|2024-08-25|bucket_1|
| user2| 27.26579357364859|2024-08-25|bucket_2|
| user3|47.346858669886316|2024-08-25|bucket_3|
| user4|  51.4167000750712|2024-08-25|bucket_3|
| user5|  44.9609295508849|2024-08-25|bucket_3|
| user6|53.445270270956456|2024-08-25|bucket_3|
| user7| 85.05951361717874|2024-08-25|bucket_5|
| user8| 93.46553153356456|2024-08-25|bucket_5|
| user9|  60.3119978532436|2024-08-25|bucket_4|
| user0| 69.23208535513746|2024-08-25|bucket_4|
| user1|46.411278995561545|2024-08-25|bucket_3|
| user2| 47.94651234586481|2024-08-25|bucket_3|
| user3| 53.44077475824262|2024-08-25|bucket_3|
| user4| 26.34284900995678|2024-08-25|bucket_2|
| user5|  87.8474043079379|2024-08-25|bucket_5|
| user6| 77.57009093991077|2024-08-25|bucket_4|
| user7|25.375266342144055|2024-08-25|bucket_2|
| user8| 80.13476420117709|2024-08-25|bucket_5|
| user9| 20.92994831698496|2024-08-25|bucket_2|
| user0| 88.96949859247557|2024-08-25|bucket_5|
+------+------------------+----------+--------+
only showing top 20 rows
```

图 8-10

8.4　数据仓库设计

本节将探讨数据仓库设计的原理，重点介绍维度建模技术在数据仓库设计中的应用。通过使用合理的数据仓库设计，可以提高数据的可访问性、可维护性和可扩展性，从而更好地支持企业的决策分析和业务运营。

1. 数据仓库维度建模的概念

数据仓库维度建模是一种用于设计和构建数据仓库的技术方法，它将数据仓库中的数据按照维度和事实进行组织，以支持复杂的数据分析和决策支持。维度建模的核心思想是将数据仓库中的数据划分为两个部分：维度和事实。

- 维度：维度是指数据分析的视角或角度，例如时间、地理、产品等。维度通常以属性的形式存在，例如时间维度的年、月、日等属性。
- 事实：事实是指数据分析的具体数值或度量，例如销售额、销售量等。事实通常与维度相关联，例如某个时间段内某个产品的销售额。

2. 数据仓库维度建模的原理

数据仓库维度建模的原理是将数据仓库中的数据按照维度和事实进行组织。具体来说，数据仓库维度建模包括以下几个步骤：

（1）确定业务需求：首先需要明确数据仓库的业务需求，包括需要分析的数据指标、数据粒度、数据范围等。

（2）确定维度和事实：根据业务需求，确定数据仓库中的维度和事实。维度通常与业务过程相关，例如销售过程的时间、地理、产品等；事实通常与业务指标相关，例如销售额、销售量等。

（3）设计星型模式或雪花型模式：根据维度和事实的关系，设计星型模式或雪花型模式。星型模式是指所有维度都直接与事实表相关联的模式，而雪花型模式是指维度之间存在层次关系的模式。

（4）数据加载和更新：将源数据加载到数据仓库中，并根据业务需求进行数据更新。

（5）数据分析和决策支持：使用数据仓库中的数据进行数据分析和决策支持，例如多维数据分析、数据挖掘和报表生成等。

3. 星型模式设计

星型模式是指所有维度都直接与事实表相关联的模式，它具有简单、易用、查询性能好等特点。星型模式通常包括以下几个部分：

- 事实表：事实表是星型模式的核心，它包含了数据分析的具体数值或度量，例如销售额、销售量等。
- 维度表：维度表包含了数据分析的视角或角度，例如时间、地理、产品等。
- 关联键：关联键用于连接事实表和维度表，例如时间维度的日期键、地理维度的地区键等。

下面通过一个案例来说明星型模式的设计。假设我们需要设计一个销售数据仓库，用于分析不同时间、不同地区、不同产品的销售额。根据业务需求，可以确定以下维度和事实：

- 维度：时间、地理、产品。

- 事实：销售额。

根据这些维度和事实，我们可以设计一个星型模式的数据仓库，其中包括一张事实表和三张维度表：

（1）事实表：销售事实表，包含销售额、时间键、地区键、产品键等字段。
（2）维度表：

- 时间维度表，包含日期、年、月、日等属性。
- 地理维度表，包含地区、城市等属性。
- 产品维度表，包含产品名称、类别等属性。

通过这个星型模式的数据仓库，我们可以方便地进行多维数据分析，例如按时间、地区、产品等维度分析销售额。

4. 雪花型模式设计

雪花型模式与星型模式一样，也由事实表、维度表和关联键组成。但需注意，雪花型模式的各个维度之间存在层次关系。

下面通过一个案例来说明雪花型模式的设计。假设我们需要设计一个销售数据仓库，用于分析不同时间、不同地区、不同产品的销售额。根据业务需求，可以确定以下维度和事实：

- 维度：时间、地理、产品。
- 事实：销售额。

根据这些维度和事实，我们可以设计一个雪花型模式的数据仓库，其中包括一张事实表和三张维度表：

（1）事实表：销售事实表，包含销售额、时间键、地区键、产品键等字段。
（2）维度表：

- 时间维度表：包含日期、年、月、日等属性，其中年、月、日等属性之间存在层次关系。
- 地理维度表：包含地区、城市等属性，其中地区、城市等属性之间存在层次关系。
- 产品维度表：包含产品名称、类别等属性。

通过这个雪花型模式的数据仓库，我们可以更好地进行数据一致性和可维护性的管理，但查询性能相对较差。

8.5　本章小结

本章首先阐述了大数据存储架构的应用，介绍了存储架构的演变和选择指南。然后对比分析了存储格式与压缩算法，以便在实际开发中选择合适的存储格式和压缩算法。接着介绍了数据分区与分桶，最后介绍了数据仓库设计，旨在帮助读者全面理解并掌握大数据存储管理的关键技术。

本章首先阐述了大数据存储架构的应用场景，深入探讨了存储架构的演变历程以及在不同场景下的选择指南。接着，对比分析了各种存储格式与压缩算法，重点讨论了它们各自的优缺点，这一部分将为实际开发提供实用的指导。随后，介绍了数据分区与分桶的概念与技术，讨论了如何通过合理的分区和分桶策略提高数据访问速度，降低查询成本，从而提升整体数据处理效率。最后，探讨了数据仓库的设计原理与方法，强调数据仓库在企业决策支持中的关键作用。

通过学习本章的内容，读者将能够更好地把握大数据存储与管理的关键技术，为实际应用中的数据处理和分析打下坚实的基础。

8.6 习　　题

（1）Hadoop的分布式存储系统和调度系统由哪两个主要组件组成？（　）

A. HDFS和YARN　B. MapReduce和HBase
C. Hive和Pig　D. ZooKeeper和HCatalog

（2）以下哪种存储格式常用于大数据的列式存储，并支持高效的压缩和查询性能？（　）

A. CSV　B. JSON　C. Parquet　D. XML

（3）在设计数据仓库时，数据分区通常基于哪个因素来提高查询性能？（　）

A. 数据大小　B. 数据类型　C. 时间范围　D. 用户角色

（4）数据仓库中的事实表和维度表之间的关系是什么？（　）

A. 一对一　B. 一对多　C. 多对一　D. 多对多

（5）在使用Spark进行大数据处理时，如果需要对存储在HDFS中的Parquet格式数据进行高效的查询和分析，应该使用哪个Spark组件？（　）

A. Spark SQL　B. Spark Streaming
C. MLlib　D. GraphX

第 9 章

数据分析与挖掘

本章将深入探讨大数据分析的全流程与核心方法，涵盖从分析流程与工具选择到数据挖掘算法应用的各个方面。

9.1　大数据分析

本节将深入探讨大数据分析的流程与方法，涵盖数据采集、处理、存储、分析、可视化等关键环节。同时，还将对主流数据分析工具进行比较分析，帮助读者选择适合的工具，以便高效挖掘数据价值。

大数据分析是一个复杂且关键的过程，涉及从数据收集到数据应用的各个环节，如图 9-1 所示。在这个过程中，数据质量的管理和控制至关重要，因为它直接影响到最终数据分析和应用的准确性和可靠性。下面将详细介绍大数据分析流程的各个环节，并探讨它们对数据质量的影响。

1. 数据采集

数据采集是大数据分析的基础环节，旨在通过多种手段和工具获取所需的原始数据，从而为后续分析提供支持。数据源通常分为内部数据和外部数据两大类。内部数据主要包括企业的业务数据、交易记录、客户信息等，这些数据往往具有较高的相关性和准确性；外部数据则来自更广泛的领域，如社交媒体、公开数据集、传感器数据等，能够为分析提供额外的维度和深度。

为了确保数据的全面性和准确性，常用的数据收集方法有网络爬虫、API 接口、传感器数据收集以及手动数据输入等。

- 网络爬虫是一种自动化脚本，能够从网页上自动抓取大量数据，适用于结构化和非结构化数据的收集。

- API接口是应用程序之间进行数据交换的重要方式，例如通过调用社交媒体平台的API，可以获得用户行为、互动和趋势等数据。
- 传感器数据收集主要应用于物联网（IoT）领域，通过部署在各种环境中的传感器实时监控并收集数据，如温度、湿度、运动等。
- 手动数据输入虽然效率较低，但在一些特定场景下仍不可或缺，尤其是当需要人工标注或处理复杂情境下的数据时。

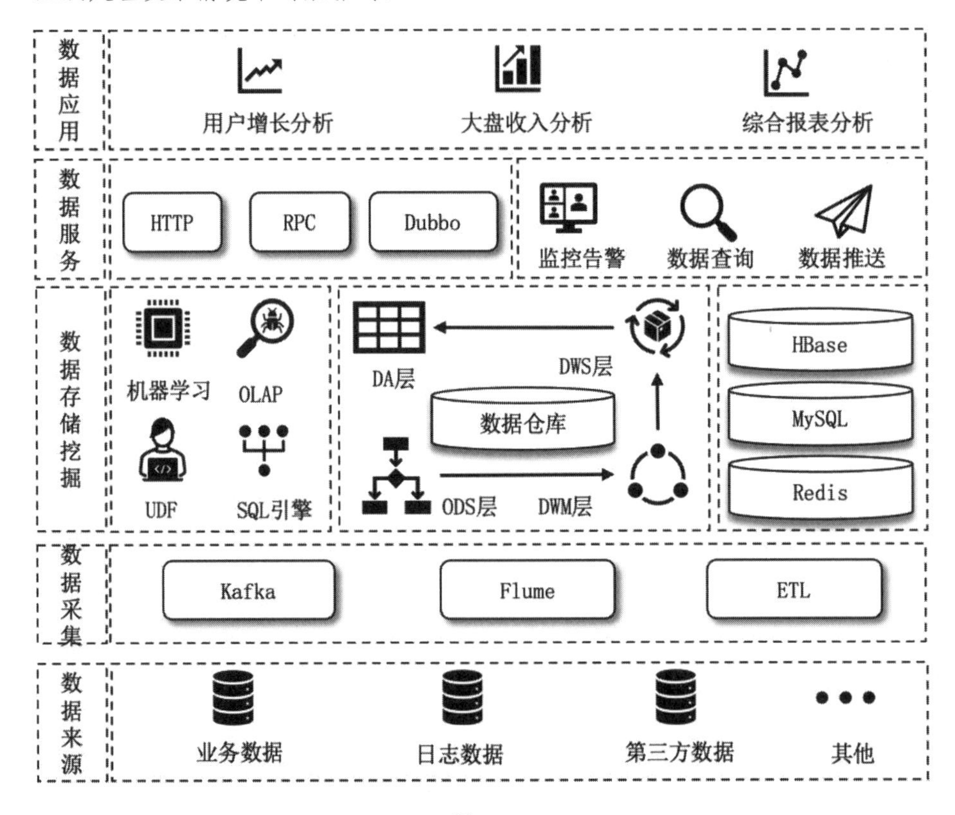

图 9-1

在数据收集过程中，数据的多样性和规模性是一项挑战。为应对这项挑战，可以采用分布式数据收集工具和技术。例如 Hadoop 和 Spark 能够并行处理海量数据，提高数据收集的效率和可靠性。此外，在数据收集的过程中，还必须高度重视数据的隐私和安全问题。通过加密技术、访问控制机制以及合规的数据管理政策，可以有效保障数据的安全性和用户隐私，从而确保整个数据收集过程的合规性与可信度。

2. 数据处理

数据处理是确保数据质量和一致性的关键步骤，通过清洗原始数据中的噪声、错误和重复数据等问题，为后续分析打下坚实的基础。作为数据分析流程中至关重要的一环，数据处理的效果直接决定了分析结果的准确性和可靠性。

在数据处理过程中，广泛使用多种工具和技术，如 Hadoop 的 MapReduce、Spark SQL 等。这些工具提供了丰富的函数库和方法，可以高效处理和清洗大规模数据。此外，数据处理还可以借助机器学习方法来提高精度和自动化水平。例如，聚类算法可以自动识别数据集中的异常值，而回归模型可以智能填补缺失值。这些方法可以大大减少人工干预的需求，从而提高处理的效率。

3. 数据存储

数据存储是将采集到的数据进行分类和管理的过程，其核心目的是为后续的数据处理和分析提供高效、可靠的基础。根据数据的结构化程度和应用需求，可以选择不同的数据存储方案。

结构化数据通常存储在关系数据库中，如 MySQL。这些数据库系统通过表格化的数据模型、SQL 查询语言和事务管理，提供强大的数据一致性和完整性保证。对于需要复杂查询、连接操作和事务支持的应用场景，关系数据库是优选方案。

非结构化数据更适合存储在 NoSQL 数据库中，如 HBase。这些数据库系统能够处理各种数据格式，如文档、图像和日志文件，并支持灵活的 Schema 设计和水平扩展，适用于大规模数据、实时数据处理和高可用性需求的场景。

对于大规模数据存储，分布式存储系统至关重要。Hadoop 的分布式文件系统（HDFS）是一个常用的解决方案，它通过将数据分块并分布在多个节点上，显著提高了数据的存储能力、可靠性和访问速度。HDFS 支持大规模数据集的存储，并具备容错能力，在节点故障时可以自动恢复数据。

在选择数据存储方案时，需要综合考虑数据的类型、访问频率、存储成本等因素。例如，对于需要频繁访问的热数据，可以选择高性能存储方案，如固态硬盘（SSD）或内存数据库（Redis），这些方案可以提供快速的数据读写速度；而对于访问频率较低的冷数据，则可以选择成本较低的存储方案，如云存储，这些方案在长期存储方面更具经济性。

数据备份和恢复机制是数据存储中不可忽视的一部分，它们能有效应对数据丢失和损坏的风险。常用的备份策略包括：

- 全量备份：定期备份整个数据集，确保所有数据的完整性。
- 增量备份：只备份自上次备份以来发生变化的数据，节省存储空间和备份时间。
- 差异备份：备份自上次全量备份以来发生变化的数据，平衡全量备份和增量备份的优缺点。

此外，通过定期备份、异地备份和快照技术等手段，可以进一步确保数据的安全性和可恢复性。云存储服务提供商通常还具备内建的备份和恢复功能，可以自动管理备份和灾难恢复。

4. 数据分析

数据分析是利用各种算法和工具对数据进行深入分析的过程，旨在从数据中提取有价值的信息和洞察。数据分析的方法和技术丰富多样，包括描述性分析、诊断性分析、预测性分析和规范性分析等，每种方法都有其独特的用途和优势。

- 描述性分析专注于对数据的基本特征进行总结和解释。这通常包括计算统计量，如均值、中位数、标准差等，并通过直方图、箱线图、散点图等图表展示数据的分布情况。描述性分析能够帮助我们理解数据的基本趋势和模式，是数据分析的基础步骤。
- 诊断性分析旨在揭示数据中的关联关系和因果关系。通过使用相关性分析、回归分析等方法，我们可以探讨变量之间的关系，识别潜在的影响因素。诊断性分析常用于揭示数据中存在的问题或模式，并为进一步的预测性分析和规范性分析提供背景信息。
- 预测性分析使用历史数据和模型来预测未来趋势。常用的方法包括时间序列分析、回归模型以及机器学习算法等。预测性分析不仅可以帮助我们预测未来的趋势和行为，还能辅助做出数据驱动的战略决策。机器学习中的分类和回归模型、深度学习中的神经网络，都能够处理复杂的预测任务，提高预测的准确性。
- 规范性分析的目标是给出最优的决策方案。这通常涉及使用优化算法、决策树、模拟等技术来推荐最佳行动路径。规范性分析不仅考虑数据本身，还要结合业务目标和约束条件，帮助决策者制定科学、合理的决策。

在数据分析过程中，选择合适的分析方法和工具至关重要。例如，对于大规模数据分析，可以采用分布式计算框架（如 Hadoop 和 Spark），以提高计算效率和可扩展性；机器学习和深度学习算法，如线性回归、决策树、支持向量机、神经网络等，能够处理复杂的数据分析任务，实现深层次的数据挖掘和洞察。

5. 数据可视化

数据可视化是通过图表和其他视觉呈现方式将数据分析结果直观地展示出来，从而使数据变得更加易于理解和解读。作为数据分析中的关键环节，数据可视化不仅有助于识别数据中的模式和趋势，还能有效地传达分析结果和决策信息。

常用的数据可视化工具包括 ECharts、Grafana、D3.js 等。这些工具各具特色：

- ECharts：它是一个开源的图表库，支持多种类型的图表和动态效果，适合制作交互性强的可视化仪表盘。
- Grafana：它主要用于监控和实时数据的可视化，支持丰富的数据源和多种图表插件，广泛应用于运维监控和业务分析。
- D3.js：它是一个基于 JavaScript 的强大可视化库，提供了极高的定制化能力，允许用户创建复杂且精美的数据可视化效果，适合需要高度自定义和动态交互的应用场景。

在数据可视化过程中，选择合适的图表类型和设计风格至关重要：

- 时序数据：通常使用折线图或面积图，这些图表能够有效展示数据随时间变化的趋势和波动。
- 分类数据：适合使用柱状图或饼图，这些图表能够清晰显示各类别的数据分布和比例。

- 地理数据：可以选择地图或热图，通过地理信息的可视化展现数据在不同地理区域的分布情况。

图表的设计原则也非常重要，应遵循以下几个基本准则：

- 简洁：避免过多的装饰和复杂的元素，确保图表的主要信息一目了然。
- 清晰：确保数据标签、坐标轴和图例等信息清晰易读，避免误解。
- 突出重点：通过颜色、大小等视觉效果突出关键数据和趋势，帮助用户快速获取重要信息。

数据可视化不仅涉及技术问题，还需要充分考虑用户需求和使用场景：

- 企业管理：管理层需要迅速了解业务的关键指标和趋势，因此可视化应设计为仪表盘和看板，用于展示关键绩效指标和实时业务数据。这些工具应提供快速、直观的汇总视图，以支持决策。
- 数据研究：研究人员需要深入分析数据的细节，因此可视化适合设计为交互式可视化工具，支持数据的下钻、筛选和动态分析。这些工具应允许用户按需探索数据，发现潜在的模式和洞察。

综上所述，数据可视化不仅是将数据转换为可视的过程，更是通过有效的图形呈现提升数据分析价值的重要手段。通过精心选择图表类型和设计风格，并结合实际需求和使用场景，数据可视化可以极大地增强数据分析的洞察力和决策支持能力。

9.2　数据挖掘算法

数据挖掘算法是一种从海量数据中提取有价值信息的强大工具。它结合统计学、机器学习和数据可视化等技术，通过模式识别、关联分析和聚类等方法，揭示了数据中的隐藏模式、趋势和异常。这些算法可以帮助企业和组织更好地理解其数据，从而做出更明智的决策。

9.2.1　数据挖掘算法的分类与应用场景

数据挖掘算法作为从海量数据中提取有价值信息的关键技术，其分类和应用场景日益广泛且深入。本小节将详细探讨大数据挖掘算法的分类，并通过丰富的案例和图表，深入阐述其在各个领域的应用场景，帮助读者全面理解大数据挖掘算法的重要性和实际应用价值。

一般来说，数据挖掘算法可以分为 4 种类型：分类、预测、聚类和关联。这 4 种类型在数据挖掘中起着不同的作用，并且可以进一步分类，如图 9-2 所示。

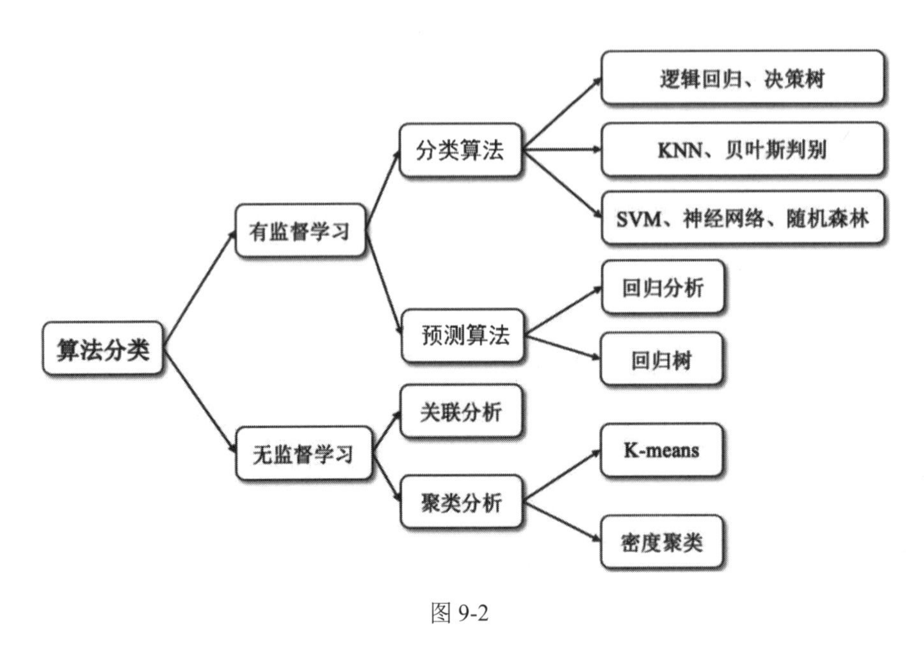

图 9-2

1. 分类算法

分类算法是一种有监督学习算法，用于将数据划分为不同的类别。它基于已有的标记数据集进行训练，然后根据训练得到的模型对新的数据进行分类。分类算法广泛应用于各种领域，如金融领域的信用风险评估。常见的分类算法包括决策树（Decision Tree）、支持向量机（Support Vector Machine，SVM）、逻辑回归等。

- 决策树：决策树是一种树状结构的分类算法，它通过一系列决策规则将数据划分为不同的类别。其优势在于简单易懂，能够直观地展示数据决策过程。例如，在客户流失预测中，决策树可以根据客户的历史行为数据进行分类，帮助企业识别出高风险客户并采取相应的留存策略。
- SVM：SVM 通过找到最优的分隔超平面，将数据集分成不同的类别。SVM 适用于处理高维数据。例如，在文本分类中，SVM 常用于垃圾邮件过滤，通过分析邮件内容将邮件归类为“垃圾邮件”或“正常邮件”。
- 朴素贝叶斯：朴素贝叶斯是一种基于贝叶斯定理的分类算法，其核心假设是特征之间相互独立。尽管这一假设相对简单，但在实际应用中，朴素贝叶斯算法常常表现出色。它广泛应用于在新闻分类、情感分析等文本处理任务，尤其适合于对大规模数据进行初步分析。

2. 预测算法

预测算法也是一种有监督学习算法，用于预测未来的数值或类别。它基于已有的数据集进行训练，然后根据训练得到的模型对新的数据进行预测。预测算法广泛应用于各种领域，如金融领域的股票价格预测。常见的预测算法包括线性回归、时间序列分析等。

- 线性回归：线性回归通过拟合一条直线来预测目标变量，适用于线性关系的数据。例如，在房地产市场中，线性回归可以根据历史房价和其他相关特征预测未来的房价走势。

- 决策树回归：决策树回归通过构建决策树来捕捉数据中的非线性关系，适用于复杂的预测任务。例如，在金融市场分析中，决策树回归能够预测股票价格的波动趋势，帮助投资者做出更明智的决策。

3. 聚类分析

聚类分析是一种无监督学习算法，用于将数据划分为相似的组别。它不依赖已有的标记数据集，而是根据数据本身的特征进行聚类。聚类算法广泛应用于各种领域，如市场细分、社交网络分析等。常见的聚类算法包括 K-means、层次聚类和密度聚类等。

- K-means：K-means 算法通过迭代地将数据点分配到最近的簇中心，逐步收敛到最优的聚类结果。例如，在市场细分中，K-means 帮助企业将客户分成不同的群体，从而为不同的客户群体提供定制化的产品和服务。
- 层次聚类：层次聚类通过不断合并或分割数据点，生成一棵聚类树，展示数据点的层次结构。
- 密度聚类：通过识别数据点的密度聚类，能够有效处理噪声数据和不规则形状的簇。

4. 关联分析

关联分析是一种无监督学习算法，用于发现数据中的关联关系。它通过分析数据中的频繁项集，揭示项集之间的关联规则。关联分析广泛应用于各种领域，如零售业的购物分析和金融业的欺诈检测等。常见的关联分析算法包括 Apriori 和 FP-Growth 等。

- Apriori：Apriori 算法通过挖掘频繁项集来发现关联规则，广泛应用于零售业的市场分析。例如，在超市的商品分析中，Apriori 可以帮助识别出“经常一起购买”的商品对，从而帮助超市优化商品陈列和促销活动。
- FP-Growth：FP-Growth 算法通过构建频繁模式树（FP-Tree）来进行关联规则挖掘，比 Apriori 更为高效。例如，电子商务平台可以使用 FP-Growth 分析用户的购买行为，从而为用户提供更加精准的商品推荐。

这 4 种类型的数据挖掘算法在实际应用中常常结合使用，以达到更好的效果。例如，在市场细分中，可以先使用聚类算法将客户数据划分为不同的组别，然后使用分类算法对每个组别进行进一步细分，最后使用关联分析算法发现不同组别之间的关联关系。通过综合运用这些算法，可以更全面地理解数据中的信息和知识。

9.2.2 常见的大数据挖掘算法及其实现原理

通过数据挖掘算法，企业可以优化决策流程，改善客户服务并提升市场竞争力。本小节将详细介绍几种常见的大数据挖掘算法，包括决策树、随机森林、K 均值聚类、Apriori 和朴素贝叶斯算法。我们将探讨每种算法的原理、适用场景，并通过案例来帮助理解，以便读者在实际应用中灵活使用这些算法。

1. 决策树算法

1）原理介绍

决策树是一种基于树状结构的监督学习算法，常用于分类和回归任务。该算法通过对数据集进行递归的划分，构建一棵树，每个节点代表一个特征的判别，叶子节点代表最终的决策结果。决策树构建的关键在于选择最优的划分特征，常用的标准有信息增益、信息增益率和基尼指数。

- 信息增益：表示通过某一特征划分数据集后，信息不确定性减少的程度。信息增益越大，特征越有利于分类。
- 信息增益率：通过考虑特征本身的取值数，避免信息增益偏向于取值多的特征。信息增益率越高，说明该特征越能有效划分数据。
- 基尼指数：表示从样本中随机抽取两个样本，其类别不同的概率。基尼指数越小，样本越纯。

常见的决策树算法包括 ID3、C4.5 和 CART（分类回归树）。CART 是当前应用最为广泛的决策树算法，它可以处理分类和回归问题，并且使用二元划分来构建树。

2）适用场景

决策树广泛应用于以下场景：

- 客户分类：例如，将客户分类为高、中、低价值客户，从而帮助企业制定差异化的市场策略。
- 信用评分：基于客户的财务历史和其他行为特征，评估信用风险。

3）代码实现

一个使用 Spark MLlib 实现决策树分类的示例如代码 9-1 所示。

代码 9-1

```
public class JavaDecisionTreeClassificationExample {

 public static void main(String[] args) {

   SparkConf sparkConf = new SparkConf()
    .setAppName("JavaDecisionTreeClassificationExample")
    .setMaster("local");
   JavaSparkContext jsc = new JavaSparkContext(sparkConf);

   // 加载并解析数据文件
   String datapath = "data/mllib/sample_libsvm_data.txt";
```

```
    JavaRDD<LabeledPoint> data = MLUtils
     .loadLibSVMFile(jsc.sc(), datapath).toJavaRDD();
    // 将数据分割成训练集和测试集（30%作为测试集）
    JavaRDD<LabeledPoint>[] splits = data.randomSplit(new double[]{0.7, 0.3});
    JavaRDD<LabeledPoint> trainingData = splits[0];     // 训练数据
    JavaRDD<LabeledPoint> testData = splits[1];         // 测试数据

    // 设置参数
    // 空的 categoricalFeaturesInfo 表示所有特征都是连续的
    int numClasses = 2;
Map<Integer, Integer> categoricalFeaturesInfo = new HashMap<>();
// 用于决策树节点划分的不纯度度量标准
String impurity = "gini";
// 决策树的最大深度
int maxDepth = 5;
// 用于表示特征的桶的数量
    int maxBins = 32;

    // 训练一个用于分类的决策树模型
    DecisionTreeModel model = DecisionTree
     .trainClassifier(trainingData, numClasses,
      categoricalFeaturesInfo, impurity, maxDepth, maxBins);

    // 在测试实例上评估模型并计算测试误差
    JavaPairRDD<Double, Double> predictionAndLabel =
      testData.mapToPair(p ->
         new Tuple2<>(model.predict(p.features()), p.label()));
    double testErr =
      predictionAndLabel.filter(pl -> !pl._1().equals(pl._2()))
         .count() / (double) testData.count();

    System.out.println("Test Error: " + testErr);
    System.out.println("Learned classification tree model:\n"
     + model.toDebugString());

    // 保存和加载模型
    model.save(jsc.sc(), "target/tmp/myDecisionTreeClassificationModel");
    DecisionTreeModel sameModel = DecisionTreeModel
      .load(jsc.sc(), "target/tmp/myDecisionTreeClassificationModel");
  }
}
```

执行上述代码，结果如图 9-3 所示。

```
Test Error: 0.034482758620689655
Learned classification tree model:
DecisionTreeModel classifier of depth 2 with 5 nodes
  If (feature 406 <= 22.0)
   If (feature 100 <= 193.5)
    Predict: 0.0
   Else (feature 100 > 193.5)
    Predict: 1.0
  Else (feature 406 > 22.0)
   Predict: 1.0
```

图 9-3

2. 随机森林算法

1）原理介绍

随机森林是一种集成学习方法，通过构建多棵决策树来提高模型的预测性能。它通过“引入随机性”来克服决策树容易过拟合的问题。具体来说，这种随机性体现在两个方面：

- 随机选择样本：每棵树都使用从原始数据集中随机抽取的样本（有放回抽样）。
- 随机选择特征：每个节点的划分仅从随机选择的一部分特征中选择最优特征。

最终的分类结果通过对所有树的分类结果进行投票决定，而回归任务的结果则是所有树的预测均值。

2）适用场景

随机森林适用于以下场景：

- 高维数据的分类：例如文本分类。
- 异常检测：如信用卡欺诈检测。
- 回归分析：例如股票价格预测。

3）代码实现

一个使用 Spark MLlib 实现随机森林分类的示例如代码 9-2 所示。

代码 9-2

```
public class JavaRandomForestClassificationExample {
  public static void main(String[] args) {
    // 创建 Spark 应用的配置对象，设置应用名称和运行模式（本地模式）
    SparkConf sparkConf = new SparkConf()
     .setAppName("JavaRandomForestClassificationExample")
     .setMaster("local");
    // 创建 JavaSparkContext 对象，用于与 Spark 集群进行交互
    JavaSparkContext jsc = new JavaSparkContext(sparkConf);

    // 加载并解析数据文件
```

```
String datapath = "data/mllib/sample_libsvm_data.txt"; // 数据文件路径
JavaRDD<LabeledPoint> data = MLUtils
 .loadLibSVMFile(jsc.sc(), datapath).toJavaRDD(); // 读取数据并转换为 JavaRDD

// 将数据随机分割为训练集和测试集（70%用于训练，30%用于测试）
JavaRDD<LabeledPoint>[] splits = data.randomSplit(new double[]{0.7, 0.3});
JavaRDD<LabeledPoint> trainingData = splits[0];    // 训练数据
JavaRDD<LabeledPoint> testData = splits[1];        // 测试数据

// 训练一个随机森林分类模型
// 空的 categoricalFeaturesInfo 表示所有特征都是连续的
int numClasses = 2; // 类别数，二分类问题
// 特征信息，这里为空，表示所有特征都是连续的
Map<Integer, Integer> categoricalFeaturesInfo = new HashMap<>();
int numTrees = 3; // 树的数量，实际应用中应该更多
String featureSubsetStrategy = "auto"; // 特征子集策略，让算法自动选择
String impurity = "gini";   // 用于树节点划分的不纯度度量标准
int maxDepth = 5;           // 树的最大深度
int maxBins = 32;           // 用于表示特征的桶的数量
int seed = 12345;           // 随机种子，用于结果的可重复性

// 使用训练数据训练随机森林模型
RandomForestModel model = RandomForest
 .trainClassifier(trainingData, numClasses,
          categoricalFeaturesInfo, numTrees,
          featureSubsetStrategy,
          impurity, maxDepth, maxBins,
          seed);
// 在测试数据上评估模型，并计算测试误差
// 将测试数据的特征和模型预测的标签组合在一起
JavaPairRDD<Double, Double> predictionAndLabel =
  testData.mapToPair(p ->
    new Tuple2<>(model.predict(p.features()), p.label()));
// 计算测试误差
double testErr =
  predictionAndLabel.filter(pl -> !pl._1().equals(pl._2()))
    .count() / (double) testData.count();
// 打印测试误差和学习到的随机森林模型的详细信息
System.out.println("Test Error: " + testErr);
System.out.println("Learned classification forest model:\n"
 + model.toDebugString());
// 将模型保存到指定路径
model.save(jsc.sc(), "target/tmp/myRandomForestClassificationModel");
// 从指定路径加载模型
RandomForestModel sameModel = RandomForestModel.load(jsc.sc(),
  "target/tmp/myRandomForestClassificationModel");
```

```
        // 停止 JavaSparkContext 对象
        jsc.stop();
    }
}
```

执行上述代码，结果如图 9-4 所示。

```
Test Error: 0.05714285714285714
Learned classification forest model:
TreeEnsembleModel classifier with 3 trees

  Tree 0:
    If (feature 540 <= 62.0)
     Predict: 1.0
    Else (feature 540 > 62.0)
     Predict: 0.0
  Tree 1:
    If (feature 406 <= 9.5)
     Predict: 0.0
    Else (feature 406 > 9.5)
     Predict: 1.0
  Tree 2:
    If (feature 433 <= 66.5)
     If (feature 511 <= 1.5)
      Predict: 1.0
     Else (feature 511 > 1.5)
      Predict: 0.0
    Else (feature 433 > 66.5)
     Predict: 1.0
```

图 9-4

3. K 均值聚类算法

1）原理介绍

K 均值聚类是一种无监督学习算法，常用于将数据集划分为 k 个互不重叠的子集（簇）。该算法的核心思想是通过迭代优化聚类的中心点（质心），使得每个簇内的样本点与质心的距离之和最小。K 均值聚类的主要步骤如下：

（1）初始化 k 个质心：通常随机选择 k 个点作为初始质心。

（2）分配样本到最近的质心：将每个样本分配到与其距离最近的质心所对应的簇。

（3）更新质心：重新计算每个簇的质心，方法是取簇内所有样本点的平均值。

（4）迭代上述过程：重复步骤（2）和（3），直到质心不再变化或达到最大迭代次数。

K 均值算法的效果依赖于 k 值的选择，通常需要通过实验或使用“肘部法则”等方法来确定最优的 k 值。

2）适用场景

K 均值聚类适用于以下场景：

- 市场细分：将客户根据购买行为分为不同的群体，以便有针对性地制定营销策略。
- 图像压缩：通过聚类将图像中的像素分为不同的颜色簇，从而减少颜色数量，实现压缩效果。
- 文档聚类：将文本数据集中的文档聚类，以发现潜在的主题或类别。

3）代码实现

一个使用 Spark MLlib 实现 K 均值聚类的示例如代码 9-3 所示。

代码 9-3

```
public class JavaKMeansExample {
  public static void main(String[] args) {

    // 创建 Spark 应用的配置对象，设置应用名称和运行模式（本地模式）
    SparkConf conf = new SparkConf().setAppName("JavaKMeansExample")
     .setMaster("local");
    // 创建 JavaSparkContext 对象，用于与 Spark 集群进行交互
    JavaSparkContext jsc = new JavaSparkContext(conf);

    // 加载并解析数据
    // 数据文件路径
    String path = "data/mllib/kmeans_data.txt";
    // 读取文本文件并创建一个 JavaRDD
    JavaRDD<String> data = jsc.textFile(path);
    JavaRDD<Vector> parsedData = data.map(s -> {
      String[] sarray = s.split(" "); // 按空格分割每行数据
      // 创建一个用于存储数值的数组
      double[] values = new double[sarray.length];
      for (int i = 0; i < sarray.length; i++) {
        // 将字符串转换为双精度浮点数
        values[i] = Double.parseDouble(sarray[i]);
      }
      return Vectors.dense(values); // 创建稠密向量
    });
    parsedData.cache();                // 缓存处理后的数据

    // 使用 KMeans 算法对数据进行聚类
    int numClusters = 2;               // 聚类数量
    int numIterations = 20;            // 迭代次数
    // 训练 KMeans 模型
    KMeansModel clusters = KMeans
     .train(parsedData.rdd(), numClusters, numIterations);

    // 打印聚类中心
    System.out.println("Cluster centers:");
    for (Vector center: clusters.clusterCenters()) {
```

```
      System.out.println(" " + center);
    }
    // 计算模型的成本
    double cost = clusters.computeCost(parsedData.rdd());
    System.out.println("Cost: " + cost);

    // 计算 Within Set Sum of Squared Errors（WSSSE）来评估聚类效果
    double WSSSE = clusters.computeCost(parsedData.rdd());
    System.out.println("Within Set Sum of Squared Errors = " + WSSSE);

    // 将模型保存到指定路径
    clusters.save(jsc.sc(),
      "target/org/apache/spark/JavaKMeansExample/KMeansModel");
    // 从指定路径加载模型
    KMeansModel sameModel = KMeansModel.load(jsc.sc(),
      "target/org/apache/spark/JavaKMeansExample/KMeansModel");

    // 停止 JavaSparkContext 对象
    jsc.stop();
  }
}
```

执行上述代码，结果如图9-5所示。

```
Cluster centers:
 [0.1,0.1,0.1]
 [9.1,9.1,9.1]
Cost: 0.11999999999999996
Within Set Sum of Squared Errors = 0.11999999999999996
```

图9-5

4. Apriori算法

1）原理介绍

Apriori算法是一种用于挖掘频繁项集和关联规则的经典算法，尤其适用于处理事务型数据，如超市购物篮数据。该算法基于“先验”原理：一个项集如果是频繁的，则它的所有子集也是频繁的。Apriori算法的核心步骤包括：

（1）生成候选项集：从 k−1项频繁项集中生成 k 项候选项集。

（2）剪枝：移除不满足最小支持度阈值的候选项集。

（3）生成关联规则：从频繁项集中生成满足最小置信度的关联规则。

Apriori算法的效率较低，尤其在大数据集上，因为它需要多次扫描数据集。为此，FP-Growth等改进算法被提出，以提高挖掘效率。

2）适用场景

Apriori 算法适用于以下场景：

- 网络安全：通过分析网络日志，找出异常模式，以预防或检测安全威胁。例如，入侵检测系统可以利用 Apriori 算法发现异常的网络行为模式。
- 教育领域：通过分析学生数据，提取潜在的关联规则。例如，可以通过学生的特征和专业来分析他们的学习成绩或职业发展情况。
- 金融领域：分析客户的交易数据，发现潜在的欺诈行为模式，帮助金融机构进行风险管理。

3）代码实现

一个使用 Spark MLlib 实现 Apriori 算法的示例如代码 9-4 所示。

代码 9-4

```
public class JavaSimpleFPGrowth {

  public static void main(String[] args) {
    // 创建 Spark 应用的配置对象，设置应用名称和运行模式（本地模式）
    SparkConf conf = new SparkConf()
            .setAppName("FP-growth Example") // 设置应用名称
            .setMaster("local");             // 设置运行模式为本地模式
    // 创建 JavaSparkContext 对象，用于与 Spark 集群进行交互
    JavaSparkContext sc = new JavaSparkContext(conf);

    // $example on$
    // 读取数据文件，并创建一个 JavaRDD 对象
    JavaRDD<String> data = sc.textFile("data/mllib/sample_fpgrowth.txt");

    // 将数据文件中的每一行文本映射为一个由商品组成的列表
    JavaRDD<List<String>> transactions =
    data.map(line -> Arrays.asList(line.split(" ")));

    // 创建一个 FP-growth 模型对象，并设置最小支持度为 0.2，分区数为 10
    FPGrowth fpg = new FPGrowth()
      .setMinSupport(0.2)                  // 设置最小支持度阈值
      .setNumPartitions(10);               // 设置分区数

    // 运行 FP-growth 算法，生成模型
    FPGrowthModel<String> model = fpg.run(transactions);

    int count = 0;
    // 遍历模型中的频繁项集，并打印每个项集及其支持度
    for (FPGrowth.FreqItemset<String> itemset :
    model.freqItemsets().toJavaRDD().collect()) {
      count++;
```

```
      if (count > 5) {
        break;
      }
      System.out.println("[" + itemset.javaItems() + "], "
        + itemset.freq());
    }

    // 设置最小置信度为 0.8，并生成关联规则
    double minConfidence = 0.8;
    for (AssociationRules.Rule<String> rule
      : model.generateAssociationRules(minConfidence)
        .toJavaRDD().collect()) {
      count++;
      if (count > 5) {
        break;
      }
      // 打印每个关联规则及其置信度
      System.out.println(
        rule.javaAntecedent() + " => "
         + rule.javaConsequent() + ", "
         + rule.confidence());
    }

    // 停止 JavaSparkContext 对象
    sc.stop();
  }
}
```

执行上述代码，结果如图 9-6 所示。

```
[[z]], 5
[[x]], 4
[[x, z]], 3
[[y]], 3
[[y, z]], 3
[[y, x]], 3
[t, s, y] => [z], 1.0
[t, s, y] => [x], 1.0
[y, x, z] => [t], 1.0
[q, t] => [z], 1.0
[q, t] => [x], 1.0
[q, t] => [y], 1.0
```

图 9-6

5. 朴素贝叶斯算法

1）原理介绍

朴素贝叶斯算法是一种基于贝叶斯定理的分类算法，它假设特征之间是条件独立的（即“朴

素”假设）。尽管这一假设在现实数据中往往不成立，但朴素贝叶斯因其计算效率高且对小规模数据集表现良好，依然被广泛应用。贝叶斯定理的表达式如下：

$$P(C|X) = \frac{P(X|C) \cdot P(C)}{P(X)}$$

其中，$P(C|X)$ 是在给定特征 X 的条件下，类别 C 发生的概率；$P(X|C)$ 是在类别 C 下，特征 X 发生的条件概率；$P(C)$ 是类别 C 的先验概率；$P(X)$ 是特征 X 的边际概率。朴素贝叶斯的实现包括：

- 高斯朴素贝叶斯：适用于连续特征。
- 多项式朴素贝叶斯：适用于离散特征。
- 伯努利朴素贝叶斯：适用于二元特征。

2）适用场景

朴素贝叶斯适用于以下场景：

- 文本分类：例如垃圾邮件过滤、情感分析。
- 实时预测：例如在线广告点击率预测。

3）代码实现

一个使用 Spark MLlib 实现朴素贝叶斯分类的示例如代码 9-5 所示。

代码 9-5

```
public class JavaNaiveBayesExample {
  public static void main(String[] args) {
    // 创建 Spark 应用的配置对象，设置应用名称和运行模式（本地模式）
    SparkConf sparkConf = new SparkConf()
     .setAppName("JavaNaiveBayesExample")        // 设置应用名称
     .setMaster("local");                        // 设置运行模式为本地模式
    // 创建 JavaSparkContext 对象，用于与 Spark 集群进行交互
    JavaSparkContext jsc = new JavaSparkContext(sparkConf);

    // 指定数据文件路径
    String path = "data/mllib/sample_libsvm_data.txt";
    // 加载数据文件，并将其转换为 JavaRDD<LabeledPoint>格式，用于后续的机器学习处理
    JavaRDD<LabeledPoint> inputData = MLUtils
     .loadLibSVMFile(jsc.sc(), path).toJavaRDD();

    // 将数据随机分割为训练集和测试集，比例为 60%训练集和 40%测试集
    JavaRDD<LabeledPoint>[] tmp =
     inputData.randomSplit(new double[]{0.6, 0.4});
    // 训练集
    JavaRDD<LabeledPoint> training = tmp[0];
    // 测试集
```

```
    JavaRDD<LabeledPoint> test = tmp[1];

    // 使用 NaiveBayes 算法训练模型，这里的 1.0 是模型的平滑参数
    NaiveBayesModel model = NaiveBayes
     .train(training.rdd(), 1.0);

    // 对测试集进行预测，并将预测结果与实际标签配对
    JavaPairRDD<Double, Double> predictionAndLabel =
      test.mapToPair(p -> new Tuple2<>(model
         .predict(p.features()), p.label()));

    // 计算模型的准确率：预测正确的数量除以测试集的总数量
    double accuracy =
      predictionAndLabel.filter(pl -> pl._1()
         .equals(pl._2())).count() / (double) test.count();

    // 打印模型的准确率
    System.out.println("Accuracy: " + accuracy);

    // 保存模型到指定路径
    model.save(jsc.sc(), "target/tmp/myNaiveBayesModel");
    // 从指定路径加载模型。
    NaiveBayesModel sameModel = NaiveBayesModel
     .load(jsc.sc(), "target/tmp/myNaiveBayesModel");
// 打印模型的标签值
for (int i = 0; i < sameModel.labels().length; i++) {
  System.out.println(sameModel.labels()[i]);
}

    // 停止 JavaSparkContext 对象
    jsc.stop();
  }
}
```

执行上述代码，结果如图 9-7 所示。

```
Accuracy: 0.9444444444444444
0.0
1.0
```

图 9-7

9.3 特 征 工 程

特征工程是数据分析和机器学习过程中不可或缺的一环，它通过对原始数据进行转换和优

化，提升模型的表现力与准确性。本节将介绍特征工程的相关内容，包括特征提取与构建，以及特征类型与数据分析方法。

9.3.1　特征提取与构建

特征工程是将原始数据转换为能够更好地反映业务逻辑的特征，从而提高机器学习模型性能的过程。为了更好地理解这一过程，我们可以将其比作做饭，如图 9-8 所示。

图 9-8

首先，我们将原材料（数据）购买回来。接着，像洗菜一样对数据进行清洗，去除不必要的部分。然后，把食材切割成合适的大小，就像在特征提取过程从数据中选取有用的信息。最后，按照自己的口味和需求进行烹饪（特征构建），将各种食材巧妙组合，做出一道符合需求的美味佳肴。同样，特征工程也是通过一系列处理，将原始数据“烹制”成更有价值的特征，从而让模型的“味道”更加鲜美。

在数据挖掘中，特征提取与构建是数据预处理的关键步骤之一。特征是指数据的属性或特性，用于描述数据的模式和规律。通过选择和构建合适的特征，可以更好地表示数据，提高模型的准确性和性能。

特征提取与构建的过程包括以下几个步骤：

（1）特征选择：从原始数据中选择最具信息量和相关性的特征，去除冗余和不相关特征。

（2）特征变换：对选择的特征进行变换，如归一化、标准化、降维等，以便更好地表示数据。

（3）特征构建：通过组合、转换或创建新的特征来增加数据的表示能力。

1. 特征选择

特征选择的目标是减少特征的维度，同时保留最具信息量的特征。常用的方法包括：

- 过滤方法：根据特征与目标变量的相关性或互信息（Mutual Information，MI）来选择特征。例如，使用相关系数、卡方检验、信息增益等指标来评估特征的重要性。
- 包裹方法：根据特征子集的预测性能来选择特征。例如，使用递归特征消除（Recursive Feature Elimination，RFE）或基于模型的特征选择方法（如 L1 正则化）来选择特征。
- 嵌入方法：在模型训练过程中自动选择特征。例如，使用决策树、随机森林或梯度提升树等模型来选择特征。

2. 特征变换

特征变换的目标是改变特征的尺度或分布，使其更适合模型的训练和预测。

常见的特征变换方法可以分为以下几类：

- 归一化：将特征缩放到一个指定的范围内，如[0, 1]或[-1, 1]。常见的归一化方法有Min-Max归一化和Z-score归一化。
- 标准化：将特征缩放为均值为0、方差为1的正态分布。常见的标准化方法有Z-score标准化和MaxAbs标准化。
- 降维：减少特征维度，同时保留尽可能多的信息。常见的降维方法有主成分分析（Principal Component Analysis，PCA）和线性判别分析（Linear Discriminant Analysis，LDA）。

3. 特征构建

特征构建的目标是创建更具信息量和区分能力的特征，以提高模型的准确性和性能。

常见的特征构建方法可以分为以下几类：

- 特征组合：通过组合多个特征来创建新的特征。例如，使用特征的和、差、积、商等来创建新的特征。
- 特征转换：通过应用数学函数或统计方法来转换特征。例如，使用对数、指数、平方等函数来转换特征。
- 特征创建：根据领域知识或经验来创建新的特征。例如，根据时间戳创建日期特征，根据地理位置创建距离特征等。

9.3.2 特征类型与数据分析方法

本小节将探讨如何有效处理不同类型的特征，以提升模型性能，旨在帮助读者掌握特征工程的关键技能，拓展数据分析的深度和广度。

1. 分类特征

分类特征用于表示离散的类别，区别于连续的数值特征。分类特征的值通常是有限且不具备顺序的。例如：

- 性别：如“男性”“女性”。
- 城市：如“北京”“上海”。
- 颜色：如“红色”“蓝色”。
- IP地址：如“192.168.1.1”。
- 用户账号ID：如“user_12345”。

尽管IP地址和用户账号ID看似是数值型数据，但它们实际上是离散的分类特征，因为它们没有连续的数值意义，只是标识符。

要将分类特征转换为模型可以处理的数值形式，可以使用以下几种编码方法：

1）标签编码（Label Encoding）

- 定义：将每个类别映射到唯一的整数值。例如，“男性”编码为 0，“女性”编码为 1。
- 优点：实现简单，计算效率高，适合类别数目较少的情况。
- 缺点：对于模型而言，整数值可能引入隐含的顺序关系，这在某些算法（如线性回归）中可能会引起误导。对于有序的特征（如教育程度），标签编码可能适用，但对无序类别特征（如颜色）则可能不合适。

2）独热编码（One-Hot Encoding）

- 定义：将每个类别转换为一个二进制向量，其中只有一个位置是 1，其余位置为 0。例如，“红色”可能被编码为[1, 0, 0]。
- 优点：避免了类别间的假定顺序关系，使得模型不会误解类别的优先顺序。适合无序类别特征的处理。
- 缺点：如果类别数量较多，会导致数据稀疏，从而增加存储和计算的开销。在高维数据中，模型训练可能变得更加复杂。

3）目标编码（Target Encoding）

- 定义：将每个类别映射为该类别对应的目标变量的平均值。例如，对于某个类别的销售数据，目标编码可能是该类别销售额的均值。
- 优点：能捕捉类别与目标变量之间的关系。在处理类别较多的情况下，能够减少特征维度。
- 缺点：可能引入过拟合，尤其在类别数量较少时。需要进行适当的平滑处理，以防止对训练集的过拟合。

4）二进制编码（Binary Encoding）

- 定义：将类别转换为整数值后再转换为二进制表示。例如，类别值 3 会被表示为“0011”。
- 优点：相比独热编码，二进制编码的维度更低，存储效率更高。可以处理较多类别的情况。
- 缺点：实现相对复杂，且对于模型的解释性较差，因为编码结果不直接对应于原始类别。

通过这些编码方法，可以将分类特征有效地转换为模型可以处理的数值形式，从而提升模型的训练效果和预测能力。在选择编码方法时，需要根据具体问题、数据特点以及模型需求来决定。

2. 数值特征

数值特征是机器学习中常见的一种特征类型，通常可以直接输入算法进行训练。数值特征代表实际可测量的量，如人的身高、体重、商品的访问次数、加入购物车的次数、最终销量等。例如，登录用户中新增用户和回访用户的数量也属于数值特征。这些特征可以直接“喂”给模型进行训练。但为了提高模型的性能和准确性，通常需要对数值特征进行一些处理。以下是 4 种常见的数值特征处理方式：缺失值处理、二值化、分桶（分箱）和缩放。

1）缺失值处理

在实际数据集中，缺失值是一个普遍存在的问题。缺失值处理是确保数据质量和模型准确性的关键步骤。常见的处理方法包括：

- 填充缺失值：通过均值、中位数、众数或预测模型填充缺失值。例如，将身高的缺失值填充为数据集中的均值，以避免对模型训练产生负面影响。
- 删除缺失值：删除包含缺失值的样本或特征，这种方法适用于缺失值占比不高的情况。例如，删除那些缺少体重数据的记录。
- 将缺失值作为特征：将缺失值作为一个单独的类别或特征传递给模型，这在某些情况下可以提供额外的信息。例如，记录用户是否曾经提供过某种数据。

2）二值化

二值化将特征转换为二进制形式，通常用于处理计数类数据或有明显阈值的数据，例如访问量或歌曲的收听次数。

例如，假设用户对某歌曲的总收听次数非常高，而这种高频次可能是异常值。通过二值化处理，我们可以将这首歌的收听次数从“高”转换为“喜欢”或“未喜欢”，从而避免模型被极端值误导。

二值化的优点是可以避免异常值对模型的影响，突出数据中的重要特征；缺点是可能会丢失一些数据的细节信息，例如，原始计数信息的详细差异。

3）分桶

分桶是将连续数值特征划分为多个区间的过程，这样可以简化数据，并减少极端值对模型的影响。分桶对于处理高维数据和异常值具有重要意义。下面以学生成绩为例进行说明。

学生的考试成绩通常是一个连续的数值特征，从 0 到 100 分。为了更好地分析学生成绩对学习效果的影响，我们可以将成绩划分为不同的区间。例如：

- 固定数值分桶：将成绩分为几个固定区间，如“0~59 分”（不及格）、“60~79 分”（及格）、“80~100 分”（优异）。这种方法简单直观，有助于将成绩转换为类别特征，便于模型处理。
- 分位数分桶：根据学生成绩的分布，将成绩划分为多个区间。例如，最低 20%的学生成绩划分为“低成绩”区间，中间 60%的成绩划分为“中等成绩”区间，最高 20%的成绩划分为“高成绩”区间。这种方法可以根据实际数据的分布情况进行动态调整，确保每个区间包含的样本量较为均衡。
- 模型驱动的分桶：使用机器学习模型或算法自动确定最佳的分桶边界。例如，使用决策树模型来确定哪些成绩区间最能区分学生的学习表现。这种方法可以在更高的层次上捕捉数据中的复杂关系，并优化分桶效果。

通过对学生成绩进行分桶处理，可以将连续的成绩数据转换为类别数据，从而帮助模型更好地理解不同成绩区间对学习成果的影响。这种处理不仅简化了数据，还减少了异常值对模型的影响，使得分析更加稳定和可靠。

4）缩放

数值特征的缩放是处理不同特征尺度差异的关键步骤。常见的缩放方法包括：

- 标准化（Z-score 标准化）：将特征转换为均值为 0、标准差为 1 的分布。这对于线性回归和逻辑回归等算法尤其重要，因为这些算法对特征的尺度非常敏感。标准化适用于特征间存在不同尺度的情况，有助于提升模型的训练效果和收敛速度。
- Min-Max 标准化：将特征的值缩放到指定的范围（通常是 0~1），使得所有特征能在同一尺度下处理。适用于特征的数值范围较大且需要统一范围的情况。
- 行归一化：对每一行数据进行归一化处理，确保每个样本的数据规模在相同的范围内，常用于处理高维数据。
- 方差缩放：将特征缩放为单位方差，使得模型训练更加稳定。常用于数据集中不同特征的方差相差很大的情况。

通过对数值特征进行合理的处理，可以大幅提升模型的表现和稳定性。

3. 探索性数据分析

探索性数据分析（Exploratory Data Analysis，简称 EDA）是理解和分析数据的关键步骤。它的过程通常可以分为 3 个主要步骤：数据分类、数据可视化和洞察数据。

1）数据分类

数据分类是探索性数据分析的第一步，旨在将数据分组和标记，以便针对不同的数据类型采用不同的处理方法。分类可以根据数据的组织方式、数据类型和数据的量化程度进行。下面是常见的数据分类方法：

- 结构化数据：指能够以表格形式组织的数据。结构化数据具有明确的行和列，适合使用传统的数据库和数据分析工具进行处理。常见的结构化数据包括 Excel 中的数据、MySQL 数据库中的表格数据、CSV 文件等。例如，客户购买记录表中包括客户 ID、购买日期、购买金额等字段。
- 非结构化数据：指那些不能用表格形式组织的数据，如文本、图片、视频等。非结构化数据的处理通常需要使用文本分析、图像识别等先进技术。

2）数据可视化

数据可视化是探索性数据分析的第二步，通过将数据转换为图或表，帮助分析师更直观地理解数据的特征和趋势。不同的数据等级和类型适合使用不同的可视化方法。常见的数据可视化方法包括：

- 扇形图：用于显示各部分在整体中的比例，适合定类数据和定序数据的可视化。例如，显示不同产品类别的销售占比。
- 条形图：用于显示不同类别的数据对比，适合定类数据和定序数据的可视化。例如，展示不同地区的销售额。
- 曲线图：用于显示数据随时间的变化趋势，适合定距数据和定比数据的可视化。例如，展示公司销售额的年度增长趋势。
- 散点图：用于显示两个变量之间的关系，适合定距数据和定比数据的可视化。例如，分析学习时间与考试成绩之间的关系。
- 箱线图：用于展示数据的分位数、均值和异常值，适合定距数据和定比数据的可视化。，例如，展示不同班级的考试成绩分布情况。

3）数据洞察

数据洞察是探索性数据分析的第三步，通过分析数据的统计特征和可视化结果，提取出有价值的见解和结论。这一过程有助于发现数据中的关键模式、趋势和异常值，从而指导决策和进一步的分析。

常见的数据洞察方法包括：

- 描述性统计：计算数据的均值、中位数、方差、标准差等统计指标，以了解数据的基本特征。例如，计算出平均销售额为$50，中位数为$45，方差为$200，表明销售额的波动较大。
- 相关性分析：通过计算相关系数或绘制相关矩阵，识别变量之间的关系。例如，发现广告支出与销售额之间的强正相关关系，表明广告投入有助于提高销售。
- 趋势分析：通过时间序列分析或回归分析，识别数据中的长期趋势和季节性变化。例如，发现销售额在节假日期间显著增加，建议在节假日期间增加促销活动。
- 异常值检测：使用统计方法或机器学习算法，识别数据中的异常值和离群点。例如，识别出异常高的订单金额，这些订单可能是由于系统错误或虚假交易而产生的。

9.4 本章小结

本章重点阐述了数据分析与挖掘的核心技术，涵盖了大数据分析流程、数据挖掘算法和特征工程的应用。通过具体案例，分析了数据挖掘算法如何从复杂数据中提取有价值的信息，特征工程如何优化数据特征以提升模型性能，以及大数据分析如何处理海量数据以揭示潜在趋势和模式。本章旨在帮助读者全面掌握数据分析与挖掘的关键技术，并理解如何将这些技术有效应用于实际业务场景，从而推动决策优化和业务创新。

9.5　习　　题

（1）在数据分析中，以下哪种方法主要用于揭示数据中的隐藏模式和趋势？（　）

A. 数据清洗　　B. 数据可视化　　C. 数据挖掘　　D. 数据归档

（2）在特征工程中，以下哪种技术主要用于将数值特征标准化到相同的范围？（　）

A. 分桶　　B. 缺失值填充　　C. 二值化　　D. 特征缩放

（3）以下哪种数据挖掘算法主要用于将数据分组，以发现数据中的自然分布？（　）

A. 线性回归　　B. K 均值聚类　　C. 决策树　　D. 支持向量机

（4）在大数据分析中，以下哪个技术用于处理和分析实时流数据？（　）

A. Hadoop　　B. Spark Streaming

C. SQL　　D. NoSQL

（5）在数据挖掘算法中，以下哪个方法主要用于分类任务？（　）

A. 主成分分析　　B. K 均值聚类

C. 决策树　　D. Apriori 算法

第 10 章

实时数据处理

本章将深入探讨大数据实时处理（Real-time Processing）的核心概念与实际应用。首先介绍实时数据处理的定义及其与批处理的区别，逐步引入实时数据流处理的原理与技术基础；接下来重点介绍 Spark Streaming 的基本概念以及实时数据处理模型的设计与实现；最后，通过比较不同的实时数据处理工具，如 Flink 与 Kafka Stream，帮助读者了解各工具的优劣与适用场景。此外，本章还将结合实际案例分析，展示实时处理在各种场景下的应用，并探讨如何通过性能优化与容错机制提升实时数据处理的效率与稳定性。

10.1 实时处理概念

在大数据处理中，实时处理和批处理（Batch Processing）是两种截然不同的处理模式。批处理通常针对大量累积的数据，周期性地执行分析任务，适用于数据量大但对延迟不敏感的场景。而实时处理强调低延迟和即时性，通过持续不断地处理数据流，实现对最新数据的及时反应，适合需要实时决策和动态调整的业务环境。本节将介绍什么是实时数据处理，并深入探讨实时数据处理与批处理的区别，帮助读者理解实时处理的关键技术与应用场景。

10.1.1 实时数据处理的定义

实时数据处理是指系统能够在数据生成后短时间内对其进行处理和响应的能力。它在现代企业中具有重要作用，尤其是在电商、金融、物联网等需要高效决策的领域。通过实时处理数据，企业可以快速做出响应、调整策略，最大化其业务效益。

1. 实时数据处理的概念和原理

实时数据处理强调数据的时效性和实时性，涉及从各种数据源（如传感器、社交媒体、交易系统等）中获取数据，并将其传输到处理引擎进行分析和处理。处理引擎使用各种算法和技术来处理数据，并生成实时的输出，如警报、报告或可视化。

实时数据处理的原理基于数据流的概念。数据流是一组有序的数据项，它们在时间上连续到达，并且具有潜在的无限长度。实时数据处理系统从数据源中获取数据流，并将其划分为较小的数据块或事件进行处理。这些事件可以表示各种类型的数据，如传感器读数、用户点击或交易记录。处理引擎使用流处理或复杂事件处理等技术来分析和处理这些事件，并生成实时的输出。

2. 实时数据处理的类型和技术

实时数据处理可以根据其处理逻辑和目标分为两种主要类型：流处理和复杂事件处理。

1）流处理

流处理涉及对连续的数据流进行实时分析和处理。它通常用于提取数据流中的模式、趋势和异常，并生成实时的输出，如警报或报告。流处理技术包括：

- 窗口计算：将数据流划分为固定大小的时间窗口或数量窗口，并对每个窗口中的数据进行聚合或分析。
- 状态管理：维护流处理过程中的状态信息，如计数器或累加器，以支持复杂的计算和分析。
- 事件时间处理：根据事件的实际发生时间进行处理，而不是根据其到达时间进行处理，以确保数据的准确性和一致性。

2）复杂事件处理

复杂事件处理涉及对多个事件或数据流进行实时分析和关联，以检测更高级别的模式或事件。它通常用于识别业务流程中的异常或机会，并触发相应的操作或决策。复杂事件处理技术包括：

- 事件模式匹配：使用规则或模式来匹配和识别数据流中的特定事件序列或组合。
- 事件关联：将来自不同数据源或事件类型的数据进行关联和组合，以生成更全面的事件视图。
- 实时决策：根据事件分析的结果，触发实时的决策或操作，如交易执行或资源调度。

3. 实时数据处理的关键组件

实时数据处理系统由多个关键组件组成，包括数据源、处理引擎和输出目标。

1）数据源

数据源是实时数据处理系统的数据输入来源。它可以包括各种类型的数据源，如传感器、日志文件、数据库、消息队列等。数据源可以是结构化的（如关系数据库中的表格数据），也可以是非结构化的（如文本或图像数据）。

2）处理引擎

处理引擎是实时数据处理系统的核心组件，负责对数据流进行分析和处理。它使用各种算法和技术来处理数据，并生成实时的输出。处理引擎可以是开源的，如 Apache Kafka 或 Apache Flink。

3）输出目标

输出目标是实时数据处理系统的最终目的，用于存储或展示处理后的数据。它可以包括各种类型的输出目标，如数据库、文件系统、消息队列、可视化工具等。输出目标的选择取决于具体的应用需求和数据处理的目标。

4. 实时数据处理的应用案例

实时数据处理在各个行业中都有广泛的应用，包括金融、零售、制造业、医疗保健等。以下是一些典型的应用案例。

1）金融行业

在金融行业中，实时数据处理用于欺诈检测、风险管理、算法交易等应用。例如，银行可以使用实时数据处理来检测异常的交易模式或行为，以防止欺诈或洗钱。交易平台可以使用实时数据处理来分析市场数据和交易信号，以执行算法交易策略。

2）零售行业

在零售行业中，实时数据处理用于个性化推荐、库存管理、客户分析等应用。例如，电子商务平台可以使用实时数据处理来分析用户的浏览和购买历史，以提供个性化的产品推荐。零售商可以使用实时数据处理来监控库存水平和销售数据，以优化库存管理和补货策略。

3）制造业

在制造业中，实时数据处理用于质量控制、预测维护、生产优化等应用。例如，制造企业可以使用实时数据处理来分析传感器数据和质量指标，以检测和纠正生产过程中的异常或缺陷。他们还可以使用实时数据处理来预测设备的故障或维护需求，以减少停机时间和维护成本。

实时数据处理是数据驱动型组织的关键能力，它使组织能够从数据流中提取有价值的见解并做出明智的决策。

10.1.2 实时数据处理与批处理对比

实时数据处理强调低延迟、即时性，适合需要迅速响应的业务需求；而批处理则倾向于处理大规模的历史数据，以获得更全面的洞察。本小节将从概念、架构、技术实现和应用场景等多个方面，详细探讨大数据实时处理与批处理的区别，分析两者的优劣势，帮助读者全面理解这两种处理方式的特点及其适用场景。

1. 什么是批处理

批处理是一种按预定时间间隔对大量数据进行处理的方式，通常用于分析和处理历史数据。通过分批次处理数据，实现高效的大规模数据分析。典型的批处理应用包括数据仓库、ETL 流程（提取、转换和加载）、定期生成报告等。

在批处理模式下，数据以批次为单位进入系统，每个批次可能包含数百万甚至数十亿条记录。系统在完成一个批次的数据处理后，才会开始处理下一个批次。这种方式的优点是处理效率高，非常适合处理海量数据，但缺点是延迟较大，无法实时反映最新数据的变化。

2. 什么是实时处理

实时处理也称为流处理（Stream Processing），是一种对持续到达的数据流进行即时处理的方式。实时处理系统在数据到达的瞬间进行处理，从而在极低的延迟内生成结果。这种处理方式适用于需要立即响应的场景，例如在线广告投放、金融交易监控、实时用户行为分析等。

在实时处理模式下，数据流是连续不断的，系统必须在极短的时间内处理数据并输出结果。实时处理的挑战在于如何在确保低延迟的同时，保证数据处理的准确性和一致性。

3. 批处理与实时处理的关键区别

批处理和实时处理的主要区别在于处理数据的时间和方式。批处理通常是离线处理，适合处理大规模数据集；而实时处理是在线处理，强调低延迟和即时性。此外，批处理通常在固定的时间点运行，而实时处理则是持续运行的。批处理与实时处理的对比如表10-1所示。

表10-1 批处理与实时处理的对比

特　　性	批 处 理	实时处理
数据处理速度	较慢	快速
数据处理时间	定时或周期性	持续不断
数据延迟	较长	低延迟、接近即时
应用场景	历史数据分析、大规模数据挖掘	实时交易监控、实时新闻分析
数据处理方式	批量处理数据集	逐条处理数据
容错性	容错性较高，可以重新处理	容错性较低，错误可能影响实时性
典型技术	Hadoop、Spark Batch	Flink、Spark Stream

4. 架构与技术实现

1）批处理架构与技术

批处理系统的架构通常由以下几个主要组件组成：

- 数据收集层：收集和存储批量数据，数据源可以是日志文件、数据库、传感器等。常用工具包括Flume、Sqoop等。
- 数据处理层：负责对数据的清洗、转换和分析。常见技术包括Hadoop MapReduce、Apache Spark等。
- 数据存储层：将处理后的数据存储到数据仓库或数据库中，以支持后续查询和分析。常见存储技术有HDFS、Apache Hive等。
- 数据分析与可视化层：对处理后的数据进一步分析并生成报告。常用工具包括Hue、Zeppelin等。

2）实时处理架构与技术

实时处理系统的架构与批处理有显著差异，其关键组件包括：

- 数据采集层：实时收集和传输数据，数据源包括消息队列、传感器、应用日志等。常用工具有 Kafka 等。
- 数据流处理层：实时处理数据流，典型技术包括 Flink 和 Spark Streaming 等。
- 数据存储层：处理后的数据通常存储在低延迟、高吞吐量的存储系统中，如 NoSQL 数据库（HBase）或内存数据库（Redis）。
- 实时分析与可视化层：用于即时分析和展示处理结果，支持实时监控和告警。常用工具有 Grafana、Kibana。

5. 应用场景

1）批处理的典型应用场景

批处理广泛应用于以下场景：

- 数据仓库加载：企业将大量业务数据通过 ETL 流程导入数据仓库，用于历史数据分析。批处理能够高效处理大规模数据并生成分析报告。
- 定期业务报告：例如，每月的销售报表、客户分析报告等，通常通过批处理系统在指定时间点生成。
- 历史数据分析：在银行业中，批处理用于分析客户的历史交易数据，以挖掘潜在的信用风险或营销机会。

2）实时处理的典型应用场景

实时处理适用于以下场景：

- 金融交易监控：在股票交易中，实时处理系统可用于监控交易活动，检测异常并即时发出警报，预防欺诈和市场操纵。
- 在线广告投放：实时处理系统在广告技术领域应用广泛，系统可以根据用户的实时行为数据调整广告展示内容，从而提高点击率和转化率。
- 实时用户行为分析：例如，在电商平台中，系统实时分析用户的点击、浏览和购买行为，以优化推荐算法和库存管理。

批处理和实时处理作为大数据处理的两种核心方式，各有其独特的应用场景和技术实现。批处理适用于大规模历史数据分析，强调处理效率和数据完整性；而实时处理则注重低延迟和即时响应，适合需要快速决策的动态场景。

10.2 Spark Streaming

Spark Streaming 是 Apache Spark 的核心组件之一，扩展了 Spark 的批处理能力，使其能够处理实时数据流。通过 DStream（离散流）模型，Spark Streaming 将连续的数据流分割成一系列连续的时间片，每个时间片作为一个 RDD 进行处理，从而实现对实时数据的快速、可扩展的计算。这种模型不仅简化了实时数据处理的复杂性，还使开发者能够轻松构建高效、可靠的流数据处理应用。

10.2.1 DStream 概述

DStream 是 Spark Streaming 中的核心抽象，表示持续的数据流。开发者既可以通过各种转换操作生成新的 DStream，从而支持更复杂的数据处理，也可以用于聚合、过滤、分组等操作，以便根据需求提取和分析数据。

1. DStream 与 RDD 的关系

在 Spark Streaming 中，每个时间段产生的数据块都会形成一个 RDD，而 DStream 则是多个 RDD 的集合体。

- RDD：表示静态数据的分布式抽象。
- DStream：用于实时数据流处理。

举例来说，可以将 DStream 想象为一条由无数小纸片（RDD）组成的河流，每张纸片代表一批流数据，而 Spark 则作为处理这些纸片的引擎，能够对其进行各种复杂的计算，如图 10-1 所示。

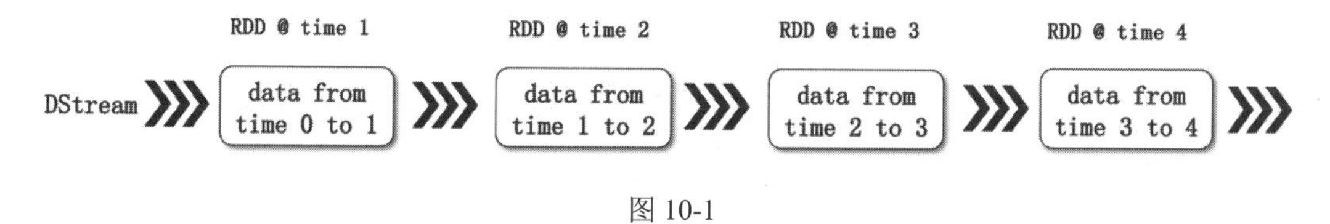

图 10-1

在 Spark Streaming 中，对 DStream 应用的算子（如 map）在底层实际上是对每个时间段的 RDD 进行操作。例如，当对输入 DStream 执行 map 操作时，系统会将该操作作用于每个时间段的 RDD，进而生成一个新的 RDD，这个新的 RDD 对应于新 DStream 中相应时间段的 RDD。底层的 RDD 转换操作由 Spark Core 的计算引擎负责执行，而 Spark Streaming 在此基础上进行了封装，提供了更易用的高阶 API，如图 10-2 所示。

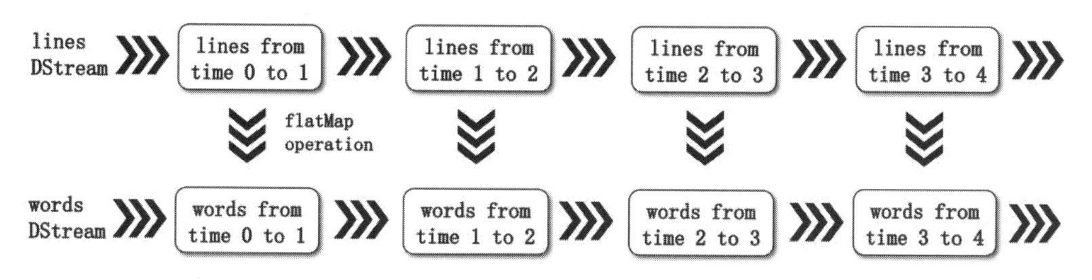

图 10-2

2. DStream 的体系结构和数据模型

DStream 的体系结构由多个组件组成，包括数据源、DStream、转换操作和输出操作。

1）数据源

DStream 的数据源可以是多种形式，包括套接字、文件系统、消息队列（如 Apache Kafka）等。Spark Streaming 提供了丰富的数据源连接器，使用户能够方便地从各种数据源中获取数据。

2）DStream

DStream 是一系列 RDD 的高层抽象，允许开发者处理连续的数据输入流。DStream 支持多种操作，包括转换操作（如 map、filter、join 等）和输出操作（如打印、存储等）。

3）转换操作

转换操作用于对 DStream 进行数据处理和分析。Spark Streaming 提供了丰富的转换操作，主要包括：

- map：对 DStream 中的每个元素应用一个函数，生成一个新的 DStream。
- filter：根据指定条件过滤 DStream 中的元素，生成一个新的 DStream。
- flatMap：对 DStream 中的每个元素应用一个函数，生成一个新的 DStream，其中每个元素可以映射为多个元素。
- join：将两个 DStream 按照指定的键进行连接，生成一个新的 DStream。
- reduceByKey：根据指定的键对 DStream 中的元素进行聚合，生成一个新的 DStream。

4）输出操作

输出操作用于将 DStream 的结果输出到指定的目标。Spark Streaming 提供了多种输出操作，主要包括：

- print：将 DStream 中的结果打印到控制台。
- saveAsTextFiles：将 DStream 中的结果保存为文本文件。
- foreachRDD：对 DStream 中的每个 RDD 应用一个函数，用于实现自定义输出逻辑。

3. DStream 的特点和优势

DStream 具有以下特点和优势：

- 低延迟：由于 DStream 基于微批处理模型，每个批次的处理时间通常在秒级别，因此可以提供低延迟的流处理能力。
- 高吞吐量：Spark 的分布式计算引擎可以充分利用集群的计算资源，提供高吞吐量的流处理能力。
- 容错性：DStream 基于 RDD 的数据模型，具有容错性。若某个批次处理失败，可以通过重新计算该批次的数据予以恢复。
- 可扩展性：通过增加集群节点，DStream 可方便地横向扩展以提高处理能力。
- 丰富的 API：Spark Streaming 提供了丰富的 API，包括 Java、Scala 和 Python，方便用

户进行流处理编程。

4. DStream 的应用案例

下面是一个使用 DStream 进行实时数据流处理的示例，具体实现如代码 10-1 所示。

代码 10-1

```
public class DStreamExample {
    public static void main(String[] args) throws InterruptedException {
        // 创建 Spark 配置对象，设置本地模式并指定应用程序名称
        SparkConf conf = new SparkConf()
          .setMaster("local[1]")
          .setAppName("DStreamExample");

        // 创建 JavaStreamingContext 对象，设置批处理间隔为 1 秒
        JavaStreamingContext jssc =
         new JavaStreamingContext(conf, Durations.seconds(1));

        // 从 TCP 套接字接收数据，创建 DStream
        JavaReceiverInputDStream<String> lines =
         jssc.socketTextStream("127.0.0.1", 9999);

        // 将接收到的行数据映射为单词，使用 flatMap 操作
        JavaDStream<String> words =
         lines.flatMap(new FlatMapFunction<String, String>() {
            @Override
            public Iterator<String> call(String x) {
                // 将字符串按空格分割成单词数组，返回单词迭代器
                return Arrays.asList(x.split(" ")).iterator();
            }
        });

        // 将单词映射为键-值对，键为单词，值为 1
        JavaPairDStream<String, Integer> pairs =
         words.mapToPair(new PairFunction<String, String, Integer>() {
            @Override
            public Tuple2<String, Integer> call(String s) {
                return new Tuple2<>(s, 1); // 创建键-值对，单词出现次数初始化为 1
            }
        });

        // 对每个单词的计数进行聚合，使用 reduceByKey 操作
        JavaPairDStream<String, Integer> wordCounts =
         pairs.reduceByKey(new Function2<Integer, Integer, Integer>() {
            @Override
            public Integer call(Integer i1, Integer i2) {
```

```
            return i1 + i2; // 将相同单词的计数相加
        }
    });

    // 打印每个单词的计数结果
    wordCounts.print();

    // 启动流计算
    jssc.start();

    // 等待流计算终止
    jssc.awaitTermination();
  }
}
```

执行上述代码，结果如图 10-3 所示。

```
-------------------------------------------
Time: 1725804190000 ms
-------------------------------------------
(P,1)
(Z,1)
```

图 10-3

10.2.2 实时数据处理模型

Spark 的实时数据处理模型旨在提供一种可扩展、高吞吐量和低延迟的方式来处理持续的数据流。它允许用户以类似于批处理的方式处理实时数据，并提供丰富的 API 和库来简化开发过程。Spark 的实时数据处理模型主要有两种实现方式：Spark Streaming 和 Structured Streaming。

1. Spark Streaming

Spark Streaming 是 Spark 的第一代实时数据处理模型，它通过将数据流划分为一系列小的批次（通常称为“微批”），并利用 Spark 的批处理引擎来处理每个批次，从而实现低延迟和高吞吐量，同时保持系统的可扩展性和容错性。

Spark Streaming 的工作原理包含以下几个部分：

- 数据源：数据源可以是多种形式，包括 Kafka、Flume 等。Spark Streaming 通过接收器或直接 API 从数据源获取数据。
- DStream：Spark Streaming 将数据流表示为离散化的数据流（DStream），它由一系列连续的 RDD 组成。
- 转换操作：用户可以使用丰富的转换操作（如 map、filter、reduce 等）处理 DStream，并生成新的 DStream。
- 输出操作：用户可以使用输出操作（如 print、saveAsTextFiles 等）将处理结果输出到指定目标。

2. Structured Streaming

Structured Streaming 是 Spark 的第二代实时数据处理模型，它基于 Spark SQL 引擎，并提供了一种更高层次的抽象来处理数据流。与 Spark Streaming 不同，Structured Streaming 将数据流视为一张无限的表，并使用 Spark SQL 的查询引擎处理数据。

Structured Streaming 的工作原理包括以下几个部分：

- 数据源：数据源可以是多种形式，包括文件系统、Kafka、Socket 等。Structured Streaming 通过数据源连接器从数据源获取数据。
- DataFrame/DataSet：Structured Streaming 将数据流表示为 DataFrame 或 DataSet，它由一系列连续的数据记录组成。
- 查询操作：用户可以使用标准的 SQL 查询或 DataFrame/DataSet API 处理数据流，并生成新的 DataFrame/DataSet。
- 输出操作：用户可以使用输出操作（如 writeTo、foreach 等）将处理结果输出到指定目标。

3. Spark Streaming 和 Structured Streaming 的比较

Spark Streaming 和 Structured Streaming 都是 Spark 的实时数据处理模型，它们之间既有相似之处，也存在一些差异。以下是它们的差异和优缺点。

1）数据模型

- Spark Streaming：使用 DStream 表示数据流，由一系列连续的 RDD 组成。
- Structured Streaming：使用 DataFrame 或 DataSet 表示数据流，由一系列连续的数据记录组成。

2）处理方式

- Spark Streaming：将数据流划分为微批，并使用 Spark 的批处理引擎处理每个批次。
- Structured Streaming：将数据流视为一张无限的表，并使用 Spark SQL 查询引擎处理数据。

3）容错性

- Spark Streaming：通过检查点机制保证容错性。如果某个批次处理失败，可以重新计算该批次的数据。
- Structured Streaming：通过预写日志（WAL）保证容错性。如果某个批次处理失败，可从 WAL 中恢复数据并重新处理。

4）延迟和吞吐量

- Spark Streaming：提供较低的延迟和较高的吞吐量，但可能不适用于某些实时性要求较高的场景。

- Structured Streaming：提供更低的延迟和更高的吞吐量，适用于对实时性要求较高的场景。

5）API和表达能力

- Spark Streaming：提供丰富的API和转换操作，但对于复杂的数据处理需求可能不够灵活。
- Structured Streaming：支持标准的SQL查询和DataFrame/DataSet API，具有更高的灵活性和表达能力。

4. 实时数据处理模型的应用案例

下面通过一个案例来说明如何使用Spark进行实时数据处理。假设我们有一个电商平台，需要实时监控用户的购买行为并生成实时报告。

使用Spark Streaming实现实时数据处理，具体实现如代码10-2所示。

代码 10-2

```
public class SparkStreamingExample {
    public static void main(String[] args) throws InterruptedException {
        // 创建 Spark 配置对象，设置为本地运行模式，并且指定应用名称
        SparkConf conf = new SparkConf()
          .setMaster("local[2]")
          .setAppName("KafkaSparkStream");

        // 创建 JavaStreamingContext，用于管理流计算的上下文环境
        JavaStreamingContext jsc =
          new JavaStreamingContext(conf, Durations.seconds(10));

        // Kafka 配置，设置 Kafka 连接参数
        Map<String, Object> kafkaParams = new HashMap<>();
        // Kafka 集群地址
        kafkaParams.put("bootstrap.servers", "localhost:9092");
        // 键的反序列化器
        kafkaParams.put("key.deserializer", StringDeserializer.class);
        // 值的反序列化器
        kafkaParams.put("value.deserializer", StringDeserializer.class);
        // 消费者组 ID
        kafkaParams.put("group.id", "spark-streaming-group");
        // 偏移量重置策略
        kafkaParams.put("auto.offset.reset", "latest");

        // 指定要订阅的 Kafka 主题
        Collection<String> topics = Arrays.asList("test-stream-topic");

        // 创建 Kafka 连接对象，用于从 Kafka 接收数据流
        JavaInputDStream<ConsumerRecord<String, String>> stream =
```

```
            KafkaUtils.createDirectStream(
                // 流计算上下文
                  jsc,
                  // 位置策略，优先选择一致性
                  LocationStrategies.PreferConsistent(),
                  // 订阅策略，订阅指定主题
                  ConsumerStrategies.<String, String>Subscribe(topics,
kafkaParams)
            );

            // 处理接收到的 Kafka 数据流
            stream.foreachRDD(rdd -> {
               System.out.println("==========================================");
               // 遍历 RDD 中的每条记录
               rdd.foreach(record -> System.out.println("Offset: "
                 + record.offset()
                 + ", Key: "
                 + record.key()
                 + ", Value: "
                 + record.value()));
            });

            // 启动流计算，开始接收和处理数据
            jsc.start();
            // 等待流计算终止，这通常由用户通过中断操作来触发
            jsc.awaitTermination();
      }
   }
```

执行上述代码，结果如图 10-4 所示。

```
==========================================
Offset: 13, Key: null, Value: w7XyapGe6n
Offset: 14, Key: null, Value: 0GW3vSOXSk
==========================================
```

图 10-4

使用 Structured Streaming 实现实时数据处理，具体实现如代码 10-3 所示。

代码 10-3

```
public class StructuredStreamingExample {
   public static void main(String[] args)
    throws TimeoutException, StreamingQueryException {
      // 初始化 SparkSession，它是 Structured Streaming 的入口
      SparkSession spark = SparkSession.builder()
              .appName("KafkaStructuredStreamingExample") // 设置应用名称
```

```
                .master("local[1]")      // 指定本地模式运行，并且使用一个核心
                .getOrCreate();          // 创建或获取一个已存在的 SparkSession

        // 从 Kafka 消费数据，创建一个 Dataset<Row> 对象
        Dataset<Row> kafkaStream = spark
                .readStream()       // 读取流数据
                .format("kafka")  // 指定数据来源格式为 Kafka
                // 设置 Kafka 服务地址
                .option("kafka.bootstrap.servers", "localhost:9092")
                // 订阅的 Kafka 主题
                .option("subscribe", "test-stream-topic")
                // 设置从最新的偏移量开始消费
                .option("startingOffsets", "latest")
                .load();  // 加载数据

        // 处理 Kafka 数据流，只选择 "value" 列，并将其转换为字符串类型
        Dataset<Row> valueStream =
         kafkaStream.selectExpr("CAST(value AS STRING)");

        // 将流式数据输出到控制台
        StreamingQuery query = valueStream.writeStream()
                  // 设置输出模式为 "append"，表示只添加新行
                .outputMode("append")
                .format("console")  // 设置输出格式为控制台
                // 设置触发处理的时间为每 5 秒
                .trigger(Trigger.ProcessingTime("5 seconds"))
                .start();  // 启动流式查询

        // 等待流式查询终止，这通常由用户通过中断操作来触发
        query.awaitTermination();
    }
}
```

执行上述代码，结果如图10-5所示。

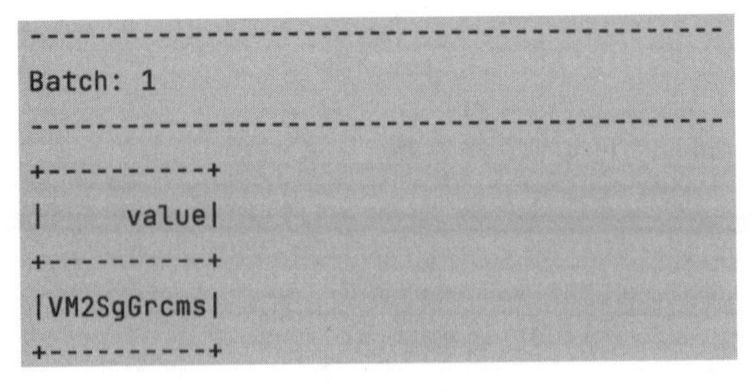
```
-------------------------------------------
Batch: 1
-------------------------------------------
+----------+
|     value|
+----------+
|VM2SgGrcms|
+----------+
```

图10-5

10.3　实时数据处理工具比较

本节将深入剖析 Spark 和 Flink 在实时数据处理中的差异，内容涵盖架构、处理模型、性能、容错性、生态系统等方面，并结合 Kafka 实践，帮助读者选择适合自己的实时数据处理工具。

10.3.1　Spark 与 Flink 对比分析

Spark 和 Flink 是两种流行的开源大数据处理引擎，它们都提供了强大的实时和批处理功能。下面将对 Spark 和 Flink 进行全面的对比分析，以帮助读者可以更好地了解这两种工具的特点和适用场景，从而做出更明智的选择。

1. 架构对比

1）Spark 架构

Spark 采用了分布式计算模型，它的核心组件包括：

- Spark Core: Spark 的核心组件，提供了分布式任务调度、内存管理、错误恢复等功能。
- Spark SQL: Spark 的 SQL 引擎，支持结构化数据的处理和查询。
- Spark Streaming: Spark 的流处理组件，支持对实时数据流进行处理。
- MLlib: Spark 的机器学习库，提供了丰富的机器学习算法和工具。
- GraphX: Spark 的图计算库，支持图数据的处理和分析。

2）Flink 架构

Flink 采用了流处理模型，它的核心组件包括：

- Flink Core: Flink 的核心组件，提供了分布式流处理、状态管理、窗口计算等功能。
- Table API: Flink 的表处理 API，支持结构化数据的处理和查询。
- SQL: Flink 的 SQL 引擎，支持使用 SQL 语言进行数据处理和查询。
- Gelly: Flink 的图计算库，支持图数据的处理和分析。

2. 数据处理模型对比

1）Spark 数据处理模型

Spark 采用了 RDD 作为其数据处理模型。RDD 是一个不可变的分布式数据集合，支持多种数据源的输入和输出。RDD 支持两种操作：

- Transformation（转换算子）：对 RDD 进行转换操作，生成新的 RDD。
- Action（行动算子）：对 RDD 进行计算操作，返回计算结果。

RDD 采用了延迟计算的机制，即只有当 Action 操作被触发时，才会进行真正的计算。这种机制可以提高计算的效率和灵活性。具体实现如代码 10-4 所示。

代码 10-4

```
public class SparkRddExample {
    public static void main(String[] args) {
        // 创建 Spark 配置对象
        SparkConf conf = new SparkConf()
          .setAppName("JavaRDDExample").setMaster("local[1]");

        // 创建 JavaSparkContext 对象
        JavaSparkContext sc = new JavaSparkContext(conf);

        // 创建一个并行化的数据集
        JavaRDD<Integer> rdd =
          sc.parallelize(java.util.Arrays.asList(1, 2, 3, 4));

        // 将每个元素映射成原来的两倍
        // 转换算子
        JavaRDD<Integer> mappedRDD = rdd.map(x -> x * 2);

        // 收集并打印结果
        // 行动算子
        System.out.println("Original RDD: " + rdd.collect());
        System.out.println("Mapped RDD: " + mappedRDD.collect());

        // 关闭 JavaSparkContext
        sc.close();
    }
}
```

执行上述代码，结果如图 10-6 所示。

```
Original RDD: [1, 2, 3, 4]
Mapped RDD: [2, 4, 6, 8]
```

图 10-6

2）Flink 数据处理模型

Flink 采用了 DataStream 和 DataSet 作为其数据处理模型。DataStream 表示连续的、无界的流数据，而 DataSet 表示有限的、有界的数据集。Flink 支持两种数据处理模型：

- 流处理（Stream Processing）：对流数据进行处理，支持窗口计算、状态管理等功能。
- 批处理（Batch Processing）：对有界数据集进行处理，支持 MapReduce、迭代计算等功能。

Flink 采用了即时计算的机制，即在数据到达时立即进行计算。这种机制可以提高计算的实时性和准确性。

3. 性能对比

1）Spark 性能

Spark 的性能主要体现在以下几个方面：

- 内存计算：Spark 采用了内存计算的机制，可以将数据缓存在内存中，从而提高计算的速度和效率。
- DAG（Directed Acyclic Graph，有向无环图）执行引擎：Spark 采用了 DAG（Directed Acyclic Graph）执行引擎，可以将复杂的计算任务分解为多个阶段，从而提高计算的并行性和效率。
- Tungsten 项目：Spark 的 Tungsten 项目优化了内存管理、序列化和代码生成等方面，进一步提高了计算的性能。

2）Flink 性能

Flink 的性能主要体现在以下几个方面：

- 流处理引擎：Flink 采用了流处理引擎，可以对实时数据流进行处理，从而提高计算的实时性和准确性。
- 状态管理：Flink 支持状态管理，可以对数据的状态进行持久化和恢复，从而提高计算的可靠性和容错性。
- 窗口计算：Flink 支持窗口计算，可以根据时间或数据量对数据进行分组和计算，从而提高计算的灵活性和效率。

4. 容错性对比

1）Spark 容错性

Spark 的容错性主要体现在以下几个方面：

- RDD 的不可变性：RDD 是一个不可变的分布式数据集合，如果某个节点发生故障，可以通过重新计算来恢复数据。
- 检查点机制：Spark 支持检查点机制，可以将 RDD 的状态持久化到存储系统中，从而提高计算的可靠性和容错性。
- 错误恢复：Spark 支持错误恢复机制，如果某个任务失败，可以重新提交任务，从而提高计算的容错性。

2）Flink 容错性

Flink 的容错性主要体现在以下几个方面：

- 状态管理：Flink 支持状态管理，可以对数据的状态进行持久化和恢复，从而提高计算的可靠性和容错性。
- 检查点机制：Flink 支持检查点机制，可以将数据的状态持久化到存储系统中，从而提高计算的可靠性和容错性。

- 故障恢复：Flink 支持故障恢复机制，如果某个节点发生故障，可以自动恢复数据的状态，从而提高计算的容错性。

5. 生态系统对比

1）Spark 的生态系统

Spark 的生态系统非常庞大，涵盖了大数据处理、机器学习、图计算等多个领域。主要的组件包括：

- Spark Core：这是 Spark 的核心，提供了基础的分布式数据处理能力。通过 RDD、DataFrame 和 DataSet 等抽象模型，Spark Core 支持分布式批处理和微批处理任务。
- Spark SQL：用于结构化数据处理，通过 SQL 查询和 DataFrame API，Spark SQL 支持与多种数据源（如 Hive、JDBC、HDFS）集成，并且通过 Catalyst 优化器提升查询性能。
- Spark Streaming：通过微批处理模式提供流处理能力，适合对延迟要求较低的实时数据处理场景。
- MLlib：提供分布式机器学习算法和模型训练工具，适合大规模数据集的机器学习任务。
- GraphX：用于图计算，提供了对图数据的分布式处理能力，适合社交网络分析、路径优化等场景。

Spark 的生态系统可以无缝集成多个数据源，如 HDFS、Amazon S3、Kafka、Elasticsearch 等，使其在大规模数据处理中非常灵活。

2）Flink 的生态系统

Flink 的生态系统专注于提供高效的实时流处理能力，但它也扩展了批处理、机器学习等功能。其主要的组件包括：

- Flink Core：Flink 的核心提供了原生流处理支持，能够处理无界数据流，同时也支持批处理（基于流的批处理）。
- Flink SQL：类似于 Spark SQL，Flink SQL 提供了对流数据和批数据的统一查询接口。通过动态表的概念，开发者可以使用 SQL 语法对实时数据进行查询和聚合。
- Flink CEP（复杂事件处理）：专门用于检测复杂事件模式，适合需要实时分析事件序列和进行模式匹配的场景，如金融风控和欺诈检测。
- Flink ML：Flink 的机器学习库，虽然与 Spark MLlib 相比生态较为年轻，但 Flink ML 正在逐步扩展对机器学习和 AI 任务的支持，尤其在流数据上的实时模型训练和预测方面。
- Flink Gelly：Flink 的图计算库，类似于 Spark 的 GraphX，Gelly 专注于分布式图计算，适合网络分析、社交图分析等任务。

Flink 的生态系统也支持与各种数据源无缝集成，如 Kafka、HDFS、ElasticSearch、HBase

等，特别是 Flink 与 Kafka 的紧密集成，使其在流数据处理领域表现出色。

10.3.2　Kafka 实时计算引擎选型实践

在实时数据处理领域，Kafka、Spark 和 Flink 是三大广泛使用的开源工具，分别承担着消息传递和数据处理的重要角色。Kafka 作为一个分布式消息队列，负责构建高效、可靠的实时数据管道。而 Spark 与 Flink 作为分布式计算框架，专注于大规模数据的处理。随着实时计算需求的日益增加，以 Flink 和 Spark 为代表的实时计算引擎逐渐成为解决复杂实时处理任务的首选技术。本小节将探讨如何在不同场景中做出最佳选择。

1. 实时计算的必要性

在大数据场景中，实时计算已经成为现代企业中不可或缺的一部分。无论是金融、电子商务，还是物联网应用，都离不开对实时数据的高效处理和分析，如图 10-7 所示。

图 10-7

目前业界有众多开源的实时计算引擎，其中最受欢迎的当属 Apache 基金会的两款开源引擎：Flink 和 Spark。接下来，我们将深入探讨它们的使用场景、优势、局限性、相似点与不同点，帮助读者在技术选型时根据项目需求选择最合适的实时计算引擎。

1）如何理解流式与实时

在讨论实时计算时，常常会提到“流式计算”。那么，流式计算和实时计算是同义词吗？

严格来说，两者并不等价。实时计算关注的是数据处理的延迟，即在接收到数据后如何在尽可能短的时间内完成处理。而流式计算是一种特定的数据处理方式，它处理的数据通常是连续、无界的。实时计算可以通过流式处理实现，但也可以通过其他方式（如微批处理）来实现。

因此，实时计算代表的是对数据处理的时效性要求，而流式计算是一种处理连续数据流的技术。它们没有必然的联系，但通常流式处理被视为实现实时计算的一种重要途径。

2）什么是流式处理

流式处理是一种专门为处理无边界数据集设计的数据处理引擎。与批处理不同，流式处理针对的是连续不断到来的数据流，而批处理则适用于有限、固定的数据集。批处理的任务会在处理完一批数据后终止，而流式处理则是处理连续数据，并且可以运行数天、数月，甚至永远运行，适合于无边界的实时数据。

流式处理的关键特点包括：

- 容错性：流处理系统应具备自动容错能力，如果某个节点发生故障，系统能够从故障点继续处理数据，而不会丢失数据或进行重复处理。
- 状态管理：在有状态的数据处理场景下，流式处理系统需要管理并保存中间状态信息。例如，在处理交易数据时，系统需要记录处理到的最新状态，以便在故障恢复后接着处理。
- 性能：流式处理系统的核心目标是低延迟和高吞吐量，确保系统能够在毫秒级响应数据变化，并处理大规模的数据流。
- 高级功能：事件时间处理和窗口操作等功能是流处理系统的高级特性，它们可以帮助开发者处理复杂的实时计算场景。例如，事件时间处理可以根据数据发生的时间进行操作，而不是基于系统的处理时间，这在处理乱序数据时尤为重要。

3）什么时候适合使用流式处理

流式处理的最大优势是它能够持续分析无界的数据流，并在极短的时间内（通常是几毫秒到几分钟）完成数据处理和响应。这使得流式处理非常适合以下场景：

- 异常检测：流式处理能够实时监控数据流并检测异常事件。例如，在金融系统中，流式处理可以通过实时分析交易数据来识别潜在的欺诈行为，从而避免财务损失。
- 业务流程监控：许多业务流程包含多个关联事件，比如电商平台从用户下单到商品送达的整个过程。流式处理可以实时监控整个流程的进展，检测出未按时完成的步骤或其他异常情况，从而帮助企业及时应对问题。
- 告警系统：流式处理在满足特定条件时，可以触发实时告警。例如，在监控系统中，某些传感器数据超出预设阈值时，流处理可以立即发送告警信息，从而保证关键设备的安全运行。

4）实时计算的价值

实时计算的核心价值在于它能够帮助企业快速响应市场变化，优化运营决策，提升用户体验。在传统的批处理模式下，数据通常会被延迟数小时甚至数天处理，这在现代商业环境中已远远不能满足需求。通过实时计算，企业能够：

- 即时决策：通过分析实时数据，企业可以做出快速、准确的决策。例如，电商平台可以通过实时监控库存和销售情况，动态调整商品价格和库存补充策略。
- 用户体验优化：实时计算能够帮助企业提高用户体验。例如，视频流媒体公司可以通过实时分析用户的观看行为，及时调整内容推荐，从而提升用户的观看体验。
- 增强安全性：对于金融和物联网应用，实时计算可以帮助企业提前发现潜在的威胁和风险，从而降低损失。例如，银行可以通过实时监控交易数据，及时发现并阻止欺诈性交易。

2. Spark

Spark 提供了两种主要的实时计算模型：Structured Streaming 和 Spark Streaming。

1）Structured Streaming

Structured Streaming 默认使用微批处理模型来执行流式计算，即定期检查和处理流数据。在这种模式下，Spark 将数据流划分为一系列小批次进行处理。然而，在连续流处理模式下，Spark 不再使用定时任务。相反，它会启动一组长时间运行的任务，这些任务能够持续不断地读取、处理和写入数据，从而实现更低延迟的实时数据处理，如图 10-8 所示。

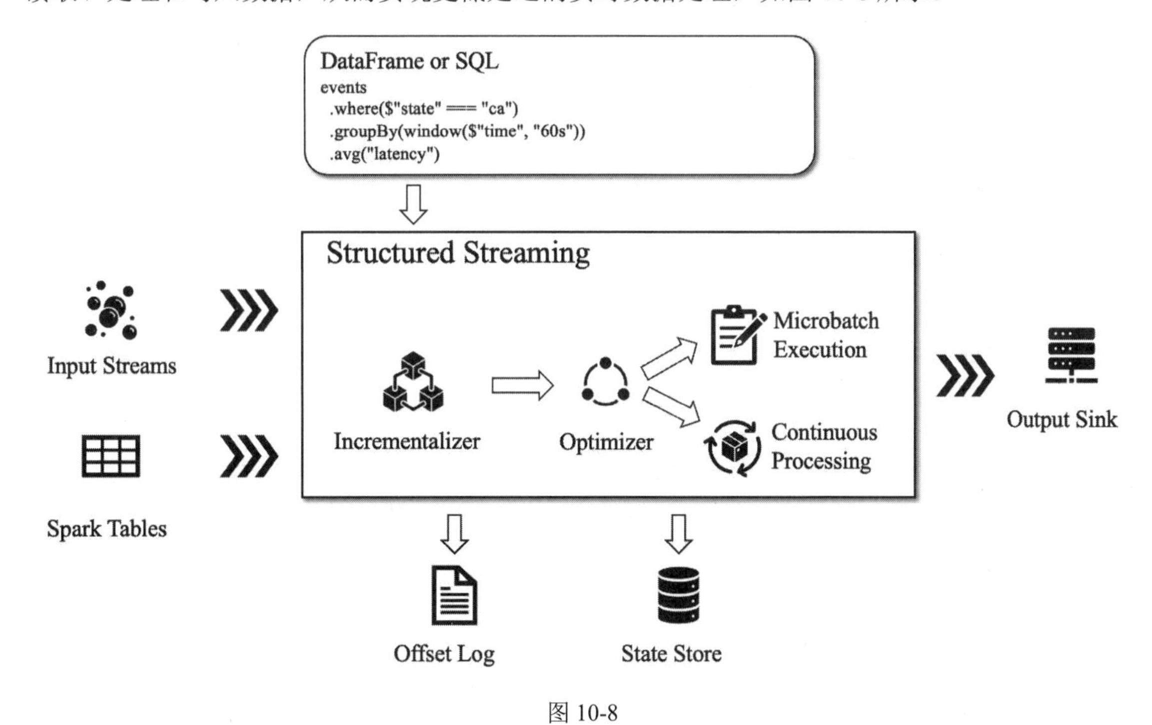

图 10-8

在微批处理中，驱动程序通过将记录的 Offset 保存到预写日志（Write-Ahead Log，WAL）来检测进度。处理开始之前，需要将下一个微批次处理的范围 Offset 保存到日志中，以确保确定性的重新执行和端到端的语义。处理完成后，源记录的Offset会被记录下来，确保可以恢复到上次处理的状态。这意味着源记录在当前微批处理完成前可能需要等待，以保证Offset被正确记录。

在连续流处理中，进度检测通过改进的算法来实现。特殊标记的记录被写入每个任务的输入数据流中。当任务处理到这些标记时，它会异步报告处理的最后一个 Offset。驱动程序一旦接收到所有任务的Offset，就会将这些Offset写入预写日志中。由于Checkpoint操作是完全异步的，任务可以持续不断地处理数据，提供接近实时的毫秒级延迟。这种方式允许连续流处理在几乎没有停顿的情况下运行，同时保持高效的数据处理能力和一致性。

2）Spark Streaming

Spark Streaming是Spark平台的一个流处理组件，旨在处理实时数据流。它的实现原理主要基于微批处理模型，将实时数据流划分为一系列小批次来进行处理，如图10-9所示。

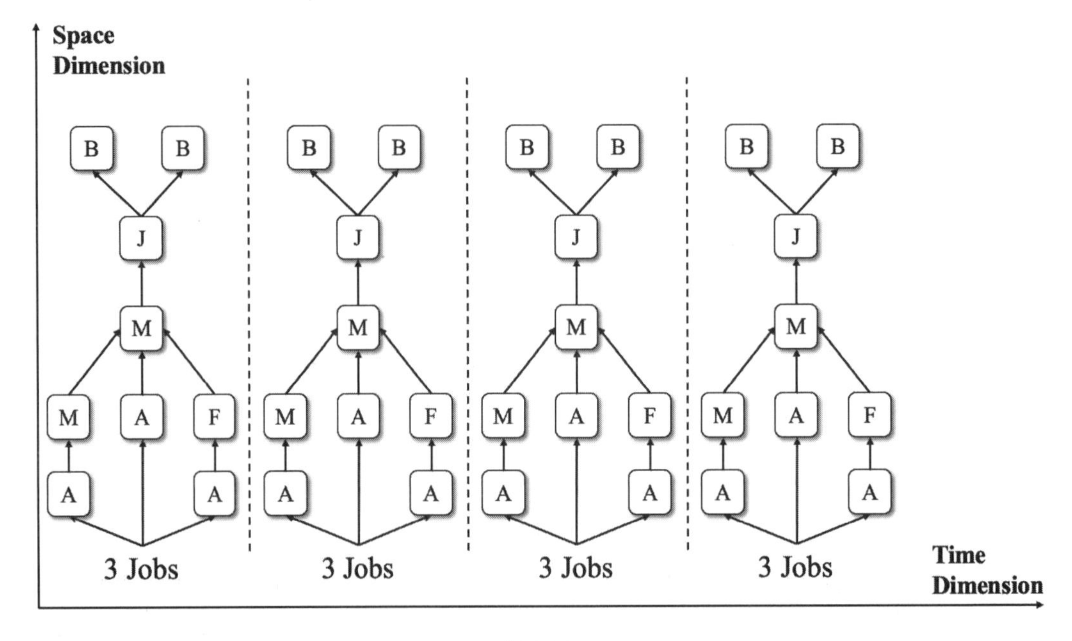

图10-9

在使用Spark Streaming进行流式处理时，通常需要按照以下步骤进行操作：

步骤01 创建DStream图：在Spark Streaming中，DStream表示连续的数据流。首先，需要创建DStream图，表示数据流的处理逻辑，这包括定义输入流、转换操作和输出操作。

步骤02 基于作业控制器：在Spark Streaming中，每个批次的数据处理都是通过作业来完成的。作业控制器负责调度和执行这些作业。因此需要配置作业控制器，以确保它能够正确地管理作业的执行。

步骤03 输入流：定义输入流，即数据流的来源。Spark Streaming支持多种输入源，如Kafka、Flume、Kinesis等。因此需要根据数据源选择合适的输入流，并配置相应的参数。

步骤04 输出接收器：定义输出接收器，即数据流的目的地。Spark Streaming支持多种输出接收器，如文件系统、数据库、Kafka 等。因此需要根据需求选择合适的输出接收器，并配置相应的参数。

步骤 05 提交作业到 Spark：将 Spark Streaming 作业提交到 Spark 集群中执行。这通常涉及使用 spark-submit 命令或在集群管理器（如 YARN）上提交作业。

步骤 06 故障恢复：在生产环境中，故障恢复是至关重要的。我们需要配置 Spark Streaming 的故障恢复机制，以确保在发生故障时能够正确地恢复数据流的处理。这通常涉及使用检查点（Checkpointing）来保存流式计算的状态。

步骤 07 Exactly-once 语义：在流式处理中，确保数据被正确地处理一次（Exactly-once）是非常重要的。我们需要使用合适的技术来保证 Exactly-once 语义，如使用事务性的消息队列或使用 Spark 的 Exactly-once 语义支持。

在 Spark Streaming 中，当不同的数据源（如 Kafka、Flume 等）提供实时数据时，这些数据会按照固定的时间间隔被切分成一个一个的小批次。每个小批次的数据会形成一个数据集（DStream），这些数据集与 Spark 的 RDD 概念类似。具体来说：

- 时间间隔：数据流按照预定的时间间隔被划分为多个小批次，每个批次内的数据被视为一个独立的数据集进行处理。
- 数据集的生成：每个时间窗口内的数据批次对应一个 RDD。虽然每个批次的输入数据来自不同的时间段或数据源，但批处理的处理逻辑与 RDD 一致。
- RDD 依赖关系：在每个微批处理的上下文中，RDD 的依赖关系是一致的。这意味着在处理每个批次数据时，RDD 的转换操作保持不变，但不同批次处理的数据规模和内容可能不同，从而导致每个批次生成的 RDD 的实际数据和依赖关系实例也会有所不同。

总之，Spark Streaming 利用固定时间间隔的微批处理模型，将实时数据流转换为多个小批次的数据集，每个小数据集在逻辑上类似于 Spark 中的 RDD，尽管实际的数据规模和内容因批次而异。

3. Flink

Flink 和 Spark 都源于学术界：Spark 来自加州大学伯克利分校，而 Flink 来自柏林大学。尽管两者都支持 Lambda 架构，但它们的实现方式各不相同。Flink 是一个真正的实时计算引擎，它将批处理视为流处理的一个特例。虽然 Flink 和 Spark 的 API 看起来类似，但 Flink 的 Map、Filter、Reduce 等操作被实现为长期运行的运算符，与 Spark 的实现完全不同。

1）Flink 简介

Flink 是一个开源的实时计算引擎，它不仅在图计算和机器学习方面表现出色，还支持多种底层部署模式，包括 On YARN、本地模式、分布式模式以及容器化部署（如 Docker 和 Kubernetes），如图 10-10 所示。

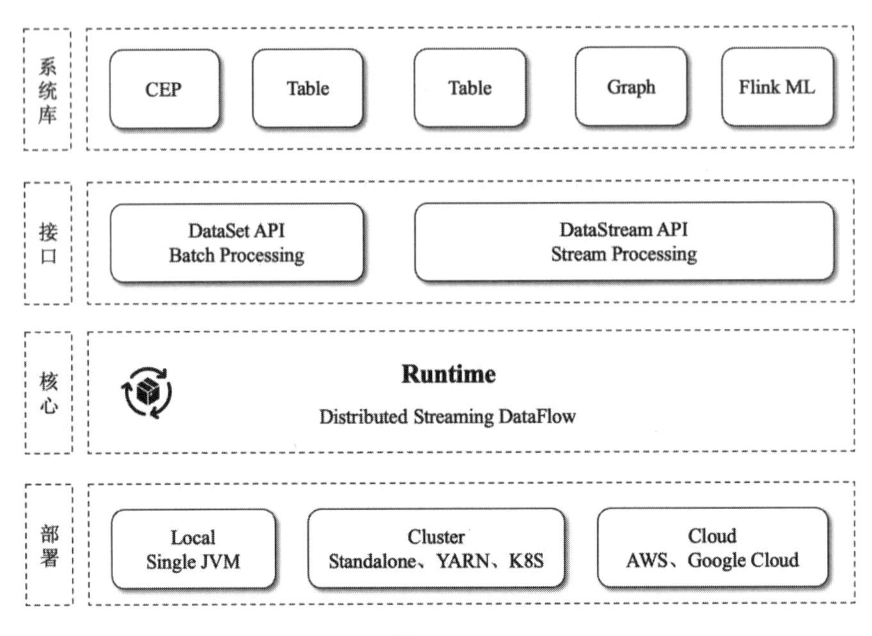

图 10-10

2）Flink 应用场景

在追求实时数据处理的场景中，低延迟至关重要。它能够确保系统快速检测并响应关键事件，从而提高业务的敏捷性和效率。以 Flink 为例，在使用 Flink 之前，计算基本业务指标的延迟时间可能长达 3~4 小时。这意味着，如果工程师在上午 10 点发现业务指标异常，他们只能在下午 2 点左右开始调查原因；即便立即采取行动解决该问题，也只能在下午 6 点左右验证解决方案的效果。这种延迟显然会降低工作效率。

为了解决这个问题，我们可以利用 Flink 的强大功能。首先，对于基于时间序列的业务数据，Flink 支持使用事件时间来处理数据，从而更准确地在时间窗口内对业务指标进行分组和分析。其次，Flink 可以轻松地与 Kafka 和 HDFS 等数据存储系统进行集成，实现数据的实时摄入和处理。

此外，Flink 还具有出色的非功能特性，使其成为生产环境中的理想选择。Flink 易于与各种监控后端（如 Graphite、Prometheus 等）集成，提供了丰富的监控和告警功能。同时，Flink 还提供了直观的 UI 界面，方便用户进行任务管理和监控。

Flink 的另一个优势在于其快速的开发周期和简单的执行模型。这使得开发人员能够快速上手并高效地开发和部署流处理应用程序。Flink 的学习曲线平缓，开发效率高，进一步加快了业务的响应速度。

通过使用 Flink 等实时数据处理技术，我们可以显著降低数据处理的延迟，实现更快速、更准确的业务洞察和决策。这对于需要实时数据支持的场景，如金融风控、智能制造、物联网等，具有重要意义。

3）Flink 窗口和事件时间

与 Spark Streaming 相比，Flink 不仅提供了更低的延迟，还在窗口和事件时间的处理上表现得更加出色。在实际应用中，很多数据源都是无界的。例如，我们可能需要每隔 10s（即 10 秒）统计一次集群服务的 QPS（每秒查询率）。在这种情况下，Flink 的窗口机制能够有效满足这些需求，它可以通过灵活的窗口配置和精确的事件时间处理来实现实时数据分析，如图 10-11 所示。

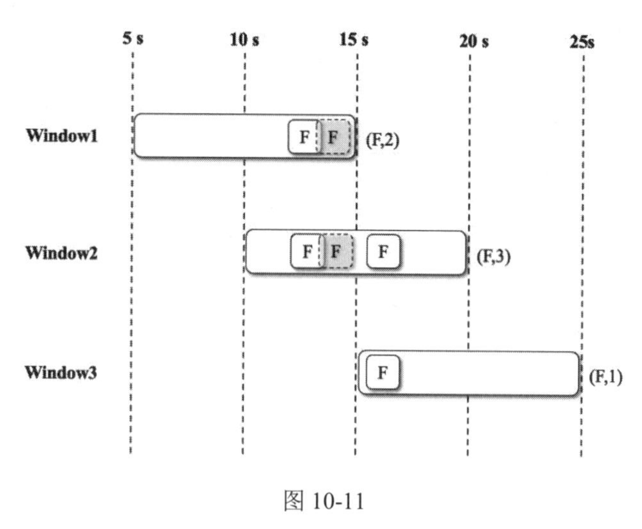

图 10-11

在使用 Flink 进行实时数据处理时，窗口机制是实现数据按时间间隔进行统计和分析的关键。然而，在实际应用中，数据的延迟到达可能会影响窗口计算结果。下面通过一个具体的例子来说明这种情况。

假设我们的数据源在第 14s、第 15s 和第 16s 各产生了一条消息，而我们设定的窗口大小为 10s。根据窗口机制，这些消息将被分配到不同的窗口中进行处理，具体来说：

- 第 14s 产生的消息将落入窗口 1（5~15s）和窗口 2（10~20s）。
- 第 15s 产生的消息将落入窗口 2（10~20s）和窗口 3（15~25s）。
- 第 16s 产生的消息将落入窗口 2（10~20s）和窗口 3（15~25s）。

图 10-11 所示的是理想情况下，每个窗口发出的最终计数分别为（F, 2）、（F, 3）、（F, 1），这符合我们的预期。

然而，如果由于网络原因，第 14s 产生的消息在第 19s 才到达系统，那么情况就会发生变化。根据窗口机制，这条延迟的消息将被分配到窗口 2（10~20s）和窗口 3（15~25s）。对于窗口 2 来说，计算结果没有问题，因为这条消息确实应该属于该窗口；但是，它对窗口 1 和窗口 3 的结果产生了影响，如图 10-12 所示。

这种由于数据延迟到达而导致的窗口计算结果的偏差，是实时数据处理中需要考虑的重要因素。为了解决这个问题，Flink 提供了多种机制来处理数据的延迟，例如滑动窗口、会话窗口和自定义窗口等。通过合理选择和配置这些窗口类型，可以最大程度地减少数据延迟对窗口计算结果的影响，从而提高实时数据处理的准确性和可靠性。

为了处理延迟问题，我们可以使用事件时间。启用事件时间需要一个时间戳提取器，用于从消息中提取事件时间。流式计算将根据数据的事件时间将数据分配到相应的窗口，而不是按处理时间。这种方式能有效解决消息延迟的问题，如图 10-13 所示。

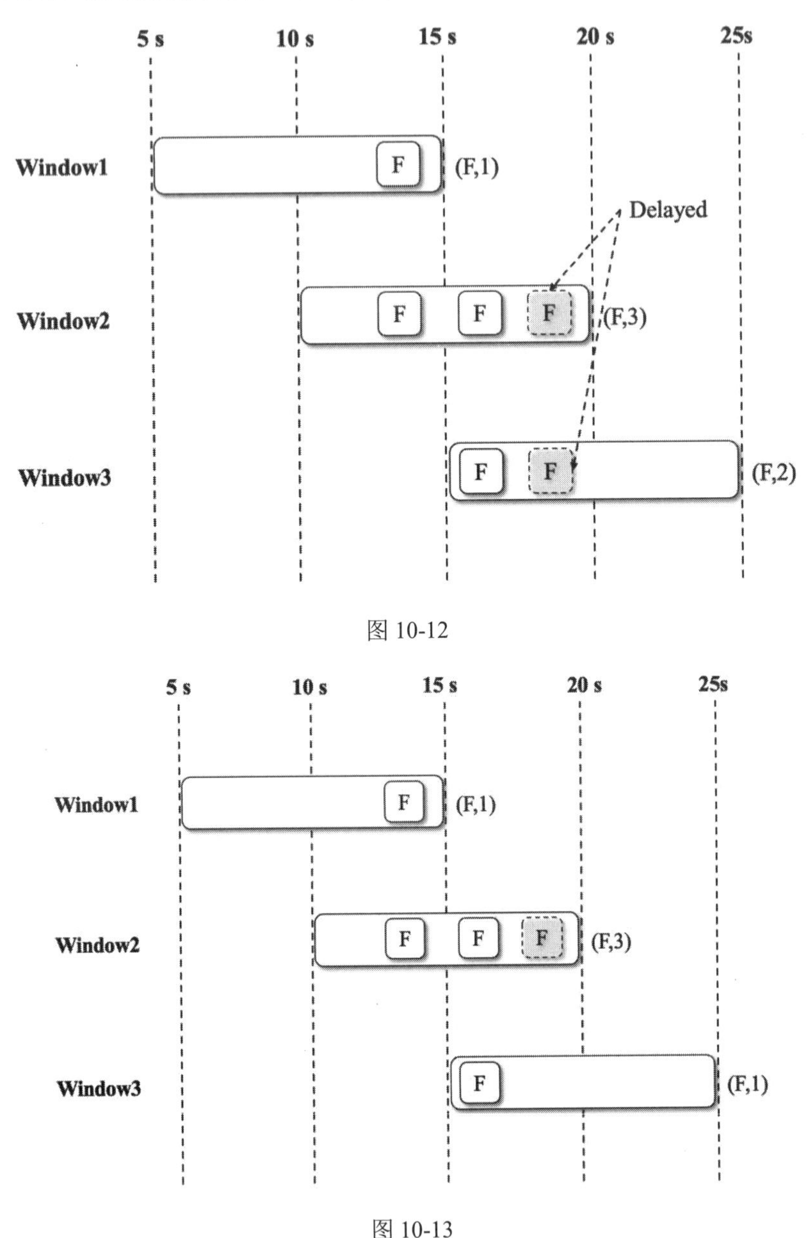

图 10-12

图 10-13

引入事件时间后，窗口 2 和窗口 3 的结果都正确，但窗口 1 仍然出错。Flink 根据事件时间进行窗口分配，因此未将延迟的消息分配到窗口 3，因为消息的事件时间超出了窗口范围。然而，窗口 1 也没有接收到这条消息，因为在第 19s 消息到达时，窗口 1 的评估已经在第 15s 完成了。

为了解决数据延迟问题，我们可以引入 Flink 的水印（Watermark）机制。水印可以被视为一种告知 Flink 数据延迟程度的方式。通过设置水印，可以告诉 Flink 我们期望的数据延迟上限。

具体来说，我们可以将水印设置为当前时间减去 5s，这意味着我们期望数据最多有 5s 的延迟。由于每个窗口在水印通过时会被评估，所以窗口 1（5~15s）将在第 20s 时被评估，窗口 2（10~20s）将在第 25s 时被评估，以此类推，如图 10-14 所示。

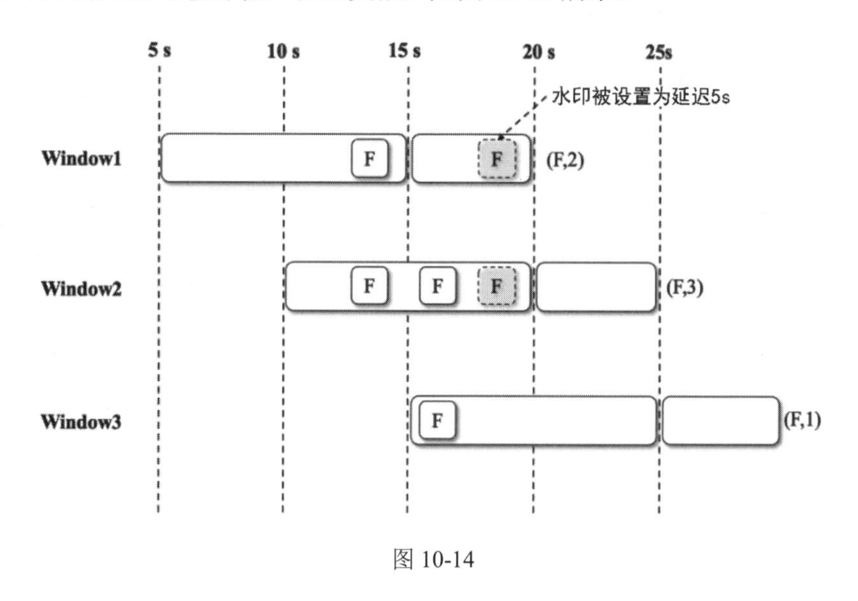

图 10-14

通过使用水印机制，我们可以确保 Flink 在评估窗口时考虑到数据的延迟，从而得到更准确的统计结果。这对于处理实时数据流中的延迟数据非常重要，可以帮助我们更好地理解数据的实时性和准确性。

4. Spark Streaming 与 Flink

在选择实时计算引擎时，了解 Flink 和 Spark Streaming 各自的特点至关重要。Spark Streaming 通过微批处理的方式，在保证吞吐量的同时提供了 Exactly-Once 的语义保证。然而，它并不是严格意义上的实时计算引擎，因为微批处理的方式限制了其对窗口和事件时间的支持。相比之下，Flink 采用了分布式快照的方式，实现了高吞吐量、低延迟的实时计算引擎，并且对窗口和事件时间有更好的支持。

在实际项目中，选择合适的计算引擎需要综合考虑多个因素：

- 项目需求：需要明确项目对实时性的要求。如果对延迟非常敏感，需要毫秒级的响应时间，那么 Flink 可能更适合；如果对延迟的要求不是特别高，Spark Streaming 也可以满足需求。
- 业务场景：不同的业务场景对计算引擎的要求也不同。例如，在金融领域，对交易数据的实时分析要求非常高，Flink 的低延迟特性就非常适合；而在日志分析等场景中，对延迟的要求相对较低，Spark Streaming 可能就足够了。
- 技术储备：团队的技术储备也是一个重要的考虑因素。如果团队对 Flink 比较熟悉，有相关的开发经验，那么选择 Flink 可以提高开发效率；如果团队对 Spark 生态圈更熟悉，那么选择 Spark Streaming 可能更加顺手。
- 生态系统支持：Flink 和 Spark 都有丰富的生态系统支持，包括数据源、数据处理工具、数据存储等。在选择计算引擎时，也需要考虑这些生态系统的支持是否满足项目的需求。

综上所述，在选择实时计算引擎时，需要综合考虑项目需求、业务场景、技术储备以及生态系统支持等因素。通过对这些因素的权衡，可以选择最适合项目的计算引擎，从而提高开发效率和系统性能。

10.4 本章小结

本章主要介绍了实时数据处理的原理、技术及工具。

通过学习本章的内容，读者将全面掌握实时数据处理的关键技术，学会使用Spark Streaming等工具进行实时数据分析和处理，并在实际业务场景中应用这些技术提升数据处理的效率和效果，从而推动业务决策的优化和创新，实现数据价值的最大化。

10.5 习题

（1）实时数据处理的关键特性是什么？（ ）

A. 高延迟　　B. 高吞吐量

C. 数据的实时性　　D. 数据的批量处理

（2）Spark Streaming的处理模型是什么？（ ）

A. 微批处理　　B. 连续处理

C. 事件驱动　　D. 查询驱动

（3）以下哪个工具不是用于实时数据处理的？（ ）

A. Apache Flink　　B. Apache Kafka

C. Apache Hadoop　　D. Apache HBase

（4）在实时数据处理工具中，哪个工具在处理无界数据流时具有更好的窗口支持？（ ）

A. Spark Streaming　　B. Apache Flink

C. Apache Kafka Streams　　D. Apache Hadoop

（5）以下哪个不是实时数据处理的优势？（ ）

A. 实时监控和预警　　B. 提高决策效率

C. 降低数据存储成本　　D. 增强数据分析的准确性

第4篇　项目实战

本篇将围绕“一站式数据分析系统设计与实现”和“ChatGPT 赋能 Hadoop 与 Spark 大数据分析”展开，具体展示如何在实际项目中应用这些技术。通过系统设计、数据处理和智能化分析的全流程演示，并结合 Hadoop 与 Spark 的高效处理能力以及 ChatGPT 的自然语言交互优势，帮助读者掌握从需求分析到系统实现的关键步骤，从而提升数据分析项目的落地能力。

第 11 章

一站式数据分析系统设计与实现

大数据分析系统旨在整合各种大数据处理分析框架和工具，实现对数据的全面挖掘和深入分析。

构建完善的大数据分析系统涉及众多组件，包括数据采集、存储、处理和分析等环节。实现这些组件的协同工作非常复杂，需要考虑数据规模、种类、处理实时性等要求，以及分布式计算、存储优化、高效算法设计等技术挑战。通过精心设计和整合这些组件，可以完成对海量数据的深度挖掘，从而获得对业务和决策有价值的信息。本章将介绍如何构建大数据分析系统，实现对复杂数据环境中有价值信息的精准提取和深度分析。

11.1　大数据分析系统

在构建大数据分析系统之前，深入理解业务需求和用户期望至关重要。大数据分析系统不仅仅是技术堆栈的简单组合，还是一个服务于业务的智能引擎，能够提供实时的洞察和支持决策。明确业务需求和场景，理解用户的期望，了解在这个数据的海洋中应该追求哪些有价值的信息，是构建大数据分析系统的关键起点。

11.1.1　大数据分析系统的价值

建设一个完善的大数据分析系统，不仅为企业构建了基础数据中心，还为企业提供了一个统一的数据存储体系，通过数据建模奠定了数据价值呈现的坚实基础。

1. 构建基础数据中心

大数据分析系统的第一项价值体现在建设企业的基础数据中心上。通过统一的数据存储体系，企业能够有效地管理、存储和检索海量的数据，包括来自不同业务部门和多源的数据。这种集中化的数据管理不仅提高了数据的可靠性和一致性，还降低了数据管理的复杂性和成本。

2. 统一数据建模

通过对数据的统一建模，大数据分析系统为企业提供了一种标准化的数据表示方式，使得不同部门和业务能够使用相同的数据模型进行工作。这种一致的数据模型有助于消除数据孤岛，促进跨部门和跨系统的数据共享和协同工作，从而提高企业整体的工作效率和决策水平。

3. 数据处理能力下沉

大数据分析系统将数据处理能力下沉，建设了集中的数据处理中心，为企业提供强大的数据处理能力。这意味着企业能够更加高效地进行数据的清洗、转换和分析，从而更好地挖掘数据潜在的价值。同时，这种集中化的处理模式有助于提高数据处理效率并降低处理成本。

4. 统一数据管理监控体系

为了保障大数据分析系统的稳定运行，建设了统一的数据管理监控体系。这包括对数据质量、安全性和可用性的全面监控，以及对系统性能和故障的实时监测。通过这种全面的监控体系，企业能够及时发现和解决潜在的问题，确保系统的稳定和可靠运行。

5. 构建统一的应用中心

最终，大数据分析系统通过构建统一的应用中心，满足企业业务需求，真正体现了数据的价值。通过应用中心，企业能够基于大数据分析系统提供的数据和分析结果，开发各种智能应用，为业务提供更有力的支持。这使得数据不再是一种被动的资源，而是能够主动为业务创造价值的动力源。

综合而言，大数据分析系统的价值不仅仅在于处理和分析海量的数据，更在于为企业建设了一个统一、高效的数据基础设施，为业务创新提供了强大的支持。

11.1.2　大数据分析系统的目的

在当今数字化浪潮中，大数据已经超越了单纯信息的堆积，成为推动企业智能决策和业务创新的核心资源。企业不再仅仅是收集和存储大量数据，而是努力挖掘这些数据中的价值，以支持战略规划和运营优化。了解大数据分析系统的真正目的，远不止于追逐技术潮流。它要求我们深刻洞察数据对业务行动的引导作用。

1. 数据度量：洞察业务趋势

大数据分析系统的首要目的之一是帮助企业洞察业务趋势。通过分析海量数据，系统能够识别并理解市场的动向、消费者的行为以及竞争对手的策略。这种深度洞察有助于企业预测未来趋势，制定战略计划，并做出敏锐的业务决策。

2. 数据理解：改进决策制定过程

大数据分析系统的另一个关键目标是改进决策制定过程。通过提供实时、准确的数据分析，系统可以帮助管理层更好地理解当前业务状况，减少决策的盲目性。这种数据驱动的决策制定能够降低风险，提高成功的概率，并在竞争激烈的市场中保持灵活性。

3. 数据驱动：优化运营效率

大数据分析系统的目的还在于优化企业的运营效率。通过对业务流程的深入分析，系统可以识别出潜在的优化点，提高生产效率，减少资源浪费。这种优化不仅带来了成本的降低，还可以加速业务运营，提高客户满意度。

4. 数据预测：实现个性化营销

大数据分析系统有助于企业实现更个性化的营销策略。通过深入了解客户行为和偏好，系统能够生成精准的用户画像，为企业提供更具针对性的市场营销方案。这种个性化营销不仅提高了市场推广的效果，还加强了客户关系，提升了品牌忠诚度。

5. 数据安全：增强安全性和合规性

大数据分析系统的另一个重要目标是增强企业的安全性和合规性。通过对数据进行监控和分析，系统能够及时发现异常活动和潜在的安全威胁。同时，它也有助于确保企业遵循法规和行业标准，从而降低法律风险。

11.1.3 大数据分析系统的应用场景

在信息时代，大数据正成为推动科技和商业发展的关键力量。随着技术的不断进步，大数据分析系统的应用场景也越来越广泛。这些系统不仅是企业决策的得力助手，还在医疗、城市规划、金融等多个领域展现出强大的应用潜力。

1. 企业决策优化

大数据分析系统可以帮助企业收集和分析来自各个渠道的数据，包括市场调研、销售数据、供应链信息等。通过建立数据模型和算法，企业可以预测市场趋势，优化产品设计，提高生产效率，从而实现决策的优化。例如，制造业企业可以通过分析设备传感器数据来预测故障，从而减少停机时间和维护成本。

2. 金融风控与反欺诈

在金融领域，大数据分析系统为风险管理和反欺诈提供了有力的支持。通过分析用户的交易历史、行为模式和其他多维数据，金融机构可以更准确地评估用户的信用风险，及时发现异常交易行为，从而提高风险控制的水平。大数据分析系统还能够构建复杂的欺诈检测模型，识别潜在的欺诈活动，保护用户的资产安全。

3. 电商精准营销

电商平台可以通过大数据分析系统来了解用户的购买习惯、兴趣偏好和消费能力，从而实现精准的营销推广。例如，通过分析用户的浏览记录和购买历史，电商平台可以向用户推荐相关的产品，提高转化率和销售额。此外，大数据分析系统还可以帮助电商平台进行库存管理，预测市场需求，减少库存积压。

4. 娱乐内容推荐

娱乐行业也可以通过大数据分析系统来提升用户体验。例如，视频网站可以通过分析用户的观看历史和评分来推荐个性化的内容，提高用户的满意度和忠诚度；音乐平台也可以通过分析用户的收听习惯来推荐个性化的歌曲和播放列表，增强用户的沉浸式体验。

5. 新闻个性化服务

新闻媒体可以通过大数据分析系统来了解用户的兴趣和偏好，从而提供个性化的新闻服务。例如，新闻客户端可以通过分析用户的阅读历史和点击行为来推荐相关的新闻内容，提高用户的阅读体验和参与度。此外，大数据分析系统还可以帮助新闻媒体进行舆情分析，了解公众对热点事件的态度和观点。

总的来说，大数据分析系统的应用场景越来越广泛，其在不同领域的作用不可忽视。通过深度挖掘和分析数据，我们能够更全面、更准确地理解复杂的系统和现象，从而为决策、创新和发展提供有力支持。

11.2　大数据分析系统架构

大数据分析系统扮演着集成、整理和分析庞大数据集的角色，它不仅仅是一个简单的数据仓库，更是一个复杂的系统，涵盖了系统数据、业务数据等多个维度的信息。

大数据分析系统的核心任务是在统一的数据框架下实现对数据的挖掘和分析。这意味着涉及众多组件和复杂的功能，因此在系统的建设过程中，如何巧妙地将这些组件有机地结合起来，成为至关重要的环节。本节将探讨大数据分析系统的组成结构，分析各个组件之间的协同作用，以及在这个多层次、多功能的系统中如何实现高效的数据处理和可视化展示。

11.2.1　大数据分析系统的体系架构

随着数据规模的急剧膨胀和多样性的增加，构建一个高效、可扩展的大数据分析系统变得至关重要。为了深入理解这一庞杂系统的运作，下面将引领读者一同探索其体系架构，从数据采集到最终的洞察展示，揭示大数据分析系统如何在庞大而多元的数据海洋中发现有价值的信息。大数据分析系统的体系架构如图 11-1 所示。

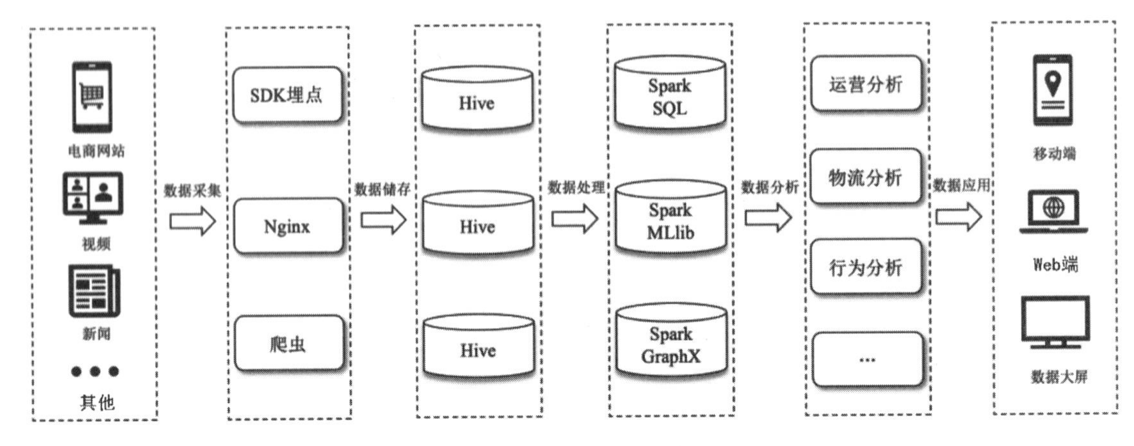

图 11-1

1. 数据采集层：连接多样化的数据源

数据采集层是大数据分析平台的基础，它直接涉及数据的获取和整合。底层是各类数据源，包括各种业务数据、用户数据、日志数据等。为了确保全面性，数据采集层常常采用传统的ETL离线采集和实时采集两种方式。这一层的目标是将零散的数据从各个角落整合起来，形成一个全面而连贯的数据集。

2. 数据存储和处理层：为数据提供强有力的支持

有了底层数据后，下一步是将数据存储到合适的持久化存储层中（如Hive数据仓库），并根据不同的需求和场景进行数据预处理。这包括Spark SQL、Spark MLlib、Spark GraphX等多种形式。在这一层中，数据得到了进一步的加工，确保了数据的质量、可用性和安全性，为后续的深层次分析提供了坚实的基础。

3. 数据分析层：挖掘数据的深层次价值

在数据分析层，报表系统和BI（Business Intelligence，商业智能）分析系统扮演着关键角色。数据在这个阶段经过简单加工后，进行深层次的分析和挖掘。这一层的任务是从庞大的数据中提取有价值的信息，为企业决策提供有力支持。在这个阶段，数据变得更加智能化和易于理解。

4. 数据应用层：将数据转化为业务洞察

最终，根据业务需求，数据被分为不同的类别应用。这包括了数据报表、仪表板、数字大屏、及时查询等形式。数据应用层是整个数据分析过程的输出，也是对外展示数据价值的关键。它通过可视化手段，将分析结果生动地呈现给最终用户，助力业务决策。

深入了解系统的体系架构不仅仅是技术层面的问题，更是对业务需求和用户期望的深刻理解的体现。一个设计合理的体系架构能够有效支持数据的全面挖掘和深度分析，确保从数据的采集到最终的应用都能紧密围绕业务目标进行。

11.2.2 设计大数据分析系统的核心模块

大数据分析系统的核心模块涵盖了数据采集、数据存储与分析、以及数据服务等，这些关键模块协同工作，构建了一个完整而高效的大数据分析系统，如图 11-2 所示。

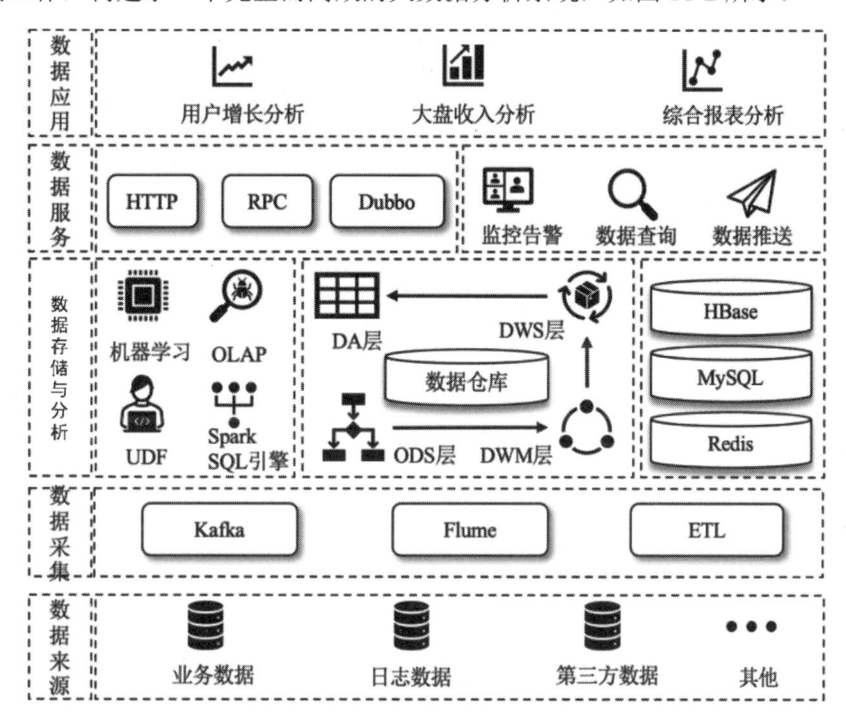

图 11-2

1. 数据采集

作为系统的第一步，数据采集模块承担了从各业务自系统中汇集信息数据的任务。系统选择支撑 Kafka、Flume 及传统的 ETL 采集工具，以确保对多样化数据源的高效处理和集成。

2. 数据存储

数据存储模块采用了一体化的存储方案，结合了 Hive、HBase、Redis 及 MySQL，形成了支持海量数据的分布式存储体系。这种综合性的存储模式保证了对大规模数据的高效管理和检索。

3. 数据分析

数据分析模块是系统的核心引擎，支持传统的 OLAP 分析和基于 Spark 的常规机器学习算法。这使得系统能够对庞大的数据集进行深入挖掘，从而发现潜在的价值和趋势，为决策提供强有力的支持。

4. 数据服务

数据服务模块是系统的枢纽，提供对数据资源的统一管理和调度。通过数据服务，系统实现了对数据的整体治理，使得数据的流动、存储和分析能够有序而高效地进行。同时，它向外提供数据服务，为其他系统和应用提供了规范的接口和访问方式。

这些核心模块的协同作用，使得大数据分析系统能够从数据的采集到存储，再到分析，最终到向外提供服务，形成一个有机而完善的体系结构。通过整合各个模块的功能，系统能够应对多变的数据环境，为用户提供高效、可靠、灵活的大数据分析解决方案。

11.3 实现大数据分析系统

大数据分析系统的实现流程主要包括数据采集、数据整合、数据加工以及数据可视化等环节。

数据采集负责从多源获取原始数据，而后的数据整合将这些数据汇聚起来并确保格式一致性；接下来，数据加工阶段进行数据的清理、转换和处理，以使数据达到可分析的标准；最终，通过数据可视化，用户能够以直观的方式理解和探索数据。

这一标准流程为设计和实施大数据分析系统提供了基本框架，使其能够高效处理庞大的数据集，满足多样化的分析需求。

11.3.1 数据采集

数据采集是大数据分析系统中至关重要的一步，它扮演着系统获取信息源头的关键角色。在这个阶段，系统通过各种渠道和技术，广泛且高效地搜集原始数据，为后续的分析和处理奠定基础。数据采集的过程涵盖了从传感器、日志、外部数据库到在线平台等多样化的数据来源，确保系统能够获得全面且多维度的信息。

在本小节中，为了模拟数据采集场景，特别设计了一个应用程序，主要功能是生成模拟数据作为原始数据，并将这些数据发送到 Kafka 消息中间件。

下面是一个使用 Java 编写的简单应用程序，用于生成模拟电影数据并发送到 Kafka。在此示例中，使用了 Apache Kafka 的 Java 客户端库，具体依赖如代码 11-1 所示。

代码 11-1

```
<dependency>
    <groupId>org.apache.kafka</groupId>
    <artifactId>kafka_2.13</artifactId>
    <version>3.4.0</version>
</dependency>
```

实现将模拟数据发送到 Kafka 一些关键细节如下：

- Kafka 配置：在实现代码中，需要配置 Kafka 的服务器地址（bootstrap.servers）、key 和 value 的序列化器等参数，以便建立与 Kafka 集群的连接。

- 创建 KafkaProducer：使用配置信息创建 KafkaProducer 对象，该对象负责将数据发送到 Kafka 集群。
- 生成模拟数据：在一个循环中，使用数据生成逻辑生成模拟数据，包括创建 JSON 格式的数据、设置数据字段、模拟日期等。
- 构建 ProducerRecord：使用生成的模拟数据构建 ProducerRecord 对象，其中包括目标主题、key（如果有）以及待发送的数据。
- 发送数据： 使用 KafkaProducer 的 send 方法将 ProducerRecord 发送到 Kafka 主题。
- 控制发送速率（可选）：在循环中，可以通过 Thread.sleep 等方法控制数据的生成和发送速率，以避免发送过于频繁。

具体实现如代码 11-2 所示。

代码 11-2

```
@Slf4j
public class MovieDataProducer {
    public static void main(String[] args) {
        sendRawData();
    }

    private static void sendRawData() {
        // Kafka 服务器地址
        String kafkaBootstrapServers = "localhost:9092";

        // Kafka 主题
        String kafkaTopic = "ods_movie_data";

        // 创建 Kafka 生产者配置
        Properties properties = new Properties();
        properties.put("bootstrap.servers", kafkaBootstrapServers);
        properties.put("key.serializer",
        "org.apache.kafka.common.serialization.StringSerializer");
        properties.put("value.serializer",
        "org.apache.kafka.common.serialization.StringSerializer");

        // 创建 Kafka 生产者
        try {
         Producer<String, String> producer
         = new KafkaProducer<>(properties)
            // 生成并发送模拟电影数据
            for (int i = 1; i <= 1000; i++) {
                String movieData = generateMovieData(i);
                producer.send(new ProducerRecord<>(kafkaTopic,
                Integer.toString(i), movieData));
```

```
                // 打印发送的数据信息（可选）
                System.out.println("发送数据到 Kafka: " + movieData);

                // 控制数据生成的速率，例如每秒发送一次
                Thread.sleep(1000);
            }
        } catch (InterruptedException e) {
            log.error("发送数据到 Kafka 出现异常:{}", e);
        }
    }

    // 生成模拟电影数据
    private static String generateMovieData(int rank) {
        String[] countries = {"美国", "中国", "印度", "英国", "日本"};
        String[] genres = {"动作", "剧情", "喜剧", "科幻", "冒险"};

        LocalDate releaseDate = LocalDate.now()
        .minusDays(new Random().nextInt(180));
        DateTimeFormatter formatter =
        DateTimeFormatter.ofPattern("yyyy-MM-dd");

        MovieData movieData = new MovieData(
                rank,
                "Movie" + rank,
                releaseDate.format(formatter),
                countries[new Random().nextInt(countries.length)],
                genres[new Random().nextInt(genres.length)],
                5 + 5 * Math.random(),
                new Random().nextInt(1000000)
        );

        // 返回字符串结果
        String result = "";

        // 使用 Jackson 库将对象转换为 JSON 字符串
        try {
            ObjectMapper objectMapper = new ObjectMapper();
            result = objectMapper.writeValueAsString(movieData);
        } catch (Exception e) {
            log.error("转换 JSON 字符串出现异常:{}", e);
        }
        return result;

    }

    // 电影数据类
```

```
    @Data
    private static class MovieData {
        private int rank;
        private String name;
        private String releaseDate;
        private String country;
        private String genre;
        private double rating;
        private int playCount;

        public MovieData(int rank, String name, String releaseDate
        , String country, String genre
        , double rating, int playCount) {
            this.rank = rank;
            this.name = name;
            this.releaseDate = releaseDate;
            this.country = country;
            this.genre = genre;
            this.rating = rating;
            this.playCount = playCount;
        }
    }
}
```

执行上述代码，结果如图 11-3 所示。


```
{"rank":16,"name":"Movie16","releaseDate":"2023-08-16","country":"英国","genre":"喜剧","rating":6.928114508876563,"playCount":321211}
{"rank":17,"name":"Movie17","releaseDate":"2023-07-30","country":"印度","genre":"冒险","rating":7.962963320338169,"playCount":401212}
{"rank":18,"name":"Movie18","releaseDate":"2023-07-03","country":"中国","genre":"动作","rating":6.858499388915257,"playCount":927573}
{"rank":19,"name":"Movie19","releaseDate":"2023-05-01","country":"中国","genre":"科幻","rating":6.405122668741439 5,"playCount":636392}
{"rank":20,"name":"Movie20","releaseDate":"2023-09-22","country":"英国","genre":"动作","rating":8.38914696713255,"playCount":986684}
{"rank":21,"name":"Movie21","releaseDate":"2023-04-17","country":"英国","genre":"剧情","rating":5.052429657236532,"playCount":486921}
```


图 11-3

请确保将 localhost:9092 和 ods_movie_data 替换为读者实际使用的 Kafka 服务器地址和主题名称。这个简单的 Java 应用程序会生成包含电影排名、电影名称、上映日期、制作国家、类型、评分、播放次数等字段的模拟电影数据，并将其发送到指定的 Kafka 主题。

11.3.2　数据存储

数据存储不仅需要提供高度可靠的存储机制，还应根据业务需求进行智能分区，以便后续的离线分析和查询。在当前场景中，我们面对的是一批不断涌入的实时流数据，这些数据经过实时处理后需要被有效地存储到 Hive 中，以满足后续的离线分析需求。

为了保证数据的时效性，我们计划将每隔 5 分钟的数据作为一个时间窗口进行存储，这不仅有助于提高查询效率，还能更好地支持基于时间的分析。为了实现这一目标，我们将使用 Apache Flink 作为流处理引擎，通过它与 Kafka 的集成，实时地消费并处理 Kafka 主题中的数据。具体实现流程如图 11-4 所示。

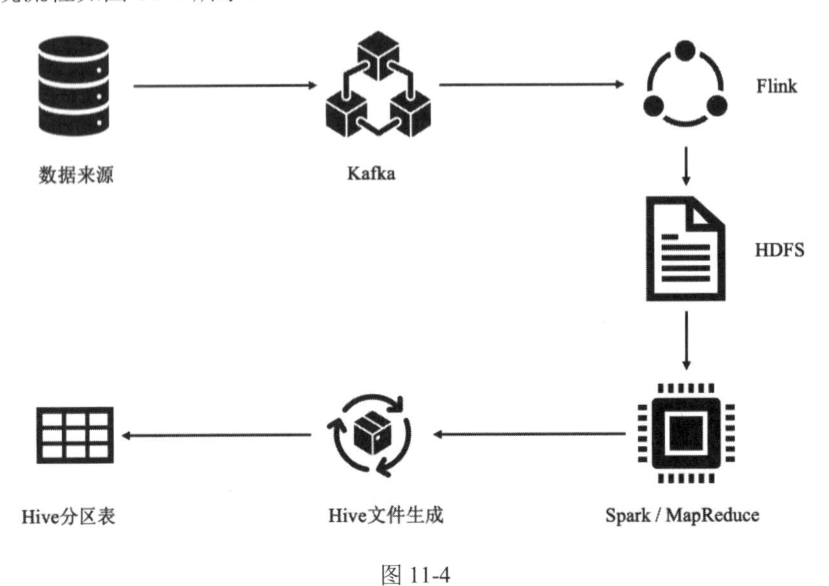

图 11-4

在大数据处理和分析任务中，合理管理和操作数据文件是关键，涉及环境依赖、读取数据、文件命名策略和数据加载等重要步骤。

1. 环境依赖

Flink 在消费 Kafka 集群中的数据时，需要引入一系列依赖项以确保系统的顺利运行。这些依赖项不仅包括 Flink 核心库，还涉及与 Kafka 连接和交互的库。具体依赖如代码 11-3 所示。

代码 11-3

```
<dependency>
    <groupId>org.apache.flink</groupId>
    <artifactId>flink-connector-filesystem_2.12</artifactId>
    <version>${flink.connector.version}</version>
 </dependency>
<dependency>
    <groupId>org.apache.flink</groupId>
    <artifactId>flink-connector-kafka-0.11_2.12</artifactId>
    <version>${flink.kafka.version}</version>
 </dependency>
<dependency>
    <groupId>org.apache.flink</groupId>
    <artifactId>flink-streaming-java_2.12</artifactId>
    <version>${flink.streaming.version}</version>
 </dependency>
```

2. 读取数据

编写 Flink 代码来消费 Kafka 主题，并将数据直接存储到 HDFS（无须额外的逻辑处理），以备后续使用 MapReduce 进行数据预处理。具体实现如代码 11-4 所示。

代码 11-4

```
@Slf4j
public class FlinkTemplateTask {

    public static void main(String[] args) {
     // 检查输入参数是否满足要求
        if (args.length != 3) {
            log.error("kafka(server01:9092),
            hdfs(hdfs://cluster01/data/),
            flink(parallelism=2) must be exist.");
            return;
        }
        String bootStrapServer = args[0];
        String hdfsPath = args[1];
        int parallelism = Integer.parseInt(args[2]);

         // 创建 Flink 流处理环境
        StreamExecutionEnvironment env =
        StreamExecutionEnvironment.getExecutionEnvironment();
        env.enableCheckpointing(5000);
        env.setParallelism(parallelism);
        env.setStreamTimeCharacteristic(TimeCharacteristic.EventTime);

         // 从 Kafka 中读取数据
        DataStream<String> transction =
        env.addSource(new FlinkKafkaConsumer010<>("ods_movie_data"
        , new SimpleStringSchema(), configByKafkaServer(bootStrapServer)));

        // 存储到 HDFS
        BucketingSink<String> sink = new BucketingSink<>(hdfsPath);

         // 自定义存储到 HDFS 上的文件名，用小时和分钟来命名，以方便后面的计算策略
        sink.setBucketer(new JDateTimeBucketer<String>("HH-mm"));

        sink.setBatchSize(1024 * 1024 * 4);              // 大小为 5MB
        sink.setBatchRolloverInterval(1000 * 30);    // 时间 30s
        transction.addSink(sink);

         // 执行 Flink 任务
        env.execute("Kafka2Hdfs");
    }

    // 设置 Kafka 消费者的配置
    private static Object configByKafkaServer(String bootStrapServer) {
```

```
        Properties props = new Properties();
        props.setProperty("bootstrap.servers", bootStrapServer);
        props.setProperty("group.id", "test_bll_group");
        props.put("enable.auto.commit", "true");
        props.put("auto.commit.interval.ms", "1000");
        props.put("key.deserializer",
        "org.apache.kafka.common.serialization.StringDeserializer");
        props.put("value.deserializer",
        "org.apache.kafka.common.serialization.StringDeserializer");
        return props;
    }

}
```

需要注意的是，我们将时间窗口设置得较短，每隔30秒进行一次检查。如果在该批次的时间窗口内没有数据到达，则生成一个文件并保存到HDFS上。

此外，我们对DateTimeBucketer进行了重写，创建了JDateTimeBucketer。这一调整的逻辑并不复杂，只是在原有方法的基础上增加了一个“年-月-日/时-分”的文件生成路径。举例来说，在HDFS上生成的路径可能是“xxxx/2023-10-10/00-00”。这个调整有助于更好地组织和管理生成的文件，使其更符合时间和日期的结构。

3. 文件命名策略

在这个步骤中，我们需要对已经存储到HDFS上的文件进行预处理。例如，当前时间是2023-10-10 14:00，我们需要将当天的13:55、13:56、13:57、13:58、13:59这最近5分钟的数据处理到一起，并加载到Hive的最近5分钟的一个分区中。为了实现这一目标，我们需要生成一个逻辑策略集合，其中HH-mm作为key，与之最近的5个文件作为value。这个集合将被用于数据预处理和合并。具体实现如代码11-5所示。

代码 11-5

```
public class DateRangeStrategy {
  public static void main(String[] args) {
    getFileNameStrategy();
  }

  // 生成文件名策略
  private static void getFileNameStrategy() {
    // 外层循环：遍历小时（0 到 23）
    for (int i = 0; i < 24; i++) {
      // 内层循环：遍历分钟（0 到 59）
      for (int j = 0; j < 60; j++) {
        if (j % 5 == 0) {     // 只有分钟是 5 的倍数时才执行
          if (j < 10) {       // 如果分钟小于 10，则分钟前面补 0
            if (i < 10) {     // 如果小时小于 10，则小时前面补 0
```

```
    if (i == 0 && j == 0) { // 特殊情况：在 00:00 时输出一组固定的时间范围
      System.out.println("0" + i + "-0" + j
                  + "=>23-59,23-58,23-57,23-56,23-55");
    } else {
      if (j == 0) {              // 当分钟为 0 时，处理前 5 分钟的时间范围
        String tmp = "";
        for (int k = 1; k <= 5; k++) {  // 输出前一小时的 5 个时间点
          tmp += "0" + (i - 1) + "-" + (60 - k) + ",";
        }
        System.out.println("0" + i + "-0" + j
                      + "=>" + tmp.substring(0,
                      tmp.length() - 1)); // 去掉最后一个逗号
      } else {
        String tmp = "";
        for (int k = 1; k <= 5; k++) {
          // 输出当前小时减去 k 分钟的时间范围，分钟需要处理小于 10 的情况
          if (j - k < 10) {
            tmp += "0" + i + "-0" + (j - k) + ",";  // 分钟小于 10 时补 0
          } else {
            tmp += "0" + i + "-" + (j - k) + ",";   // 否则不补 0
          }
        }
        System.out.println("0" + i + "-0" + j
                      + "=>" + tmp.substring(0, tmp.length() - 1));
      }
    }
  } else {
    if (j == 0) {          // 当分钟为 0 时，处理前 5 分钟的时间范围
      String tmp = "";
      for (int k = 1; k <= 5; k++) {
        if (i - 1 < 10) {    // 如果上一小时小于 10，补 0
          tmp += "0" + (i - 1) + "-" + (60 - k) + ",";
        } else {
          tmp += (i - 1) + "-" + (60 - k) + ",";    // 否则不补 0
        }
      }
      System.out.println(i + "-0" + j + "=>"
                  + tmp.substring(0, tmp.length() - 1));
    } else {
      String tmp = "";
      for (int k = 1; k <= 5; k++) {
        if (j - k < 10) {    // 如果分钟减去 k 小于 10，补 0
          tmp += i + "-0" + (j - k) + ",";
        } else {
```

```
                tmp += i + "-" + (j - k) + ",";    // 否则不补 0
              }
            }
            System.out.println(i + "-0" + j
                    + "=>" + tmp.substring(0, tmp.length() - 1));
          }
        }
      } else {
        if (i < 10) {            // 如果小时小于 10，则小时前面补 0
          String tmp = "";
          for (int k = 1; k <= 5; k++) {
            // 输出当前小时减去 k 分钟的时间范围，分钟需要处理小于 10 的情况
            if (j - k < 10) {
              tmp += "0" + i + "-0" + (j - k) + ","; // 分钟小于 10 时补 0
            } else {
              tmp += "0" + i + "-" + (j - k) + ",";   // 否则不补 0
            }
          }
          System.out.println("0" + i + "-"
                  + j + "=>" + tmp.substring(0, tmp.length() - 1));
        } else {
          String tmp = "";
          for (int k = 1; k <= 5; k++) {
            // 输出当前小时减去 k 分钟的时间范围，分钟需要处理小于 10 的情况
            if (j - 1 < 10) {
              tmp += i + "-0" + (j - k) + ",";
            } else {
              tmp += i + "-" + (j - k) + ",";          // 否则不补 0
            }
          }
          System.out.println(i + "-" + j
                  + "=>" + tmp.substring(0, tmp.length() - 1));
        }
      }
    }
  }
 }
}
```

执行上述代码，结果如图 11-5 所示。

```
DateRangeStrategy
23-05=>23-04,23-03,23-02,23-01,23-00
23-10=>23-09,23-08,23-07,23-06,23-05
23-15=>23-14,23-13,23-12,23-11,23-10
23-20=>23-19,23-18,23-17,23-16,23-15
23-25=>23-24,23-23,23-22,23-21,23-20
23-30=>23-29,23-28,23-27,23-26,23-25
23-35=>23-34,23-33,23-32,23-31,23-30
23-40=>23-39,23-38,23-37,23-36,23-35
23-45=>23-44,23-43,23-42,23-41,23-40
23-50=>23-49,23-48,23-47,23-46,23-45
23-55=>23-54,23-53,23-52,23-51,23-50
```

图 11-5

4. 数据加载

当数据准备完毕后，我们可以借助 Hive 的 LOAD 命令将 HDFS 上预处理的文件直接加载到相应的表中。具体实现如代码 11-6 所示。

代码 11-6

```
LOAD DATA INPATH '/data/hive/hfile/data/min/2023-10-10/14-05/'
OVERWRITE INTO TABLE
game_user_db.ods_movie_data PARTITION(day='2023-10-10',hour='14',min='05');
```

在执行命令时，如果文件不存在，可能会导致加载出错。因此，在加载 HDFS 路径之前，最好先检查路径是否存在。具体实现如代码 11-7 所示。

代码 11-7

```
#!/bin/bash

# HDFS 数据路径
hdfs_path='/data/hive/hfile/data/min/2023-10-10/14-05/'

# 检查 HDFS 路径是否存在
if hdfs dfs -test -e "$hdfs_path"; then
    # 如果存在，则执行加载操作
    echo "执行 Hive 数据加载操作"
    hive -e "LOAD DATA INPATH
        '$hdfs_path'
        OVERWRITE INTO TABLE
        game_user_db.ods_movie_data
        PARTITION(day='2023-10-10',hour='14',min='05');"
else
    echo "HDFS 路径: ['$hdfs_path'] 不存在"
fi
```

执行上述代码，预览结果如图 11-6 所示。

	ods_movie_data.rank	ods_movie_data.name	ods_movie_data.release_date	ods_movie_data.country	ods_movie_data.genre	ods_movie_data.rating	ods_movie
1	0	Movie0	2023-01-08	印度	喜剧	9.5	815093
2	1	Movie1	2023-09-15	日本	冒险	5.4	908570
3	2	Movie2	2023-02-08	印度	冒险	7	298826
4	3	Movie3	2023-11-14	日本	喜剧	9.2	715189
5	4	Movie4	2023-08-18	印度	剧情	5.5	136681
6	5	Movie5	2023-08-22	英国	动作	5.4	208987
7	6	Movie6	2023-10-22	印度	冒险	9.2	797373
8	7	Movie7	2023-01-23	中国	动作	5.4	75285
9	8	Movie8	2023-01-03	英国	剧情	5.3	974881
10	9	Movie9	2023-12-15	英国	冒险	5.1	844552

图 11-6

需要注意的是，这个脚本首先检查HDFS路径是否存在。如果路径存在，则执行加载操作；否则，输出错误信息。这样可以避免因文件不存在而导致的加载失败。

11.3.3 数据分析

数据分析是一门科学。通过整理、清洗和分析数据，我们能够挖掘出隐藏在庞大数据背后的规律和趋势。随着数据分析工具的不断发展，这一过程变得更加高效。统计学、机器学习和人工智能等技术的应用，使得我们能够更深入地理解数据中的信息。通过数据可视化技术，我们能够将抽象的数据转化为直观的图表和图像，从而更容易理解和传达数据所蕴含的含义。

1. 分析电影年份柱状图

为了生成电影年份的柱状图，我们可以对电影年份数据进行聚合。具体实现如代码11-8所示。

代码 11-8

```
-- 电影年份
SELECT release_date, COUNT(1) AS pv
FROM ods_movie_data
WHERE day = '2023-10-10'
GROUP BY release_date;
```

执行上述代码，分析结果如图11-7所示。

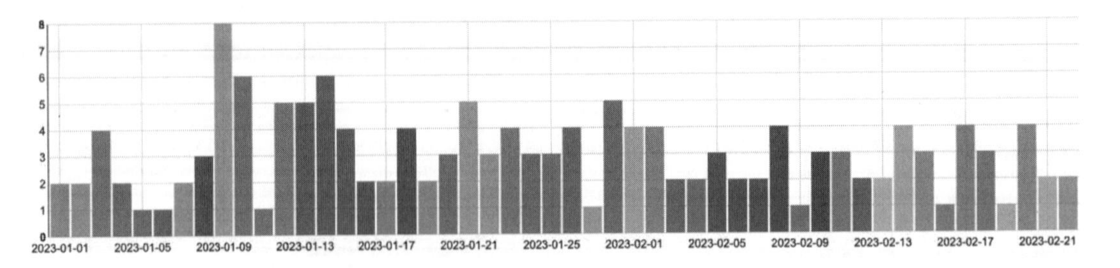

图 11-7

2. 分析电影类型扇形图

为了生成电影类型的扇形图，我们可以对电影类型数据进行聚合。具体实现如代码 11-9 所示。

代码 11-9

```
-- 电影类型
SELECT genre, COUNT(1) AS pv
FROM ods_movie_data
WHERE day = '2023-10-10'
GROUP BY genre;
```

执行上述代码，分析结果如图 11-8 所示。

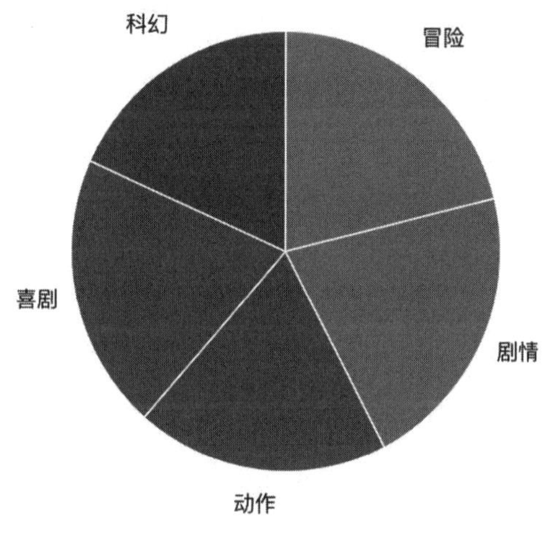

图 11-8

3. 分析电影评分散点图

为了生成电影评分的散点图，我们可以对电影评分数据进行聚合。具体实现如代码 11-10 所示。

代码 11-10

```
-- 电影评分
SELECT rating, COUNT(1) AS pv
FROM ods_movie_data
WHERE day = '2023-10-10'
GROUP BY rating;
```

执行上述代码，分析结果如图 11-9 所示。

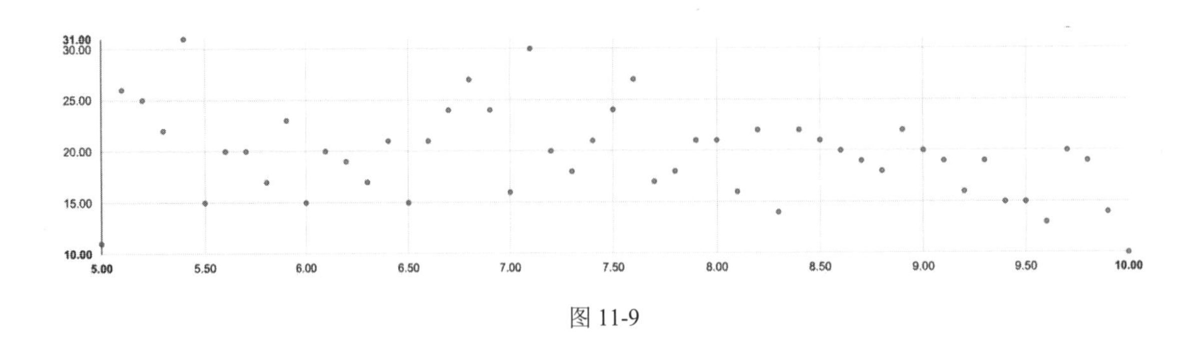

图 11-9

11.3.4 数据服务

数据服务的核心能力是构建服务接口，通过标准化接口将大数据分析系统的能力开放给应用系统，为应用系统提供无缝且标准化的接入通道。这不仅简化了应用系统的接入流程，还为数据服务的快速迭代和更新提供了便捷途径。实现数据服务的步骤如下：

1. 添加依赖

确保在项目的 pom.xml 文件中添加 Hive JDBC 的依赖。具体实现如代码 11-11 所示。

代码 11-11

```
<dependency>
    <groupId>org.apache.hive</groupId>
    <artifactId>hive-jdbc</artifactId>
    <version>3.1.2</version>
</dependency>
```

2. 配置 Hive 连接信息

在 application.properties 或 application.yml 文件中配置 Hive 连接信息。具体实现如代码 11-12 所示。

代码 11-12

```
spring.datasource.url= jdbc:hive2://dn1:2181,dn2:2181,dn3:2181/;
serviceDiscoveryMode=zooKeeper;zooKeeperNamespace=hiveserver2
spring.datasource.username=hadoop
spring.datasource.password=
```

3. 创建 Hive 查询服务类

创建一个服务类，用于执行 Hive 查询。具体实现如代码 11-13 所示。

代码 11-13

```
import org.springframework.beans.factory.annotation.Autowired;
import org.springframework.jdbc.core.JdbcTemplate;
import org.springframework.stereotype.Service;
```

```
import java.util.List;
import java.util.Map;

@Service
public class HiveService {

    @Autowired
    private JdbcTemplate jdbcTemplate;

    public List<Map<String, Object>> executeQuery(String sql) {
        return jdbcTemplate.queryForList(sql);
    }
}
```

4. 创建查询控制器

创建一个 Spring Boot 控制器，用于接收 HTTP 请求并调用 Hive 服务执行查询。具体实现如代码 11-14 所示。

代码 11-14

```
import org.springframework.beans.factory.annotation.Autowired;
import org.springframework.web.bind.annotation.GetMapping;
import org.springframework.web.bind.annotation.RequestParam;
import org.springframework.web.bind.annotation.RestController;

import java.util.List;
import java.util.Map;

@RestController
public class HiveController {

    @Autowired
    private HiveService hiveService;

    @GetMapping("/hive/query")
public List<Map<String, Object>> queryHiveTable
(@RequestParam String sql) {
        return hiveService.executeQuery(sql);
    }
}
```

这个控制器定义了一个 GET 请求路径/hive/query，它接收一个名为 sql 的参数，然后调用 HiveService 执行 Hive 查询。

5. 发起 HTTP 请求

启动 Spring Boot 应用程序服务后，使用任何 HTTP 客户端（例如浏览器、Postman 等）向 /hive/query 发送 GET 请求，并在参数中传递 Hive 查询语句，具体访问地址如下：

```
# 通过 HTTP 客户端访问
http://localhost:8080/hive/query?
sql=SELECT rating FROM game_user_db.ods_movie_data
WHERE day= '2023-10-10' LIMIT 10;
```

通过该 HTTP 接口，我们可以便捷地查询 Hive 表。需要注意的是，在生产环境中，必须谨慎处理 Hive 查询服务的安全性。为确保数据的机密性和完整性，建议采取适当的安全措施，如添加身份验证和授权机制。

11.4 本章小结

本章聚焦于构建大数据分析系统，全面介绍了该系统的架构设计，并深入探讨了各模块的实现细节。通过循序渐进的方式，读者能够逐步了解大数据分析系统的构建过程，从而更好地理解其运作机制，并为实际项目应用打下坚实基础。

11.5 习题

（1）数据存储阶段使用的工具是什么？（多选）（ ）

A. Flink　　B. Kafka
C. Hive　　D. Maven

（2）在大数据分析系统的架构设计中，以下哪些是关键组成部分？（多选）（ ）

A. 数据采集　　B. 数据展示
C. 数据处理　　D. 数据加密

（3）构建大数据分析系统的目的之一是（ ）。

A. 提高电影评分　　B. 实现数据加密
C. 提供便捷的数据访问接口　　D. 减少数据采集阶段的复杂性

第12章

ChatGPT赋能Hadoop与Spark大数据分析

在大数据场景中，数据的价值愈发凸显，其分析与解读对企业和科研领域至关重要。随着人工智能技术的快速发展，ChatGPT等自然语言处理模型在数据处理和分析中的作用日益重要。

本章将探讨如何将ChatGPT与Hadoop和Spark相结合，以推动大数据分析的智能化进程。通过整合，读者将可以利用ChatGPT的语言理解能力与Hadoop和Spark的分布式计算平台，有效处理海量数据，提取关键信息，优化决策和业务流程。

12.1 ChatGPT与大数据的智能融合探索

将ChatGPT与Hadoop或Spark这类强大的数据分析工具相结合时，其作用尤为突出。Hadoop和Spark作为分布式数据处理框架，分别提供了强大的数据存储和计算能力，允许用户高效地处理和分析大规模数据集。

在Hadoop和Spark的数据分析中，ChatGPT不仅能协助用户更自然地与数据交互，还能提供对数据的深度理解和解释。ChatGPT的智能能力为这些数据处理框架提供了更为直观和灵活的数据探索方式，为用户带来了更加智能化、自然的数据分析体验。这种融合创造了一种全新的数据智能探索方式，为业务决策和创新提供了更为直观、高效的支持。

12.1.1 ChatGPT全面解析

ChatGPT是一种基于深度学习的自然语言处理模型，旨在理解和生成人类语言。其卓越的语言理解能力使其能够处理和解释来自不同来源的文本数据，成为探索数据世界的强大助手。

ChatGPT不仅能回答问题、生成文本，还能理解上下文，进行逻辑推理，并在对话中展现出令人印象深刻的语言表达能力。这种多功能性使其成为数据分析、客户服务、内容创作等领域中不可或缺的工具。

1. 了解ChatGPT

ChatGPT是OpenAI推出的基于Transformer的预训练语言模型，堪称自然语言处理领域的关键里程碑。其设计目标在于通过无标签文本数据的训练，显著提升下游任务（如文本分类、命名实体识别和情感分析）的表现。

ChatGPT采用单向Transformer结构，使其能够高效处理上下文信息。在对话过程中，它能更好地理解先前的内容，从而生成更加连贯和逻辑严密的回复。这种结构不仅使ChatGPT能够准确理解预训练语境中的输入内容，还能在生成文本时保持高度的逻辑一致性。

ChatGPT的灵活性和实用性使其在广泛的应用场景中大放异彩。从商业、教育到医疗，各个领域都能受益于其强大的文本生成和自然对话能力。

- 商业领域：ChatGPT可以用于自动化客户服务，提供即时、准确的回答，提升客户满意度。
- 教育领域：它可以成为个性化学习助手，帮助学生解答问题，提供学习建议。
- 医疗领域：ChatGPT可以辅助医疗诊断，通过分析病历和症状，提供可能的诊断建议。

ChatGPT的微调能力使其在特定任务中展现出卓越的适应性。通过针对具体任务进行优化，ChatGPT能够在特定领域表现更为出色。这种可塑性为ChatGPT带来了广泛的应用前景，使其成为各行各业中不可或缺的工具。

2. 了解Transformer模型

Transformer模型在2017年由Google提出，自问世以后,它在各种自然语言处理任务中展现出了强大的能力。Transformer模型的核心机制如下：

- 多头注意力机制：Transformer模型的核心在于其多头注意力机制，这一设计让模型能够更好地关注不同位置的输入信息，从而提高了表达能力。这种注意力机制使得模型能够更全面、连贯地理解输入的上下文和语义信息，为ChatGPT的文本生成提供了坚实的基础。
- 残差连接和Layer Normalization：Transformer模型还采用了残差连接和Layer Normalization等技术，这些机制使得模型的训练更加稳定。它们有助于减少梯度消失和梯度爆炸等问题，使得模型更容易训练，并提高了模型对输入数据的适应性。

ChatGPT模型中的Encoder和Decoder是相同的，因为它是单向的模型，只能使用历史信息生成当前的文本。在生成文本时，模型利用先前的文本信息，通过Decoder逐步预测和生成下一个词，从而保持对话或文本的逻辑和连贯性。这种结构使得ChatGPT能够在多种场景中广泛应用，主要包括：

- 对话式交互：ChatGPT 能够理解和生成自然语言，适用于各种对话式应用，如智能客服。
- 文本理解：ChatGPT 能够理解和分析文本，适用于情感分析、文本分类等任务。

总之，ChatGPT 作为基于单向 Transformer 模型的语言生成器，凭借其强大的文本理解和生成能力，在各个领域中展现出了广泛的应用前景，为自然语言处理领域的发展做出了重要贡献。

3. 了解 ChatGPT 流程

ChatGPT 是一款通用的自然语言生成模型，名称中的“GPT”代表生成式预训练转换器。它通过在庞大互联网语料库上的训练，获得了深度语言理解能力。ChatGPT 能根据用户输入的文本生成符合上下文的回答，常见于对话交互式问答（见图 12-1），为用户提供自然对话般的体验。

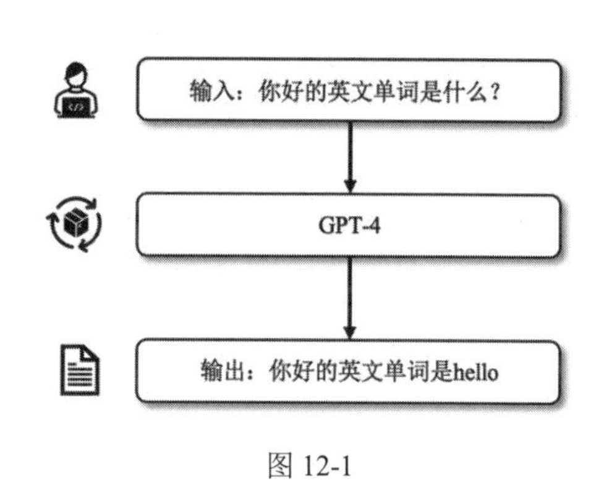

图 12-1

语言模型通过对语言文本进行概率建模来工作。其基本思想是，根据给定的文本序列预测下一个可能出现的词或字符，并估计这种预测的概率。这种建模使语言模型能够理解并生成自然语言文本。

通过分析大量文本数据，语言模型学习词语间的关联和上下文结构，从而生成与训练数据相似的连贯文本。模型利用历史上下文信息更准确地预测下一个词，即通过考虑前面出现的词语或短语来推断后续最可能出现的词或短语。

此外，语言模型通过学习概率分布对不同词或短语出现的可能性进行排序，提供最有可能的文本生成结果。这种基于概率的建模方式使生成的文本更自然流畅。

语言模型的作用类似于文字接龙游戏。例如，输入“你好”后，模型会选择概率最高的词或短语作为接续内容，生成后续文本。具体过程如图 12-2 所示。

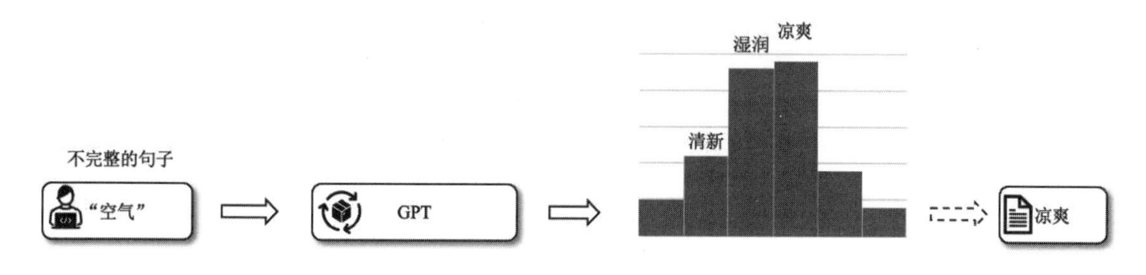

图 12-2

4. ChatGPT与聊天机器人

相较于其他聊天机器人，ChatGPT在用户体验方面取得了显著进步，主要体现在以下几个方面：

1）更准确的意图理解

ChatGPT在理解用户实际意图方面有了明显提升。它能够避免机器人绕圈子、答非所问的情况，使用户在实际体验中获得更准确的回答。

2）强大的上下文衔接能力

ChatGPT展现了卓越的上下文衔接能力。用户可以通过连续追问的方式让ChatGPT不断改进其回答，最终达到理想效果。这种灵活性和持续改进的能力使对话更贴近用户需求，交互更加流畅自然。

3）高度的知识和逻辑理解能力

ChatGPT对知识和逻辑有深刻的理解能力。当用户遇到问题时，它不仅提供简单回答，还能回应用户对问题细节的追问，展现出对话题的全面理解。这种细致的回答能力增强了用户与ChatGPT的交互感和信任感。

这些进步使得ChatGPT在实际应用中表现得更加智能和人性化，为用户提供了更好的对话体验。

5. ChatGPT的成长之路

为了深入了解ChatGPT的卓越表现，我们需要审视其发展历程。ChatGPT是OpenAI推出的一款语言模型，它是InstructGPT的衍生版本，并在其基础上进行了调整和改进。InstructGPT本身是基于GPT-3发展的，而GPT-3则继承了GPT-2的特性，GPT-2又是在GPT的基础上演化而来的。

在这一演进链中，最初的GPT模型建立了现代预训练语言模型的基础。继GPT模型之后，Google提出了具有重要影响力的Transformer结构，这一结构被详细介绍在其著名的论文中，为后续的模型发展奠定了理论基础。基于Transformer结构，Google还推出了BERT架构及其相关分支，这些架构进一步推动了自然语言处理技术的发展。

通过这些技术的不断迭代，我们可以构建出一个清晰的模型发展图谱，如图12-3所示。每一代模型和结构都在前一代的基础上进行改进，通过技术调整、结构优化和模型训练的创新，不断推动自然语言处理模型的发展。这种持续的进步不仅展示了技术的演变，也体现了开发人员在自然语言处理领域中不断追求卓越的努力。

6. 了解反馈模型

ChatGPT的反馈模型是提升其性能和用户体验的重要工具。该模型通过系统地收集和分析用户的反馈，不断优化ChatGPT的对话生成能力和响应准确性。用户的反馈被用于识别和修正模型的不足之处，从而使其在未来的对话中能够提供更相关、更自然的回答。

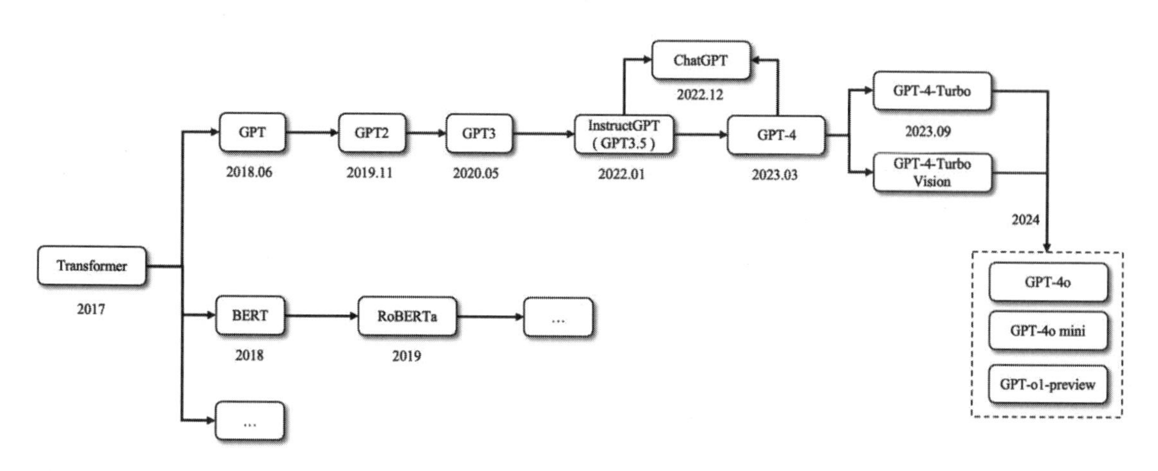

图 12-3

假设用户在使用 ChatGPT 时询问了关于“最佳健康饮食”的建议，对此 ChatGPT 提供了一个包含各种健康饮食建议的回答。用户在反馈中表示，虽然回答内容丰富，但未能针对他们的特定需求进行个性化推荐。ChatGPT 的反馈模型会记录这一信息，并将其作为改进模型的依据。

在后续的更新中，模型会针对用户反馈进行调整，例如增强个性化推荐的能力，使得未来类似的询问能够提供更贴合用户需求的具体建议，如图 12-4 所示。这种反馈机制确保了 ChatGPT 不仅能够提供广泛的信息，还能更好地满足用户的具体要求。

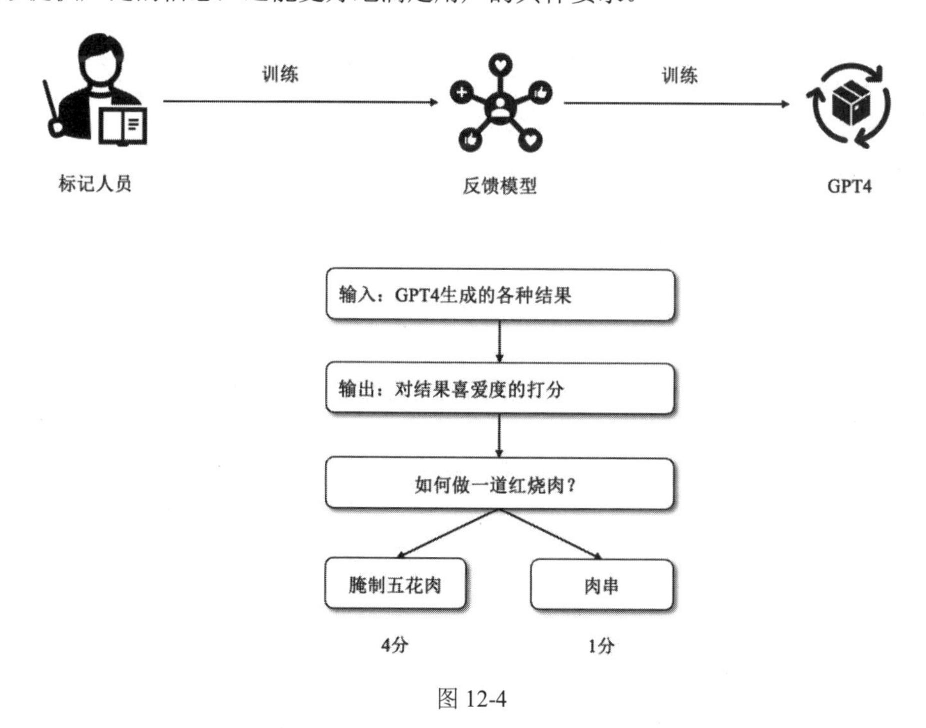

图 12-4

通过这种持续的优化过程，ChatGPT 能够不断提升其对话质量和用户满意度，为用户带来更加精准和实用的互动体验。

7. 了解ChatGPT的特点

ChatGPT作为OpenAI的最新语言模型，具备以下特点与优势：

1）独特的Decoder结构

ChatGPT采用只有上文的Decoder结构，使其天然适用于问答等交互方式。这种设计让模型能够更有效地理解和处理上下文信息，尤其在处理连贯性强、具有对话性质的任务时表现卓越。

2）通用性与广泛适应性

ChatGPT被设计为一个通用模型。OpenAI在早期架构和训练阶段避免了对特定行业的过度调优。这种不受特定行业限制的通用能力，使得ChatGPT更加灵活，能够适应广泛的应用场景，在各个领域表现出色。

3）巨量数据与参数

ChatGPT依赖于巨量的数据和参数，从信息论的角度来看，它可被视为一个深层次的语言模型，覆盖了人类生活中几乎所有的自然语言和编程语言。这种巨量的数据和参数赋予了ChatGPT更高层次的语言理解和生成能力。然而，这也带来了挑战：处理如此庞大的数据集和模型参数要求较高的计算资源。这在一定程度上提高了小型公司或个人参与的门槛。

ChatGPT的卓越性能源于其独特的Decoder结构、通用性和巨量的数据与参数。这些设计和特点共同作用，使其成为自然语言处理领域的佼佼者。然而，这也带来了应用和参与方面的挑战，需要参与者具备相应的数据处理和计算能力。

8. ChatGPT文本生成机制

ChatGPT的文本生成能力早在GPT-3时代就已存在，其具体实现方式基于自回归生成和Transformer结构，值得深入探讨。

1）自回归生成

ChatGPT生成回答的基础是一个一个的token（词元），可以简单将其理解为单词或短语的片段。在生成回答时，ChatGPT从第一个token开始，不断将用户的问题和当前生成的所有内容作为输入，生成下一个token，以这种迭代的方式直到构建完整的回答。

这个过程称为自回归生成，模型通过逐步生成每个token来构建输出序列。在生成每个新的token时，模型会考虑前面生成的所有内容，从而保持上下文的连贯性和逻辑性。这种方式赋予了ChatGPT灵活性，使其能够生成符合语境的自然文本。

2）Transformer架构

ChatGPT采用了深度的Transformer架构，这一架构能够帮助模型更好地捕捉长距离依赖关系，从而提高生成文本的质量。Transformer通过自注意力机制，有效处理序列数据中的依赖关系。

通过学习大规模的文本数据，Transformer能够理解并利用丰富的语言模式，从而更准确地预测并生成下一个token。自回归生成和Transformer架构的组合，使ChatGPT能够在对话和问答任务中展现出色的性能。不仅能生成连贯、准确的回答，还能根据上下文进行适当的调整和扩展。

12.1.2 ChatGPT 在大数据分析中的角色

ChatGPT 具有强大的语言理解和生成能力，可以用于各种自然语言处理任务，包括文本生成、机器翻译、问答系统等。在数据分析领域，ChatGPT 可以帮助组织自动化数据处理和分析任务，从而提高效率和准确性。

1. 数据解释与洞察生成

大数据分析的最终目的是从海量数据中提取有价值的洞察。然而，数据分析结果往往以复杂的数字和图表形式呈现，这对非专业人士来说可能难以理解。ChatGPT 在这方面提供了显著的帮助。它能够将数据分析结果转换为易于理解的自然语言解释，帮助用户快速把握数据的核心含义。

假设一家零售公司通过分析销售数据发现了一个异常的销售趋势——某些产品的销量在特定时间段内激增。分析师需要将这些发现传达给管理层。传统方法可能需要撰写详细的报告或进行口头汇报，而使用 ChatGPT 则可以简化这一过程。

通过与 ChatGPT 互动，分析师可以输入相关问题，如图 12-5 所示。

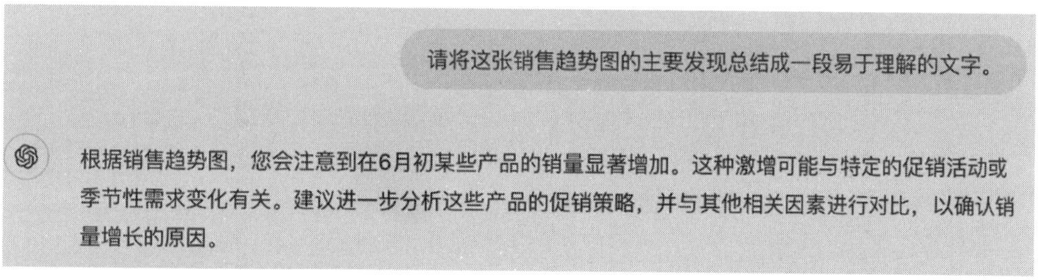

请将这张销售趋势图的主要发现总结成一段易于理解的文字。

根据销售趋势图，您会注意到在6月初某些产品的销量显著增加。这种激增可能与特定的促销活动或季节性需求变化有关。建议进一步分析这些产品的促销策略，并与其他相关因素进行对比，以确认销量增长的原因。

图 12-5

这样的总结使得管理层能够快速理解数据背后的含义，并做出相应的决策。

2. 自动化报告生成

数据报告是数据分析的重要输出，但编写和整理报告常常是烦琐且耗时的过程。ChatGPT 通过自动化报告生成，极大地提高了这一过程的效率。用户只需输入数据集和分析目标，ChatGPT 便可生成结构化的报告草稿，涵盖数据摘要、趋势分析、图表描述等内容。

假设一个金融机构需要定期生成季度财务报告，报告内容包括收入、支出、利润等各项财务指标的详细分析。传统方法需要大量手动输入和整理数据，而使用 ChatGPT 可以自动化这一过程，如图 12-6 所示。

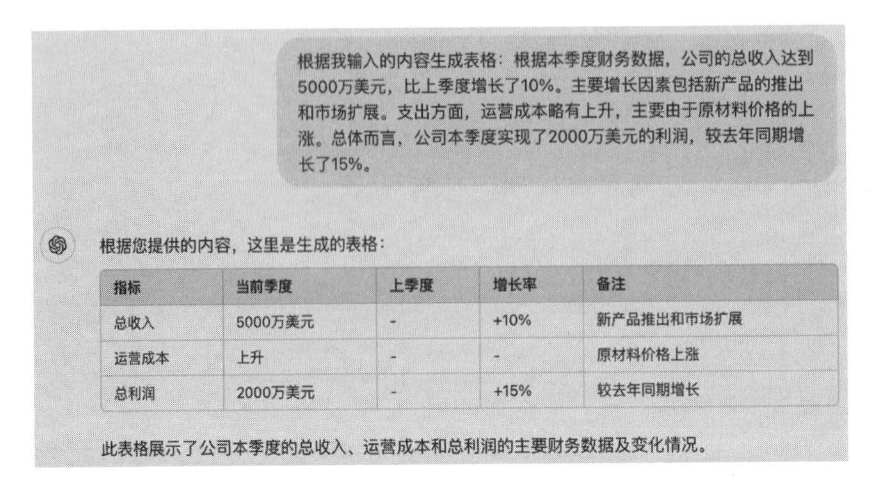

根据我输入的内容生成表格：根据本季度财务数据，公司的总收入达到5000万美元，比上季度增长了10%。主要增长因素包括新产品的推出和市场扩展。支出方面，运营成本略有上升，主要由于原材料价格的上涨。总体而言，公司本季度实现了2000万美元的利润，较去年同期增长了15%。

根据您提供的内容，这里是生成的表格：

指标	当前季度	上季度	增长率	备注
总收入	5000万美元	-	+10%	新产品推出和市场扩展
运营成本	上升	-	-	原材料价格上涨
总利润	2000万美元	-	+15%	较去年同期增长

此表格展示了公司本季度的总收入、运营成本和总利润的主要财务数据及变化情况。

图 12-6

3. 数据查询与分析建议

在大数据分析过程中，用户经常需要从数据中提取具体的信息或进行复杂的查询。ChatGPT可以作为智能助理，能够解析用户的查询意图，并提供相关的数据检索建议和分析方法。

假设一个市场营销团队希望分析不同广告渠道的效果。他们可能会询问："哪一个广告渠道在过去三个月内带来了最高的客户转化率？"使用传统的查询方法可能需要手动编写复杂的SQL 查询语句，而 ChatGPT 可以帮助简化这一过程，如图 12-7 所示。

表格示例

广告渠道	广告点击量	转化客户数	转化率 (%)
渠道A	500	50	10.00%
渠道B	300	45	15.00%
渠道C	800	60	7.50%

SQL 查询

sql 复制代码

```sql
select
    channel as ad_channel,
    clicks as ad_clicks,
    conversions as conversion_count,
    (conversions * 1.0 / clicks) * 100 as conversion_rate
from
    advertising_data
where
    date >= date_sub(curdate(), interval 3 month)
order by
    conversion_rate desc;
```

图 12-7

ChatGPT 不仅提供了查询的步骤，还可以帮助用户生成相应的数据分析脚本，从而简化分析过程。

4. 数据清洗与预处理辅助

数据清洗和预处理是数据分析的前期工作，但往往需要处理大量的重复性任务和数据问题。ChatGPT 可以协助用户识别和纠正数据中的问题，如缺失值、异常值和格式不一致等。通过自然语言交互，用户可以描述数据问题，ChatGPT 将提供相应的清洗和预处理建议。

假设一家电商平台在分析用户评论数据时发现了很多缺失值和格式不一致的问题。传统的方法需要手动检查和修复这些问题，而 ChatGPT 可以帮助自动化这一过程，如图 12-8 所示。

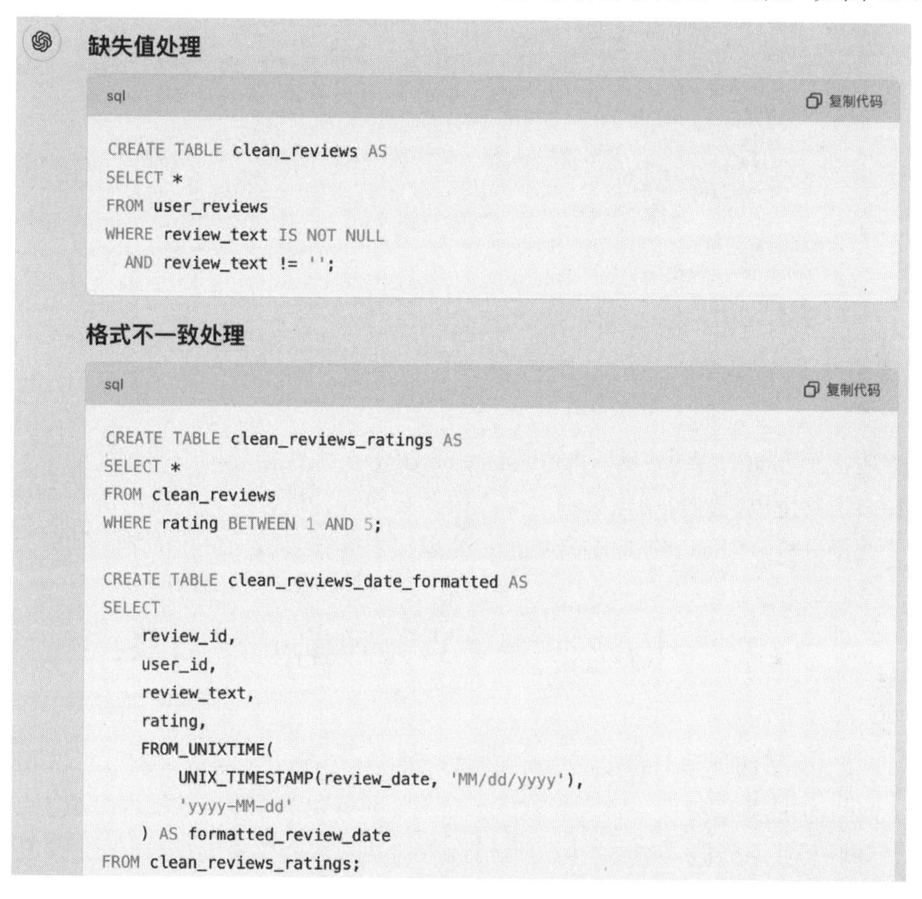

图 12-8

5. 交互式数据分析

数据分析的过程往往是动态和迭代的。用户需要不断调整分析参数或探索不同的数据视角，以获取更有价值的信息。ChatGPT 支持交互式的数据分析。通过对话式的交互方式，用户可以实时获取反馈和建议，从而提升分析的灵活性和效率。

假设一个销售团队希望分析不同市场的销售表现。他们可能会对不同的市场进行比较，并不断调整分析维度和参数。传统的方法可能需要反复修改分析脚本和重新生成报告，而 ChatGPT 可以在交互中提供即时反馈，如图 12-9 所示。

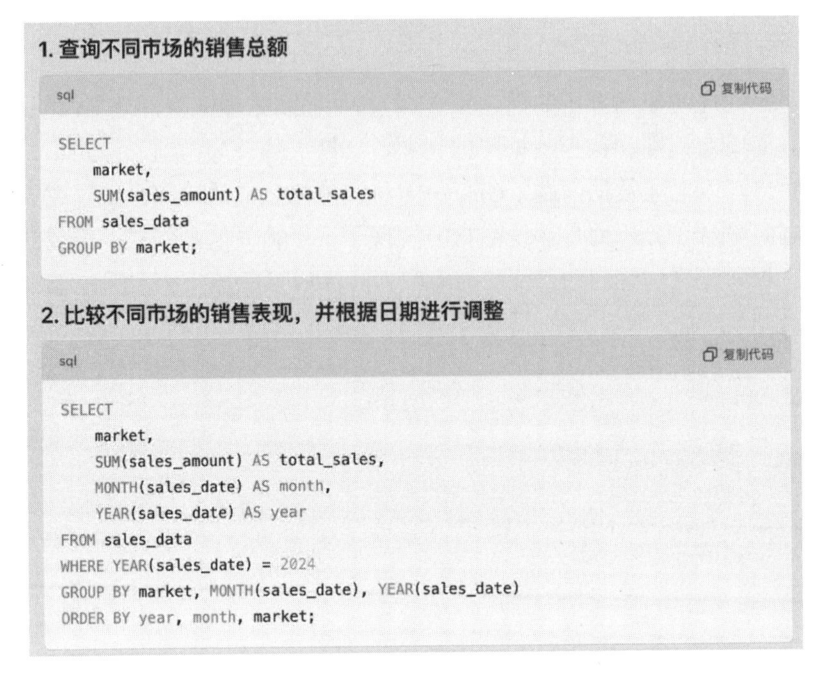

1. 查询不同市场的销售总额

sql 复制代码

```sql
SELECT
    market,
    SUM(sales_amount) AS total_sales
FROM sales_data
GROUP BY market;
```

2. 比较不同市场的销售表现，并根据日期进行调整

sql 复制代码

```sql
SELECT
    market,
    SUM(sales_amount) AS total_sales,
    MONTH(sales_date) AS month,
    YEAR(sales_date) AS year
FROM sales_data
WHERE YEAR(sales_date) = 2024
GROUP BY market, MONTH(sales_date), YEAR(sales_date)
ORDER BY year, month, market;
```

图 12-9

通过上述各个方面的探讨，我们可以看到 ChatGPT 在大数据分析中的广泛应用和显著优势。从数据解释与洞察生成，到自动化报告生成、数据查询与分析建议、数据清洗与预处理辅助，再到交互式数据分析，ChatGPT 通过自然语言处理技术提升了数据分析的效率和效果。

12.2 构建智能化的大数据处理引擎

Hadoop 和 Spark 都是强大的数据分析工具，都能与 ChatGPT 集成。本节将以 Spark 为例，介绍其与 ChatGPT 的集成应用，展示智能技术在实际业务中的创新。该技术突破了传统数据分析的限制，降低了使用门槛，使更多用户能够高效地利用智能引擎进行数据分析，提升业务决策能力。

12.2.1 ChatGPT 与 Spark 的集成实现

ChatGPT 与 Spark 的集成实现改变了数据分析方式。通过将 ChatGPT 嵌入 Spark 环境，用户可以用自然语言与数据交互，从而摆脱传统查询语言的限制。ChatGPT 理解用户的问题，并借助 Spark 进行查询与分析，提供智能、直观的答案。这种协同工作提升了数据分析的效率和灵活性，带来全新的数据探索体验。

1. 准备数据

这里我们将使用代码来模拟用户数据，包括用户登录信息、付费记录和个人信息，为后续数据分析和查询提供基础数据支持，确保统计结果具有代表性。具体实现如代码 12-1 所示。

代码 12-1

```
public class ChatGPTSparkSQL {

    public static void main(String[] args) {
        // 创建 SparkSession 对象，用于操作 Spark SQL
        SparkSession spark = SparkSession.builder()
                .appName("ChatGPT Spark SQL Example")     // 设置应用名称
                .master("local[*]")    // 设置本地运行模式，使用所有可用的核心
                .getOrCreate();        // 创建或获取 SparkSession 对象

        // 模拟用户登录信息
        // 创建一个 Row 列表来存储登录数据
        List<Row> loginData = new ArrayList<>();
        // 定义日期格式
        DateTimeFormatter formatter =
DateTimeFormatter.ofPattern("yyyy-MM-dd");
        for (int i = 1; i <= 10; i++) {
            // 随机生成 10 条登录记录
            loginData.add(RowFactory.create(i, LocalDate.now()
              .minusDays((int)(Math.random() * 30))
              .format(formatter), (int)(Math.random() * 10)));
        }

        // 定义登录信息的数据结构
        StructType loginSchema = DataTypes.createStructType(new StructField[]{
                DataTypes.createStructField("user_id",
                  DataTypes.IntegerType, false),
                DataTypes.createStructField("login_date",
                  DataTypes.StringType, false),
                DataTypes.createStructField("login_count",
                  DataTypes.IntegerType, false)
        });

        // 根据数据结构和数据创建 DataFrame，并创建临时视图
        Dataset<Row> loginDF = spark.createDataFrame(loginData, loginSchema);
        loginDF.createOrReplaceTempView("login");
        // 执行 SQL 查询并展示结果
        Dataset<Row> login = spark.sql("select * from login limit 1");
        login.show();

        // 模拟用户付费信息
        List<Row> paymentData = new ArrayList<>(); // 创建一个 Row 列表来存储付费数
据
        for (int i = 1; i <= 10; i++) {
```

```
            // 随机生成 10 条付费记录
            paymentData.add(RowFactory.create(i, LocalDate.now()
              .minusDays((int)(Math.random() * 30))
              .format(formatter), (int)(Math.random() * 500)));
        }

        // 定义付费信息的数据结构
        StructType paymentSchema = DataTypes.createStructType(new
StructField[]{
                DataTypes.createStructField("user_id",
                    DataTypes.IntegerType, false),
                DataTypes.createStructField("payment_date",
                    DataTypes.StringType, false),
                DataTypes.createStructField("payment_amount",
                    DataTypes.IntegerType, false)
        });

        // 根据数据结构和数据创建 DataFrame，并创建临时视图
        Dataset<Row> paymentDF = spark.createDataFrame(paymentData,
paymentSchema);
        paymentDF.createOrReplaceTempView("payment");
        // 执行 SQL 查询并展示结果
        Dataset<Row> payment = spark.sql("select * from payment limit 1");
        payment.show();

        // 模拟用户个人信息
        List<Row> userData = new ArrayList<>(); // 创建一个 Row 列表来存储用户信息
        for (int i = 1; i <= 10; i++) {
            // 随机生成 10 条用户信息记录
            userData.add(RowFactory.create(i, "User" + i,
              20 + (int)(Math.random() * 40)));
        }

        // 定义用户信息的数据结构
        StructType userSchema = DataTypes.createStructType(new StructField[]{
                DataTypes.createStructField("user_id",
                    DataTypes.IntegerType, false),
                DataTypes.createStructField("user_name",
                    DataTypes.StringType, false),
                DataTypes.createStructField("age",
                    DataTypes.IntegerType, false)
        });

        // 根据数据结构和数据创建 DataFrame，并创建临时视图
        Dataset<Row> userDF = spark.createDataFrame(userData, userSchema);
        userDF.createOrReplaceTempView("user");
```

```
        // 执行 SQL 查询并展示结果
        Dataset<Row> user = spark.sql("select * from user limit 1");
        user.show();

        // 停止 SparkSession
        spark.stop();
    }

}
```

执行上述代码，结果如图 12-10 所示。

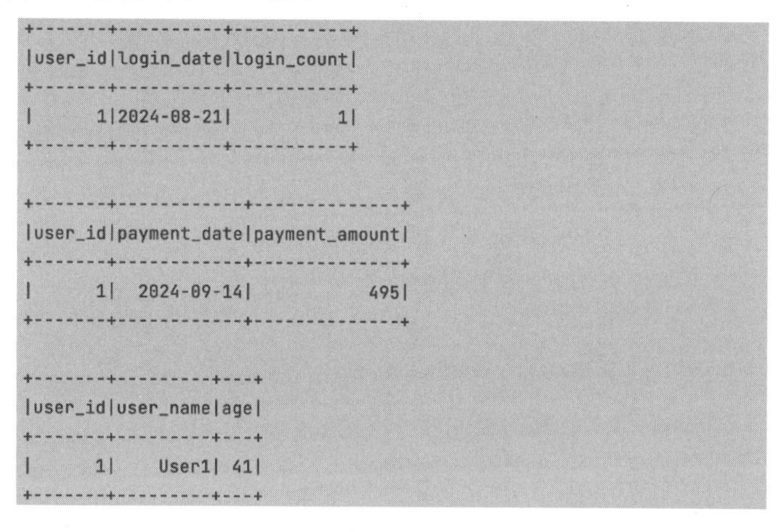

```
+-------+----------+-----------+
|user_id|login_date|login_count|
+-------+----------+-----------+
|      1|2024-08-21|          1|
+-------+----------+-----------+

+-------+------------+--------------+
|user_id|payment_date|payment_amount|
+-------+------------+--------------+
|      1|  2024-09-14|           495|
+-------+------------+--------------+

+-------+---------+---+
|user_id|user_name|age|
+-------+---------+---+
|      1|    User1| 41|
+-------+---------+---+
```

图 12-10

2. 提取数据

使用 ChatGPT 编写提示词生成代码，从数据源中提取、整理和处理信息，具体实现如代码 12-2 所示。

代码 12-2

```
你是一名大数据专家，请根据如下内容，使用 Java 实现 Spark SQL 代码，要求统计年龄在 20～60 岁的用户最近一个月的登录次数和付费总金额。
```

执行上述提示词代码，ChatGPT 生成如下 Java 代码：

```
        // 统计年龄在 20 到 60 岁用户最近一个月的登录次数和付费总金额
        String query = "SELECT u.user_id, u.user_name, u.age, " +
                "SUM(l.login_count) AS total_logins, " +
                "SUM(p.payment_amount) AS total_payments " +
                "FROM user u " +
                "JOIN login l ON u.user_id = l.user_id " +
                "JOIN payment p ON u.user_id = p.user_id " +
                "WHERE u.age BETWEEN 20 AND 60 " +
```

```
            "AND l.login_date >= date_sub(current_date(), 30) " +
            "AND p.payment_date >= date_sub(current_date(), 30) " +
            "GROUP BY u.user_id, u.user_name, u.age";

    Dataset<Row> result = spark.sql(query);
     // 输出统计结果
    result.show();
```

将上述 ChatGPT 生成的代码插入代码 12-1 中 user.show();语句的后面，以实现数据分析任务，结果如图 12-11 所示。

user_id	user_name	age	total_logins	total_payments
1	User1	33	1	363
2	User2	52	8	429
3	User3	36	9	143
4	User4	50	4	51
5	User5	36	1	326
6	User6	32	0	357
7	User7	20	8	497
8	User8	51	1	224
10	User10	55	3	356
9	User9	44	3	179

图 12-11

12.2.2 ChatGPT 与 Spark 应用案例分析

ChatGPT 作为先进的语言模型，凭借其强大的自然语言处理技术，能够高效地解析和生成文本信息；而 Spark 则以其强大的分布式计算能力，能够高效处理大规模数据集。本小节将探讨 ChatGPT 与 Spark 的应用案例，揭示其在实际场景中的协同效应以及带来的业务价值。

1. 分析用户付费分布

为了更准确地分析特定用户的付费金额分布情况，我们需要关注最近 30 天内活跃的、年龄在 20 至 60 岁之间的用户。重点是分析最近 7 天的付费金额分布，并按每 10 元一个区间进行划分。需要注意的是，对于在最近 30 天内活跃但最近 7 天没有付费记录的用户，也要将其纳入分析，将其付费金额设置为 0。详细步骤如下：

（1）筛选目标用户群体：从最近 30 天内活跃的用户中筛选出年龄在 20 至 60 岁之间的用户。

（2）获取付费数据：收集这些用户在最近 7 天内的付费数据。

（3）处理付费金额：对于在最近 30 天内活跃但最近 7 天内没有付费记录的用户，将其付费金额设置为 0。

（4）划分付费金额区间：将付费金额按照每 10 元一个区间进行划分，以便更清晰地了解付费金额的分布情况。

通过以上步骤，我们可以获得一个详尽的分析结果，反映出目标用户在最近 7 天内的付费金额分布情况，并满足所有特定需求。

使用 ChatGPT 编写提示词生成代码，具体实现如代码 12-3 所示。

代码 12-3

```
你是一名大数据专家，请根据如下内容，使用 Java 实现 Spark SQL 代码，要求统计最近 30 天的活跃用户，年龄在 20~60 岁，按每 10 元一个区间进行划分，来看最近 7 天付费金额分布情况；如果最近 30 天活跃过的用户最近 7 天没有付费，则将其付费金额设置为 0。
```

执行上述提示词代码，ChatGPT 生成如下 Java 代码：

```
        // 执行查询：统计最近 30 天活跃用户的付费金额分布情况
        String query = "WITH ActiveUsers AS (" +
                "    SELECT DISTINCT l.user_id " +
                "    FROM login l " +
                "    JOIN user u ON l.user_id = u.user_id " +
                "    WHERE l.login_date >= date_sub(current_date(), 30) " +
                "    AND u.age BETWEEN 20 AND 60" +
                "), RecentPayments AS (" +
                "    SELECT p.user_id, " +
                "           COALESCE(SUM(p.payment_amount), 0) AS total_payment " 
+
                "    FROM payment p " +
                "    WHERE p.payment_date >= date_sub(current_date(), 7) " +
                "    GROUP BY p.user_id" +
                "), UserPayments AS (" +
                "    SELECT a.user_id, " +
                "           COALESCE(r.total_payment, 0) AS payment_amount " +
                "    FROM ActiveUsers a " +
                "    LEFT JOIN RecentPayments r ON a.user_id = r.user_id" +
                ") " +
                "SELECT payment_amount, " +
                "       CASE " +
                "           WHEN payment_amount < 10 THEN '0-10' " +
                "           WHEN payment_amount < 20 THEN '10-20' " +
                "           WHEN payment_amount < 30 THEN '20-30' " +
                "           WHEN payment_amount < 40 THEN '30-40' " +
                "           WHEN payment_amount < 50 THEN '40-50' " +
                "           WHEN payment_amount < 60 THEN '50-60' " +
                "           ELSE '60+' " +
                "       END AS payment_range, " +
                "       COUNT(*) AS user_count " +
                "FROM UserPayments " +
```

```
            "GROUP BY payment_amount, " +
            "       CASE " +
            "           WHEN payment_amount < 10 THEN '0-10' " +
            "           WHEN payment_amount < 20 THEN '10-20' " +
            "           WHEN payment_amount < 30 THEN '20-30' " +
            "           WHEN payment_amount < 40 THEN '30-40' " +
            "           WHEN payment_amount < 50 THEN '40-50' " +
            "           WHEN payment_amount < 60 THEN '50-60' " +
            "           ELSE '60+' " +
            "       END";

    Dataset<Row> result = spark.sql(query);
     // 输出统计结果
    result.show();
```

将上述ChatGPT生成的代码插入代码12-1中user.show();语句的后面，以实现数据分析任务，结果如图12-12所示。

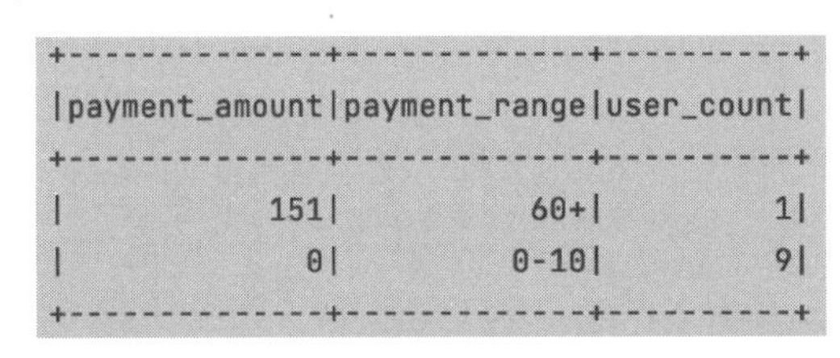

payment_amount	payment_range	user_count
151	60+	1
0	0-10	9

图12-12

2. 分析不同年龄用户的付费分布

接下来，我们将处理一个更复杂的分布问题——分析不同年龄段用户的付费区间分布情况。具体来说，我们会将用户按年龄段（例如20~30岁、31~40岁、41~50岁、51~60岁）进行分类，并统计最近7天内的活跃用户。通过对每个年龄段的用户进行去重操作，我们能够深入了解这些用户在最近7天的付费金额分布。

对于在最近30天内活跃但在最近7天未付费的用户，我们将其付费金额设置为0。这一做法可以帮助我们全面了解用户行为，特别是那些在过去一个月内活跃但最近7天没有付费的群体。通过这一分析，我们可以更好地了解不同年龄段用户的付费情况，为业务决策提供更有力的数据支持。

使用ChatGPT编写提示词生成代码，具体实现如代码12-4所示。

代码12-4

```
你是一名大数据专家，请根据如下内容，使用Java实现Spark SQL代码，要求对不同年龄区间，比如20～30岁、31～40岁、41～50岁、51～60岁，统计最近30天的活跃用户，并对每个年龄区间进行用户去重操作，以查看最近7天付费金额的分布情况；如果最近30天活跃过的用户最近7天没有付费，则将其付费金额设置为0。
```

执行上述提示词代码，ChatGPT生成如下Java代码：

```
// 执行查询：统计最近 30 天活跃用户在最近 7 天内的付费金额分布情况
String query = "WITH ActiveUsers AS (" +
        "     SELECT DISTINCT l.user_id " +
        "     FROM login l " +
        "     JOIN user u ON l.user_id = u.user_id " +
        "     WHERE l.login_date >= date_sub(current_date(), 30) " +
        "     AND u.age BETWEEN 20 AND 60" +
        "), RecentPayments AS (" +
        "     SELECT p.user_id, " +
        "            COALESCE(SUM(p.payment_amount), 0) AS total_payment "
+
        "     FROM payment p " +
        "     WHERE p.payment_date >= date_sub(current_date(), 7) " +
        "     GROUP BY p.user_id" +
        "), UserPayments AS (" +
        "     SELECT a.user_id, " +
        "            COALESCE(r.total_payment, 0) AS payment_amount, " +
        "            u.age " +
        "     FROM ActiveUsers a " +
        "     LEFT JOIN RecentPayments r ON a.user_id = r.user_id " +
        "     JOIN user u ON a.user_id = u.user_id" +
        ") " +
        "SELECT CASE " +
        "            WHEN age BETWEEN 20 AND 30 THEN '20-30' " +
        "            WHEN age BETWEEN 31 AND 40 THEN '31-40' " +
        "            WHEN age BETWEEN 41 AND 50 THEN '41-50' " +
        "            WHEN age BETWEEN 51 AND 60 THEN '51-60' " +
        "            ELSE '60+' " +
        "        END AS age_range, " +
        "        CASE " +
        "            WHEN payment_amount < 10 THEN '0-10' " +
        "            WHEN payment_amount < 20 THEN '10-20' " +
        "            WHEN payment_amount < 30 THEN '20-30' " +
        "            WHEN payment_amount < 40 THEN '30-40' " +
        "            WHEN payment_amount < 50 THEN '40-50' " +
        "            WHEN payment_amount < 60 THEN '50-60' " +
        "            ELSE '60+' " +
        "        END AS payment_range, " +
        "        COUNT(*) AS user_count " +
        "FROM UserPayments " +
        "GROUP BY age_range, payment_amount, " +
        "          CASE " +
        "              WHEN payment_amount < 10 THEN '0-10' " +
        "              WHEN payment_amount < 20 THEN '10-20' " +
        "              WHEN payment_amount < 30 THEN '20-30' " +
        "              WHEN payment_amount < 40 THEN '30-40' " +
```

```
        "         WHEN payment_amount < 50 THEN '40-50' " +
        "         WHEN payment_amount < 60 THEN '50-60' " +
        "         ELSE '60+' " +
        "       END";

    Dataset<Row> result = spark.sql(query);
    // 输出统计结果
    result.show();
```

将上述 ChatGPT 生成的代码插入代码 12-1 中 `user.show();`语句的后面，以实现数据分析任务，结果如图 12-13 所示。

age_range	payment_range	user_count
20-30	0-10	2
51-60	0-10	4
41-50	60+	1
41-50	0-10	1
51-60	60+	1
31-40	60+	1

图 12-13

12.3 ChatGPT 与 Spark 数据分析与挖掘实践

ChatGPT 是由 OpenAI 开发的自然语言处理模型，具备卓越的语言理解和生成能力，能够为用户带来智能、直观的交互体验。与此同时，Spark 作为强大的数据挖掘工具，为大规模数据的处理和分析提供了高效支持，帮助企业更好地挖掘数据潜在价值，推动业务决策的优化与创新。

12.3.1 ChatGPT 与 Spark 技术整合

在大数据场景中，企业视数据为核心竞争力。然而，数据量和复杂性的增加使得传统分析方法难以满足需求。本小节将探讨 ChatGPT 如何以其先进的自然语言处理技术，引领数据分析领域，并革命性地提升分析效率和洞察力。

1. 重构数据洞察

ChatGPT 不仅是一款自然语言处理模型，更是数据分析领域的创新者。凭借其卓越的语言理解与生成能力，ChatGPT 让用户能够通过自然语言与数据进行直观、便捷的交互，大幅简化了数据查询和分析流程。不再需要复杂的查询语句或编程技能，用户可以轻松提出问题、获取洞察，从而提升数据分析的效率与可操作性，为业务决策提供更加智能化的支持。

2. 构建数据纽带

为实现 ChatGPT 与 Spark 的高效整合，我们引入了 Kafka 作为数据传输的核心组件。Kafka 是一款高吞吐量的分布式消息系统，能够稳定处理海量实时数据，成为系统中可靠的数据传输桥梁。通过 Kafka，我们能够将实时数据高效存储至两大关键存储系统：HBase 和 Elasticsearch。

HBase 用于存储 ChatGPT 模型训练所需的样本数据，包括各类输入数据，确保模型在训练过程中获取充足且多样化的信息，提升学习效果。Elasticsearch 则用于建立索引，提供快速、高效的数据检索功能。这不仅增强了 ChatGPT 的学习效率，还提升了数据召回的质量与速度。

在整个流程中，我们通过组织和优化请求内容，将最终提示词传递给 ChatGPT 模型，确保它接收到清晰、完整的输入，从而生成准确的输出。生成结果随后被存储至 HDFS，供后续的数据分析和挖掘使用。Spark 作为数据处理引擎，凭借其强大的查询与分析能力，帮助我们深入分析 ChatGPT 生成的结果，挖掘潜在的数据价值，进一步推动系统的智能化发展。

3. 实战指南：销售数据智能分析

假设一家电商公司希望利用 ChatGPT 和 Spark 技术来深入挖掘销售数据中的潜在趋势和关联信息，从而优化其产品推荐策略。通过将 ChatGPT 的自然语言处理能力与 Spark 的强大数据分析功能相结合，我们可以实现以下目标：

- 识别销售趋势：使用 Spark 的高级数据处理能力分析大规模销售数据，识别销售增长模式和季节性趋势。通过这些洞察，企业可以预测未来的销售走势，并调整产品策略，以应对市场变化。
- 发现关联信息：使用 Spark 进行复杂的数据挖掘，揭示产品之间的购买关联和消费者行为模式。这有助于理解客户的购买习惯和偏好，从而制定更加精准的推荐策略。
- 优化推荐系统：利用 ChatGPT 的语言生成能力，将分析结果转换为自然语言的洞察报告和推荐建议。ChatGPT 能够生成易于理解的推荐策略，帮助业务团队快速采取行动。
- 提升用户体验：通过结合 ChatGPT 与 Spark 分析结果，生成个性化的推荐内容，为用户提供更贴合需求的产品推荐，进而提高客户满意度和购买转化率。
- 实时反馈和调整：实时监控销售数据和推荐效果，根据反馈迅速调整推荐策略，确保推荐系统始终处于最佳状态，满足不断变化的市场需求。

具体的系统架构实现如图 12-14 所示。

通过整合方案，成功将 ChatGPT 与 Spark 数据分析挖掘技术相结合，实现了对销售数据的智能化挖掘。这一结合不仅提升了决策效率和精准度，还为企业提供了更深层次的洞察，帮助其更好地应对市场变化，增强竞争力。

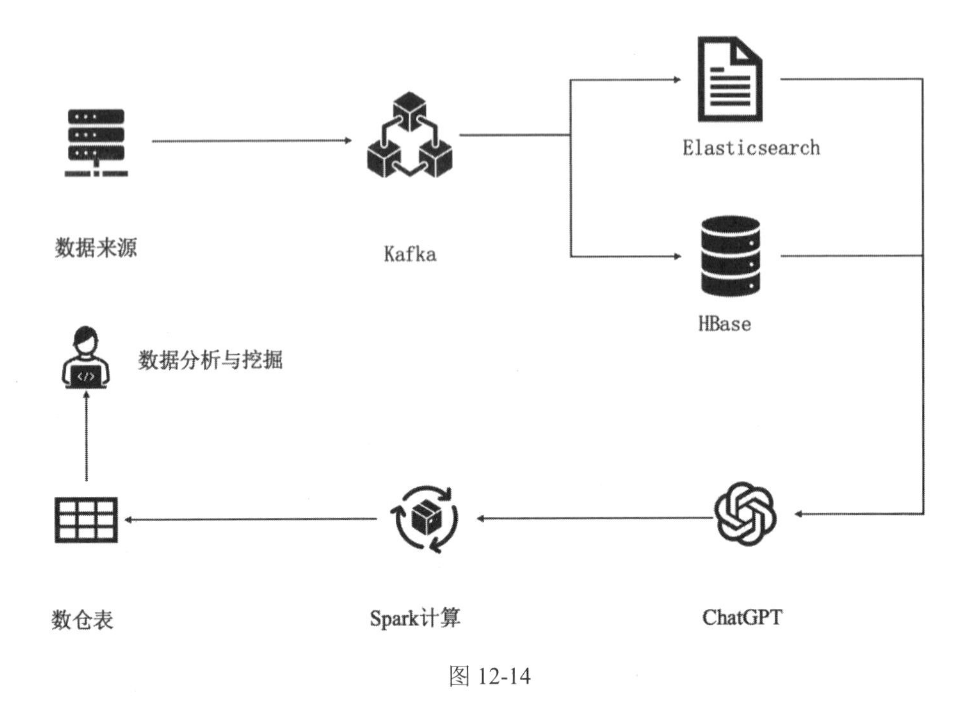

图 12-14

12.3.2 ChatGPT 在 Spark 数据分析中的应用

ChatGPT 代表了深度学习在自然语言处理领域的最新进展。凭借大规模训练数据和复杂的神经网络模型，ChatGPT 能够深刻理解和生成自然语言。这种技术不仅使得文本数据的高效处理成为可能，还在数据分析中显著提升了效率和准确性。

在实际应用中，ChatGPT 的文本处理能力为数据分析提供了全新的视角。它能够解读非结构化文本数据，从而更全面地挖掘潜在信息。这种全面性扩展了数据分析的范围，使其不局限于结构化数据，还包括更广泛的文本数据，为深入分析提供了更多可能性。

1. 智能编程管理：使用 Prompt（提示词）技术简化 Spark 代码生成

通过智能提示和自动化工具，开发者可以迅速生成高效的 Spark SQL 代码，从而降低手动编写代码的复杂性和出错率。这种方法不仅提升了编程效率，还优化了代码质量，使大数据处理变得更加便捷和精准。借助 Prompt 技术，我们能够快速生成所需的 Spark 代码及模拟数据。具体提示词如代码 12-5 所示。

代码 12-5

```
你是一名大数据专家，请根据如下内容生成 Java 代码，准备三份模拟数据，分别是用户登录信息、用户付费信息、用户个人信息，每份新模拟生成 10 条记录，然后使用 Spark SQL 查询并打印 1 条结果。
```

执行上述提示词代码，结果如图 12-15 所示。

```
// 模拟用户登录信息
List<Row> loginData = new ArrayList<>();
DateTimeFormatter formatter = DateTimeFormatter.ofPattern("yyyy-MM-dd");
for (int i = 1; i <= 10; i++) {
    loginData.add(RowFactory.create(i, LocalDate.now().minusDays((int)(Math.rand
}

StructType loginSchema = DataTypes.createStructType(new StructField[]{
        DataTypes.createStructField("user_id", DataTypes.IntegerType, false),
        DataTypes.createStructField("login_date", DataTypes.StringType, false),
        DataTypes.createStructField("login_count", DataTypes.IntegerType, false)
});

Dataset<Row> loginDF = spark.createDataFrame(loginData, loginSchema);
loginDF.createOrReplaceTempView("login");

// 模拟用户付费信息
List<Row> paymentData = new ArrayList<>();
for (int i = 1; i <= 10; i++) {
    paymentData.add(RowFactory.create(i, LocalDate.now().minusDays((int)(Math.ra
}
```

图 12-15

2. 智能分析：利用 Prompt 实现数据的精准分析

在数据分析领域，我们经常处理复杂的数据集和大量信息。如何更智能地进行深度分析，以提供精准的洞察和优化业务决策，成为一项挑战。在此背景下，采用 Prompt 技术显得更具前瞻性，它为高效数据分析和洞察提供了创新解决方案。具体提示词如代码 12-6 所示。

代码 12-6

```
+---------+-------------+----------+
|age_range|payment_range|user_count|
+---------+-------------+----------+
|    20-30|         0-10|         2|
|    51-60|         0-10|         4|
|    41-50|          60+|         1|
|    41-50|         0-10|         1|
|    51-60|          60+|         1|
|    31-40|          60+|         1|
+---------+-------------+----------+
你是一个数据分析专家，针对上述统计结果，进行解读并给出分析建议。
```

执行上述提示词代码，结果如图 12-16 所示。

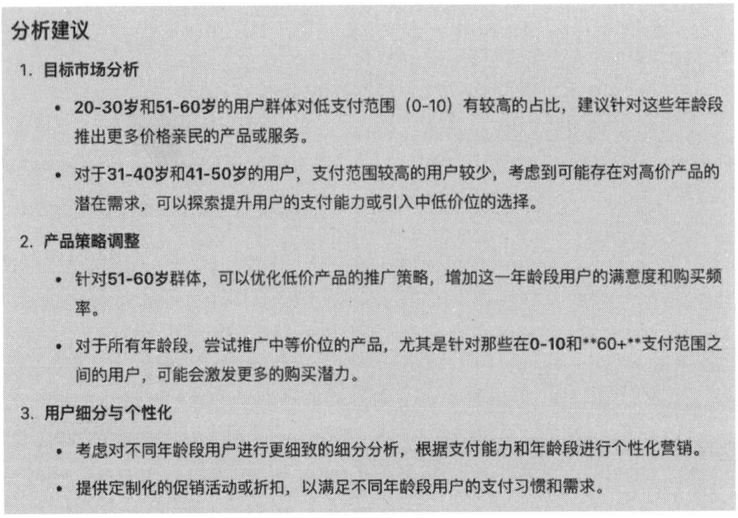

分析建议

1. **目标市场分析**
   - 20-30岁和51-60岁的用户群体对低支付范围（0-10）有较高的占比，建议针对这些年龄段推出更多价格亲民的产品或服务。
   - 对于31-40岁和41-50岁的用户，支付范围较高的用户较少，考虑到可能存在对高价产品的潜在需求，可以探索提升用户的支付能力或引入中低价位的选择。
2. **产品策略调整**
   - 针对51-60岁群体，可以优化低价产品的推广策略，增加这一年龄段用户的满意度和购买频率。
   - 对于所有年龄段，尝试推广中等价位的产品，尤其是针对那些在0-10和**60+**支付范围之间的用户，可能会激发更多的购买潜力。
3. **用户细分与个性化**
   - 考虑对不同年龄段用户进行更细致的细分分析，根据支付能力和年龄段进行个性化营销。
   - 提供定制化的促销活动或折扣，以满足不同年龄段用户的支付习惯和需求。

图 12-16

12.4 本章小结

本章深入探讨了如何利用基于大型语言模型的 ChatGPT 来提升 Spark 数据分析的智能性、效率和用户体验。通过解析 ChatGPT 的原理和特性，读者能够逐步认识到其在 Spark 数据分析中的潜在应用与优势。结合 ChatGPT 与 Hadoop、Spark 构建智能化的大数据处理引擎，推动了数据分析与挖掘的实际应用。这种深度融合不仅优化了数据处理效率，还为复杂的数据问题提供了更智能的解决方案。

12.5 习题

（1）ChatGPT 是一种基于什么的聊天机器人？（　）

A. 大型语言模型　　B. 大型图像模型

C. 大型音频模型　　D. 大型视频模型

（2）ChatGPT 在 Hadoop 和 Spark 大数据分析中的主要作用是什么？（　）

A. 增强数据存储　　B. 提升数据处理智能化

C. 替代数据分析工具　　D. 提供更多存储空间

（3）在构建智能化的大数据处理引擎时，ChatGPT 的主要优势是什么？（　）

A. 提高数据处理速度　　B. 优化数据存储结构

C. 提供智能化的数据洞察　　D. 减少数据存储成本